本书为华北水利水电大学博士启动金资助项目。

# BIM技术体系构建
# 及在项目管理中的实施

◎肖新华　著

U0312462

中国水利水电出版社
www.waterpub.com.cn
·北京·

## 内 容 提 要

BIM 技术以数据信息为核心，能够将项目的所有信息有机地结合起来，为建设项目全过程各个阶段的管理提供数据信息支撑。本书内容共 7 章，分别为：BIM 的源起及其发展分析，BIM 技术的特征表现与核心优势，BIM 技术在项目管理中的实施策略解读，BIM 核心技术与项目管理体系的构建，BIM 硬件与应用软件体系的构建，BIM 项目的决策、实施及 BIM 项目的应用实践。

本书可作为建筑工程类及相近专业类院校的专业基础教材，也可作为项目管理及相关管理人员和技术人员的参考书。

## 图书在版编目（CIP）数据

BIM 技术体系构建及在项目管理中的实施／肖新华著
. -- 北京：中国水利水电出版社，2019.1（2024.1重印）
ISBN 978 - 7 - 5170 - 7390 - 1

Ⅰ.①B… Ⅱ.①肖… Ⅲ.①建筑设计—计算机辅助设计—应用软件—高等学校—教材 Ⅳ.①TU201.4

中国版本图书馆 CIP 数据核字（2019）第 016320 号

责任编辑：陈 洁　　封面设计：王 伟

| 书　　名 | BIM 技术体系构建及在项目管理中的实施 BIM JISHU TIXI GOUJIAN JI ZAI XIANGMU GUANLI ZHONGDE SHISHI |
| --- | --- |
| 作　　者 | 肖新华　著 |
| 出版发行 | 中国水利水电出版社 （北京市海淀区玉渊潭南路 1 号 D 座 100038） 网址：www. waterpub. com. cn E - mail：mchannel@ 263. net（万水）　　 sales@ waterpub. com. cn 电话：(010)68367658（营销中心）、82562819（万水） |
| 经　　售 | 全国各地新华书店和相关出版物销售网点 |
| 排　　版 | 北京万水电子信息有限公司 |
| 印　　刷 | 三河市元兴印务有限公司 |
| 规　　格 | 170mm×240mm　16 开本　17.75印张　257 千字 |
| 版　　次 | 2019 年 4 月第 1 版　2024 年 1 月第 2 次印刷 |
| 印　　数 | 0001－3000 册 |
| 定　　价 | 77.00 元 |

# 前　言

建筑信息模型(Building Information Modeling,BIM)是在计算机辅助设计(CAD)等技术基础上发展起来的多维模型信息集成技术,是对建筑工程物理特征和功能特性信息的数字化承载和可视化表达。BIM能够应用于工程项目规划、勘察、设计、施工、运营维护等各阶段,实现建筑全生命期各参与方在同一多维建筑信息模型基础上的数据共享,为产业链贯通、工业化建造和繁荣建筑创作提供技术保障;支持对工程环境、能耗、经济、质量、安全等方面的分析、检查和模拟,为项目全过程的方案优化和科学决策提供依据;支持各专业协同工作、项目的虚拟建造和精细化管理,为建筑业的提质增效、节能环保创造条件。

经过十余年的发展,BIM技术已成为助推建筑业实现创新式发展的重要技术手段,其应用与推广对建筑业的科技进步与转型升级将产生不可估量的影响。各级政府、各行业协会、设计单位、施工企业、科研院校等都在积极地开展BIM的相关推广与实践。2015年6月,住房和城乡建设部在《关于推进建筑信息模型应用的指导意见》中明确要求:到2020年末,建筑行业甲级勘察、设计单位以及特级、一级房屋建筑工程施工企业应掌握并实现BIM与企业管理系统和其他信息技术的一体化集成应用。这更加提升了相关单位研究、应用和推广BIM的积极性。

鉴于此,作者撰写了本书,全书共分为7章,分别为:BIM的源起及其发展分析,BIM技术的特征表现与核心优势,BIM技术在项目管理中的实施策略解读,BIM核心技术与项目管理体系的构建,BIM硬件与应用软件体系的构建,BIM项目的决策、实施,以及BIM项目的应用实践。

本书在撰写的过程中参考了大量专业文献,汲取了行业专家的经验,参考和借鉴了有关专业书籍内容。在此,向这部分文献的作者表示衷心的感谢！由于本书作者水平有限,加之时间仓促,书中难免有疏漏之处,恳请广大读者批评指正。

华北水利水电大学土木与交通学院　肖新华

2018 年 10 月

# 目　录

# 第一章　BIM的源起及其发展分析

建筑信息模型（Building Information Modeling，BIM）的理论基础主要源于制造行业集 CAD、CAM 于一体的计算机集成制造系统 CIMS（Computer Integrated Manufacturing System）理念和基于产品数据管理 PDM 与 STEP 标准的产品信息模型。

## 第一节　BIM 技术的由来和概念

### 一、BIM 的由来

BIM 是近十年在原有 CAD 技术基础上发展起来的一种多维（三维空间、四维时间、五维成本、$N$ 维更多应用）模型信息集成技术，可以使建设项目的所有参与方（包括政府主管部门、业主、设计、施工、监理、造价、运营管理、项目用户等）在项目从概念产生到完全拆除的整个生命周期内都能够在模型中操作信息和在信息中操作模型，从而从根本上改变了从业人员依靠符号文字、形式图纸进行项目建设和运营管理的工作方式，实现了在建设项目全生命周期内提高工作效率和质量以及减少错误和降低风险的目标。

在工程设计当中的首次信息革命是 CAD 的运用，其使用计算机标准化制图的方式将设计师以及工程师等从手工制图当中解放出来。然而，这一技术在产业链当中却不具备完整的支持效果，产业当中的各领域各自分开，信息难以得到综合以及全面的运用。BIM 一方面包含有建筑工程管理行为方面的模型，另一方面也包含有建筑生命周期当中的信息模型，它被称为一类方法以及技术和过程。BIM 能够融合上述两类模型，并且最终引领 A（Architecture）、E（Engineering）和 C（Construction）领域内产业革命。BIM 的设计转变是巨大的，其由 2D设计思路转变为 3D 设计思路；由单纯的线条构图转变成为分配配件；

由几何信息转变成为综合信息；由单工种转变为多工种协作；由分步骤计算思路转向全过程、整体性的计算思路；由非整体的涉及交付变成了全过程的整体交付。

可以看到，BIM 一方面带来了技术进步的成果，另一方面更是高度强调且带动了设计思路的整体性思维的改变。在 BIM 当中，最重要、最核心的要素就是协同合作。在工程当中的某一项要素只要进行一次输入就能够在各个工种、各个单位之间进行各种形式的共享。所以说，协同合作已经发展成了脱离简单参照的具有整体性、有效性的工作方式。BIM 这一技术则是作为协同合作最为基础的技术支撑，一方面带动技术的不断更新，另一方面还将引领新工作以及新的行业习惯的诞生，如图 1-1 所示。

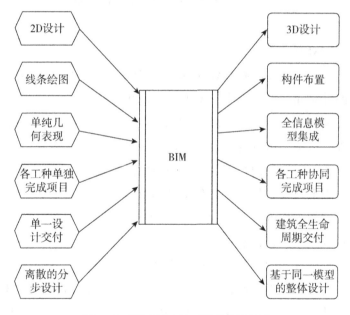

图 1-1　BIM 给建筑工程带来的转变

## 二、BIM 的概念

（1）BIM 是以三维数字技术为基础，集成了建筑工程项目各种相关信息的工程数据模型，是对工程项目设施实体与功能特性的数字化表达。

（2）BIM 是一个完善的信息模型，能够连接建筑项目生命期中不同阶段的数据、过程和资源，是对工程对象的完整描述，提供可自动计算、查询、组合拆分的实时工程数据，可被建设项目各参与方普遍使用。

（3）BIM 具有单一工程数据源，可解决分布式、异构工程数据之间的一致性和全局共享问题，支持建设项目生命期中动态的工程信息构建、管理和共享，是项目实时的共享数据平台。

### 三、BIM 的特点

#### （一）信息完备性

BIM 具备完整的信息条件，一方面，其不仅能对拓扑关系以及 3D 几何信息进行精确的描述，另一方面，其还能整体性地概括各项工程信息要素，如结构类型、工程性能以及对象名称和建筑材料等。此外还有大量的施工工序、质量条件、工程安全性能以及工程逻辑关系等各项要素。

#### （二）信息关联性

BIM 内含的各个信息之间具有一定的关联性。这些信息在系统的智能化、系统化的统计之下能够迅速转换成清晰易懂的图标或者是文档。且信息源和后者之间还具有关联性，后者能够实时地随着信息源的变动而发生改变。

#### （三）信息一致性

BIM 内含的各个信息之间、信息在建筑物的不同时期之间具有一致性。信息一经输入就可实时自动变化。各个模型在需要修改的时候可以在原有的基础上进行，而不需要重复做新模型，这就保证了信息的一致性。

#### （四）可视化

BIM 相比较于以往的手工制图，其中一项最明显的改变就是其能够将二维的平面图转变为具有可视化的三维立体图形。同时，BIM 所展示的可视化图形是能够进行互动的，各类效果图等都能以最真实的效果展示出来。同样的，具备这一特征之后，其可视化的表现特征能够在项目的各个阶段，如设计、施工以及后期的管理和决策等过程得到应用。

（五）协调性

建筑在设计过程当中往往会由于设计师等多方面因素最终导致专业冲突等问题。比如说，在结构设计当中的布局与在暖通专业设计当中的各类管道之间的冲突。通过 BIM 系统，设计师可以在整体层面将各类专业的设计信息汇集到一起，通过冲突试验来检查冲突的部位，进而加以解决。

（六）模拟性

BIM 一方面能够对建筑物的各类参数和外观形态在计算机的模型中得到体现，另一方面还能够对一系列在现实世界当中很难得到运用的事物进行模拟。

（1）在对建筑物模型进行设计时，BIM 能够对各类数据进行数据模拟，如日照、节能以及热能传导等方面的模拟。

（2）在进行投标以及招标和具体的施工时间段内，BIM 能够结合 3D 效果模型和时间线，对工程开发全程进行状况模拟，以进行最优施工方案的选择，且 BIM 还能够在前面的基础上结合造价控制，进一步最大程度控制成本因素。

（3）在整个工程模拟的运营时期，BIM 能够模拟在运营过程当中遇到的各类紧急突发状况，比如说常见且危害性较大的火灾或者是地震当中的人员撤离等。

（七）优化性

在工程模拟的各个环节当中，需要通过对各类信息的准确把握，做到阶段性和整体性的优化。在 BIM 系统当中包含有各类信息，其中包括当前建筑物的信息，如物理、规则以及几何信息等，还包括建筑物经过数据更替之后的变化信息。通过 BIM 能够对系统项目进行各项优化改变。该系统通过结合工程项目的设计和投资情况分析，最终得出设计和投资情况之间的关系影响，给用户以明确的参考。BIM 系统还能够结合数据分析优化在工程项目当中的设计以及施工等具体方案，通过优化有利于有效减少工时和资金的投入。

（八）可出图性

BIM 能够在系统当中通过数据分析自动生成一系列图纸以及图表

等。图纸模型能够提供给工程师以及用户等可视化的视角，工程师通过可视化视角以及清晰明朗的设计成果就可以明确在工程当中的各类方案，如施工布局方案、优化改进方案等。`

## 第二节　BIM 技术在国内外的发展现状分析

BIM 的概念最初是在美国被提出并逐渐发展起来的；之后，日本、欧洲以及韩国等都先后引进。到现在为止，以上的国家已经发展出了一定技术含量的 BIM 技术。

美国是最早开始研究 BIM 的国家之一，对 BIM 的研究与应用皆走在世界前列。美国的众多建筑相关企业，如建筑设计事务所、施工企业、房地产开发公司等都主动选择采用 BIM 技术。2015 年，在美国存在着各种 BIM 协会，同时国家也适应环境变化出台了各种 BIM 标准。美国总务管理局（General Services Administration，GSA）在 2003 年推出了全国 3D-4D-BIM 计划（3D 表示三维，4D 表示 3D 加时间），目标是为所有对 3D-4D-BIM 技术感兴趣的团队提供"一站式"服务，根据项目各自的功能和特点，为他们提供独特的战略建议和技术支持。从 2007 年开始，GSA 发布了系列 BIM 指南，为 BIM 在实际工程项目中的应用进行规范和指导。2006 年，美国联邦机构美国陆军工程兵团（the U. S. Army Cor ps of Engineers，USACE）制定并发布了一份为期 15 年（2006—2020）的 BIM 路线图。美国建筑科学研究院（National Institute of Building Science，NIBS）于 2007 年发布了美国国家 BIM 标准（National Building Information Modeling Standard，NBIMS）第一版。同年，NBIMS 在信息资源和技术领域的一个专业委员会——building SMART 联盟（building SMART alliance，bSa）成立，专门致力于 BIM 的推广与研究。NBIMS 已经于 2015 年更新至第三版。

英国应用 BIM 的时间虽比美国稍晚，却是目前全球 BIM 应用增长最快的地区之一。2011 年英国政府发布的"政府建设战略"中明确要求：到 2016 年，企业实现 3D-BIM 的全面协同，并将全部的文件进行信息化管理。通过 BIM 技术将项目的设计、施工和运营阶段相融合，实现更佳的资产性能表现。由于缺乏统一的系统、标准和协议，政府将工作重点放在制定标准上。英国建筑业 BIM 标准委员会（AEC（UK）BIM Standard Committee）于 2011 年分别发布了适用于 Revit 和 Bentley 的英国建筑业 BIM 标准。

从 2009 年开始，日本就诞生了大量以 BIM 技术为基础的设计以及施工单位。2012 年，BIM 技术指南发布，这一指南有效地从该技术的数据、团队建设以及设计等方面为设计院和施工企业应用 BIM 提供指导。如今 BIM 的应用已经扩展到了全国范围，由政府实施推进工作。

新加坡建筑管理署（Building and Construction Authority，BCA）于 2011 年发布了新加坡 BIM 发展路线规划，制定了一系列策略用于推动整个建筑业在 2015 年前广泛使用 BIM 技术。2010 年 BCA 成立了一个 600 万新币的 BIM 基金项目，用于补贴企业或者项目应用 BIM 技术所进行的培训、软件、硬件及人工成本，并为企业提供 BCA 学院组织的 BIM 建模和管理技能课程。为了减少从 CAD 到 BIM 的转化难度，BCA 分别于 2010 年和 2011 年发布了建筑和结构、机电的 BIM 交付模板。另外，在新加坡，最开始明确提出将 BIM 作为主要的建筑模型的是新加坡政府。从 2013 年开始，各工程就必须使用 BIM 提交 BCA 项目模型，从 2014 年开始，在结构和机电领域也需要提交 BIM 模型，从 2015 年开始，BIM 也必须应用到所有的建筑面积大于 5000m$^2$ 的建筑项目当中。

除上述国家外，北欧和韩国等也都积极发展 BIM 技术，政府和企业都积极使用 BIM，并取得了一定的成效。

BIM 在国内的起步时间与欧美等国家相比较晚。调查表明，目前国内大部分的业内同行都表示"听说过 BIM"。然而，由于对 BIM 的了解并未深入，因此很多人都误认为 BIM 仅仅是一个软件。而建筑业现今仍旧以传统的建造模式为主流，使用 BIM 的建设工程项目数量较少，而且对 BIM 的应用也仅限于设计和施工阶段，没有贯彻到建筑的全生命期。随着 BIM 技术的应用在欧美等发达国家的逐渐扩展和深入，其优势已经逐渐展现。我国政府也意识到了 BIM 将为建筑业发展所带来的巨大影响，开始在国内推行 BIM 技术。自 BIM 进入"十一五"国家科技支撑计划重点项目开始，部分高校和科研机构便开始研究 BIM 技术及其应用。住房城乡建设部发布的《2011—2015 年建筑业信息化发展纲要》中提出，"十二五"期间，基本实现建筑企业信息系统的普及应用，加快 BIM、基于网络的协同工作等新技术在工程中的应用，推动信息化标准建设。在国家规划的引导下，部分省、市政府也开始出台政策促进 BIM 在建筑工程中的应用。2015 年上海市发布了《上海市推进建筑信息模型技术应用三年行动计划（2015—2017)》，规定在三年内分阶段、分步骤推进 BIM 技术应用，建立符合上海市实际的 BIM 技术应用配套政策、标准规范和应用环境，构建基于 BIM 技术的政府监管模式，到 2017 年在一定规模的工程建设中全面应用 BIM 技术。目前，国内对 BIM 技术的研究与应用处于初始阶段，要实现 BIM 技术深入到我国建筑行业并真正贯彻到实际项目当中的目标，仍然有一段很长的路要走。

总体来看，国内建筑、铁路、公路、水运等领域都已逐步开展 BIM 技术的研发与应用。其中，建筑行业走在了 BIM 技术推广应用的前列，部分重大工程中已经开始实施 BIM 技术，并且已经发布或正在编制多部面向 BIM 技术的国家标准、行业标准和地方标准。中国建筑股份有限公司、中国交通建设集团有限公司都将 BIM 技术作为发展的重点。中国铁路总公司也在 2013 年底成立了中国铁路 BIM 联盟，号召全行业推广应用 BIM 技术。BIM 技术的研发与应用在我国有着广阔的发展空间。

## 第三节　BIM 技术应用与前景分析

### 一、国家政府部门推动 BIM 技术的发展应用

2012 年，住房和城乡建设部印发《2011—2015 年建筑业信息化发展纲要》（简称《纲要》），《纲要》提出，"十二五"期间，普及建筑企业信息系统的应用，加快建设信息化标准，加快推进 BIM、基于网络的协同工作等新技术的研发，促进具有自主知识产权软件的研究并

将其产业化，使我国建筑企业对信息技术的应用达到国际先进水平。该纲要明确指出：在施工阶段开展 BIM 技术的研究与应用，推进 BIM 技术从设计阶段向施工阶段的应用延伸，降低信息传递过程中的衰减；研究基于 BIM 技术的 4D 项目管理信息系统在大型复杂工程施工过程中的应用，实现对建筑工程有效的可视化管理等。可以说，《纲要》的颁布，拉开了 BIM 技术在我国施工企业全面推进的序幕。

2012 年 3 月，"勘察设计和施工 BIM 技术发展对策研究"这一课题正式得到开展。该课题是由住房和城乡建设部工程质量安全监管司进行组织，且由中国建筑业协会工程建设质量管理分会以及中国建筑科学研究院等机构具体实施的。这一课题的开展对于分析当前我国的 BIM 状况，讨论其具体应用价值以及应用意义，为我国的 BIM 发展以及工程施工状况有巨大的价值。

我国的 BIM 发展联盟于 2012 年 3 月 28 日在北京正式成立。这一联盟的成立初衷就是加快我国的 BIM 领域各项技术和应用系统加速发展，最终达到技术成果产业化，加强应用企业的竞争实力。

2012 年 9 月底，《建筑工程信息模型应用统一标准》编制组以及 BIM 发展联盟和中国建筑科学院联合发布了中国 BIM 标准。这将为我国住建部批准的国家标准《建筑工程信息模型应用统一标准》（NBIMS-CHN）的最终确定提供有力的条件。

2013 年 4 月，《关于推进 BIM 技术在建筑领域应用的指导意见》等文件由住建部推出，这对 BIM 技术的发展以及应用等都作出了详细的部署以及安排。在文件当中明确要求，BIM 技术要在 2016 年之前应用到 20000m² 以上的绿色建筑以及公共建筑项目当中。2020 年，则需要在上面的项目内完全使用 BIM 技术。

**二、行业需求推动 BIM 技术的发展应用**

我国在大型工程的建设上走在世界的前列，其中尤以规模著称。大型工程的建设当中，结构形式复杂，难度大，这就使得大型工程项目当中的多方参与者都有着很大的风险。BIM 技术的运用能够使得建筑工程在各个阶段以及各个要素之间的问题得到解决，建筑工程的信息化程度以及运用效能得到最大程度的提升。具体的应用实例有青岛海湾大桥以及国家体育馆等，这些项目都应用了 BIM 当中的 4D 管理技术，并且获得了华夏建设科学技术的一等奖。BIM 技术的应用得到了广泛的认可，上海的中心项目工程在进行项目的招标时，明确表示必须在项目当中应用这一技术。BIM 技术在海湾大桥等大型建筑工程中的成功使得其得到了行业内的广泛关注，也在一定程度上推动了其快速发展。

### 三、BIM 发展阻碍

#### （一）缺乏政府和行业主管部门的政策支持

当前在我国的建筑行业当中，国有的大型建筑企业是最重要的组成部分，然而作为国有企业，其在新技术的应用上和民间企业相比缺少一定的灵活性。BIM 技术作为一项新技术在国有建筑的应用当中并未普及。政府在 BIM 技术的支持当中也是只提到要求，而非政策上的大力支持。企业想要应用技术必须筹集资金，这对于 BIM 技术的推广有一定的阻碍。

#### （二）缺少完善的技术规范和数据标准

在 BIM 技术的价值发挥要素中，最重要的就是设计、建造以及最后的运营以及维护，这三者之间的信息传递才是其技术价值得到最终实现的前提和基础。当前在我国国内，BIM 技术的各项技术规范以及数据标准并不完善，许多应用企业只能够通过二维制图以及三维建模等进行建筑模型的展示。

#### （三）BIM 系列软件技术发展缓慢

当前 BIM 技术虽然得到了一定的应用，但是仍然存在着较多的不足之处，如缺少第三方应用、工种之间的配合较少以及本地化程度低等。当前在我国国内自主化的 BIM 软件系统几乎没有，即使有，也是功能较少的专项软件系统。国外的软件功能齐全，然而本土化并不彻底，对于国内的企业使用难度较大，也并不方便。在软件的本土化当中，原来的软件开发商能够依据各个买入地的特点进行软件功能的更替，本地的第三方软件还能够不断发展，并得到广泛的应用。比如 2D 制图，当前我国在众多领域，像建筑、设备等都在使用以 AutoCAD 为基础的的国内第三方软件，这些软件的使用对于提升工作效率，提升

BIM 的应用程度十分有利。

（四）机制不协调

BIM 在实际的运用当中，假如运用不当，一方面有可能会有一定的技术上的风险，另一方面则会对建筑工程的具体流程产生不利的影响。所以，建筑工程师在使用 BIM 系统进行工程设计时很容易会对个人或者是整体的利益产生影响，且工程师一般不能得到经济上的补偿。所以说，在保障机制没到位的情况下而进行 BIM 系统的强行推广和使用一定会遭到抵制。在这之外，当前的行业习惯当中仍然是 2D 制图占主要地位，而 BIM 技术在 2D 制图方面有些不到位的情况。所以，首先应该对 BIM 系统当中的 2D 制图功能进行一定的改善，其次还需要政府部门加紧进行制图的规范化以及程序化规定，使得以往的设计产品交付方法得到完善，进一步推广 3D 成果展示。

（五）人才培养不足

随着社会的进步，一系列适用于建筑设计的软件应运而生，其中最常用的就是 BIM 软件，现在的建筑设计人员的工作都离不开 BIM 软件的技术支持，但是 BIM 软件对专业的要求极高，虽然在推广、宣传的时候都是说它极易学习、上手，而在实际操作中，设计人员发现要应用 BIM 技术进行设计还是有一定难度的。同时，BIM 技术在现实中应用时，可能需要一些建筑专业人才从旁协助，而且对一些需要建模的地方，它可能还需要操作者有很强的数学能力和程序编辑能力，这些都对 BIM 的实际操作提出了更高的要求。而且中国的建筑设计行业竞争压力很大，这就使得设计人员没有更多的时间去学习 BIM 技术，所以在国内真正能使用 BIM 技术进行设计的人还是比较少的。同时，国内针对 BIM 程序没有专门的培训机构，这也就使得 BIM 技术在国内的实际运用少之又少。

（六）任务风险

中国的建筑行业从项目的确定到开始施工，中间的这个建筑设计时间很有限，所以就使得设计工作很紧迫，在设计的时候，一般使用的都是 BIM 设计程序，但是这种程序还不是很成熟，在使用的时候可能会出现程序故障，这样一来就使得设计成果不能及时交付。

**（七）BIM 技术支持不到位**

BIM 的经销商在产品售出后，不可能长时间的对每一个客户都进行跟踪指导服务。而解决这种状况最好的办法就是组织客户开展集中培训，让客户在学习中还能互相交流，但是这种办法也是需要时间和精力的。为了保证 BIM 技术能在本公司良好地运行，建筑设计公司可以成立自己的 BIM 技术顾问团队，来为本公司 BIM 技术的使用保驾护航。而类似这种性质的技术保障团队在那些专业设计院已经得以实施，像一些大型的建筑设计公司也在陆续建立自己的 BIM 技术服务团队。当下的设计工作是有着明确分工的，所以 BIM 技术已成了建筑设计中不可或缺的一部分，从总体上看，现阶段制约我国 BIM 技术发展的主要因素见表 1-1。

表 1-1　现阶段制约我国 BIM 技术发展的主要因素

| 序号 | 内容 | 序号 | 内容 |
|------|------|------|------|
| 1 | 没有充分的外部动机 | 8 | 基于 BIM 的工作流程尚未建立 |
| 2 | 国内缺乏 BIM 标准合同示范文本 | 9 | BIM 项目中的争议处理机制尚未成熟，目前各专业之间交互性差 |
| 3 | 不适应思维模式的变化 | 10 | 反抗新技术的抵触心理 |
| 4 | 对于分享数据资源持有消极态度 | 11 | 缺乏能够保护 BIM 模型的知识产权的法律条款和措施 |
| 5 | 使用 BIM 技术带来的经济效益不明显 | 12 | 聘用 BIM 专家和咨询需要额外费用 |
| 6 | 缺乏国产的 BIM 技术产品 | 13 | 设计费用的增加 |
| 7 | 没有政策部门和行业主管部门颁发的 BIM 标准和指南 | 14 | 国内缺乏对于 BIM 技术的研究 |

**四、我国 BIM 发展建议**

现在世界建筑行业把 BIM 技术当作最重要的技术支持，这项技术的出现可以极大地解决建筑行业的浪费问题，并有效地提高工作效率。21 世纪初，中国建筑行业就开始涉足 BIM 技术这一领域，但我国的 BIM 技术应用还只是刚刚开始，现在我国设计建筑单位才会使用 BIM

程序，它还没有延伸到个人，所以他的技术成熟度以及推广程度还是远远不够的，还没有完全发挥出 BIM 技术的强大功效。为了完全发挥出 BIM 技术对建筑设计行业的强大功效，中国那些专业的 BIM 培训机构和 BIM 咨询企业以及政府及行业协会对 BIM 技术的应用看得是越发重要了，为了保障 BIM 技术在国内的推广，国内的专业设计院以及一些规模庞大的建筑设计公司都相应成立了 BIM 技术支持团队。参考国外的一些操作方法，我们也能够从以下方面开展：

第一，在政府这个层面来看，急需解决这两个难题：首先，要营造一个公正和公平的市场氛围，同时 BIM 技术在推行困难的时候，一些行业准则以及制度要暂缓执行。标准、规范的制定应总结成功案例的经验，否则制定的标准即为简单的、低层次的引导，反而会引发出一些问题。目前市场情况，设计阶段 BIM 应用时间长，施工阶段相对较少，运维阶段应用则几乎没有，一旦一开始就设置相关准入门槛，可能就会使得 BIM 技术的推广变得困难，这样一来那些行业准则和制度就会形同虚设。同时，在进行行业标准以及一些规章制度的制定的时候，参与人员不仅要有涉及他们利益的行业内单位和企业，同时也要有立场中立的机构和行业协会。这样才能保证整个行业管理机构办事公平，才能做到整个过程公正，才能使整个行业健康地发展。其次，要加强 BIM 技术在国内的宣传引导力度。我们可以在一些国家建设和监管的工程中，开展 BIM 技术的应用，让我们切实体会到 BIM 技术的实惠。在 BIM 技术推广应用中做出重大贡献的一些个人和企业，我们可以制定一系列的奖励措施。市场以及政府这两个层面的态度，直接决定了 BIM 技术在推广过程中对行业管理单位职能转变的相关影响。所以为了保持国家对整个市场的把控力度，在推行的时候就一定要慎之又慎。

第二，企业建筑设计单位作为 BIM 技术的使用主体，他们在 BIM 技术的推广中极其重要，所以在建筑设计单位实行 BIM 技术应用以及推广就要做到以下三点：首先要主动地开展 BIM 实际应用。在这个阶段，企业可以在一些相对小的工厂或一个大工程的某些环节上进行 BIM 技术的应用，要提高大家的积极性，由浅及深、由易到难地增加

BIM 技术的使用频率，这样才能在实际操作中，进一步掌握 BIM 技术。其次是要研究形成本单位的一个 BIM 技术标准。在进行 BIM 技术标准制定的时候，单位可以循序渐进，在项目开展中开始实践 BIM 技术，然后在不断摸索、实践中制定出适合本单位的 BIM 技术标准。当然，如果引进第三方服务咨询公司进行协助的话，那么企业的 BIM 技术标准的制定就会开展得更顺利，效果也会更好。此外，要有一定的奖励制度。新技术的实施总不是一帆风顺的，期间总是有许多不稳定的因素，所以人们在面对这些困难的时候总会产生一些畏难想法。这个时候公司就可以开展一些激励活动来提高人们的兴趣，让员工可以接受和使用 BIM 技术。除此之外，那些程序研发单位在 BIM 技术推广应用中也同样责任重大。那些程序研发单位不能光看眼前的利益，在保证好产品的质量的同时也要向客户介绍那些确实能解决问题的软件，而不是老想着一夜暴富。只有建立起这样一种良好的行业氛围，才能更好地推动 BIM 的可持续发展，同时软件研发单位也能够获得最大的收益。在这个过程中，我们的首要目标就是要解决那些最重要、也是困扰大家最多的问题。

# 第二章　BIM技术的特征表现与核心优势

如今 BIM 一词在建筑业可谓炙手可热，其强大的数据集成、分析及处理能力，大大改善了传统 CAD 时代信息孤岛与断层的问题，提高了项目各专业与环节之间的沟通效率，增强了相互之间的合作，将建筑生产力提高了一个层级。本章分别对 BIM 技术的特征表现、BIM 技术的核心优势分析、BIM 技术价值分析和 BIM 技术的过程及管理实施进行具体分析。

## 第一节　BIM 技术的特征表现

### 一、可视化

（一）设计可视化

设计可视化即在设计阶段建筑及构件以三维方式直观呈现出来。设计师能够运用三维思考方式有效地完成建筑设计，同时也使业主（或最终用户）真正摆脱了技术壁垒限制，随时可直接获取项目信息，大大减少了业主与设计师间的交流障碍。

BIM 技术在应用中有许多可以真实看见的模式，这其中就有带边框着色、隐藏线和真实的模型这三种模式。

除此之外，BIM 技术还有漫游功能，可以通过创建相机路径，来构建一个立体的影像以及一些动态图，更直观地把设计效果展示在客户面前。

（二）施工可视化

1. 施工组织可视化

施工组织可视化即利用 BIM 工具创建建筑设备模型、周转材料模型、临时设施模型等，以模拟施工过程，确定施工方案，进行施工组织。通过创建各种模型，可以在计算机中进行虚拟施工，使施工组织可视化。

2. 复杂构造节点可视化

复杂构造节点可视化即利用 BIM 的可视化特性可以将复杂的构造节点全方位呈现，如复杂的钢筋节点、幕墙节点等。传统 CAD 图纸难以表示的钢筋排布，在 BIM 中可以很好地展现，甚至可以做成钢筋模型的动态视频，有利于施工和技术交底。

（三）设备可操作性可视化

设备可操作性可视化即利用 BIM 技术可对建筑设备空间合理性进行提前检验。例如，某项目生活给水机房的 BIM 模型，通过该模型可以验证设备房的操作空间是否合理，并对管道支架进行优化。通过制作工作集和设置不同施工路线，可以制作多种设备的安装动画，不断调整，从中找出最佳的设备房安装位置和工序。与传统的施工方法相比。该方法更直观、清晰。

（四）机电管线碰撞检查可视化

机电管线碰撞检查可视化即通过将各专业模型组装为一个整体 BIM 模型，从而使机电管线与建筑物的碰撞点以三维方式直观显示出来。我们在日常施工方法的选择中，针对管线碰撞检查一般都是采取两种办法：第一种就是把所涉及的所有 CAD 设计图进行叠加，然后在最后效果图上来呈现出来，通过空间想象力以及施工的经验来找出相互交错的点来进行改造；第二种就是可以一边施工一边改造。但是这两种办法都需要消耗大量的人力和物力，同时它的效果也不是很好。然而我们通过 BIM 技术进行建模，就能够通过真实的三维空间快速直观地发现并找到相关交错环节，之后可以通过 BIM 继续进行建模，修改碰撞点和一些错误的地方，最终可以得到正确、直观的 CAD 效果图。

二、一体化

一体化指的是基于 BIM 技术可进行从设计到施工再到运营贯穿了工程项目的全生命周期的一体化管理。BIM 的核心技术就是通过计算机进行三维建模产生一个设计数据库，这个技术囊括了建筑师的所有设计信息，同时这项技术在项目的整个实施过程中都可以使用，它可以记录下整个项目建设过程中的所有信息。包括项目设计范围的确定，以及项目的进度和项目成本的预算，BIM 技术都能够做到充足的保障，同时也可以在整个项目进程中合理协调各方面，加快项目建设速度。在整个项目的实施阶段中，BIM 技术可以实时地调整相关数据，并及时向人们提供查询功能。这样一来，项目建筑师、工程师、施工人员以及业主，就能够更及时准确地掌握项目进程。通过这些及时的反馈信息，我们在建筑设计和施工以及管理的过程中就能够及时进行调整，这样就可以减少成本，增加收益。在进行 BIM 技术实践的时候，不要拘泥于设计阶段，而是要把整个技术应用在项目的全生命周期中。为了实现 BIM 的效益最大化，我们要在整个建筑行业的上游到下游的每个环节中不断进行改进，达到整个项目信息化全过程监控的效果。

进行项目设计的时候，BIM 技术实现了电气和建筑以及给水排水、结构、空调等各个专业能够在一个平台中同时进行的愿望，让三维集成协同设计真正意义上成为了现实。把所有的设计项目全都在一个模型中进行整合，就更能直观地把设备与设备间，以及结构与设备间的冲突展示在人们面前，各环节的工程师通过及时查看三维模型中的实时信息，就能够更直观更准确地找到施工中存在的问题，及时采取措施，这样就可以最大程度上减少不必要的浪费。BIM 技术的实行也加快了设计施工一体化的进程。正式开工建设的时候，BIM 技术可以实时掌握相关建筑的质量、进度以及成本等情况。通过 BIM 技术可以让整个施工阶段变得透明，便于相关管理。它的出现也可以实现建筑量化管理，它能够及时为业主研究出一整套关于场地使用情况或设计更改调整情况的具体实施方案，这样就可以保证施工合理、有序地进行。这样一来业主就能把有限的资金投入到建筑中来，避免了行政和管理中一些不必要的开支。除此之外，BIM 技术还可以节约运营管理阶段的成本，提高后期收益，同时也让开发商销售、招商以及业主购房等方面变得更加透明和方便。BIM 技术的推广应用，让工程建设设计施工一体化变成了现实，也改变了整个建筑行业的模式。BIM 程序在实践中已经充分地向人们展示了它的强大，以及它所带来的价值。

### 三、参数化

参数化建模指的是通过参数（变量）而不是数字建立和分析模

型，简单地改变模型中的参数值就能建立和分析新的模型。

BIM 的参数化设计分为两个部分："参数化图元"和"参数化修改引擎"。"参数化图元"指的是 BIM 中的图元是以构件的形式出现，这些构件之间的不同，是通过参数的调整反映出来的，参数保存了图元作为数字化建筑构件的所有信息；"参数化修改引擎"指的是参数更改技术使用户对建筑设计或文档部分作的任何改动，都可以自动地在其他相关联的部分反映出来。在参数化设计系统中，设计人员根据工程关系和几何关系来指定设计要求。参数化设计的本质是在可变参数的作用下，系统能够自动维护所有的不变参数。因此，参数化模型中建立的各种约束关系，正是体现了设计人员的设计意图。参数化设计可以大大提高模型的生成和修改速度。

在某钢结构项目中，钢结构采用交叉状的网壳结构。主肋控制曲线，它是在建筑师根据莫比乌斯环的概念确定的曲线走势基础上衍生出的多条曲线；有了基础控制线后，利用参数化设定曲线间的参数，按照设定的参数自动生成主次肋曲线，相应的外表皮单元和梁也是随着曲线的生成自动生成。这种"参数化"的特性，不仅能够大大加快设计进度，还能够极大地缩短设计修改的时间。

### 四、仿真性

#### (一) 建筑物性能分析仿真

建筑物性能分析仿真即基于 BIM 技术的建筑师在设计过程中赋予所创建的虚拟建筑模型大量建筑信息（几何信息、材料性能、构件属性等），然后将 BIM 模型导入相关性能分析软件，就可得到相应分析结果。这个强大的功能让以前需要花费巨大人力、耗费大量时间来输入大量专业数据的老式设计方式，现在可以更加简捷地实现，极大地缩短了工作周期，提高了设计质量，优化了为业主的服务。

性能分析主要包括能耗分析、光照分析、设备分析、绿色分析等。

（二）施工仿真

1. 施工方案模拟、优化

施工方案模拟、优化指的是通过 BIM 可对项目重点及难点部分进行可建性模拟，按月、日、时进行施工安装方案的分析优化，验证复杂建筑体系（如施工模板、玻璃装配、锚固等）的可建造性，从而提高施工计划的可行性。对项目管理方而言，可直观了解整个施工安装环节的时间节点、安装工序及疑难点。而施工方也可进一步对原有安装方案进行优化和改善，以提高施工效率和施工方案安全性。

2. 工程量自动计算

BIM 模型作为承载多个工程信息的信息平台，能够更直接地反映出造价管理所需的工程量数据。以这些信息数据为导向，计算机能够对这些数据进行分析，得到各个构件的数据，从而最大程度地降低人工操作中所造成的和潜在的一些错误，也让设计文件和工程量信息的统一变成了现实。利用 BIM 技术得出的相关工程数据，能够使用在设计前期项目预算、方案比选、成本比较，以及开工前预算和竣工后决算。

3. 消除现场施工过程干扰或施工工艺冲突

随着建筑物规模和使用功能复杂程度的增加，设计、施工甚至业主，对于机电管线综合的出图要求愈加强烈。利用 BIM 技术，通过搭建各专业 BIM 模型，设计师能够在虚拟三维环境下快速发现并及时排除施工中可能遇到的碰撞冲突，显著减少由此产生的变更申请单，更大大提高施工现场作业效率，降低了因施工协调造成的成本增长和工期延误。

4. 施工进度模拟

为了更形象、明确地展示出施工的整个过程，我们可以通过 BIM 技术对施工进度进行建模，这个过程就是利用 BIM 技术把施工进度计划与之结合，再将时间信息和空间信息进行整合，形成一个新的可以观看的 4D 动态效果图。现在建筑工程项目在日常管理中的进度计划一般都是看甘特图，但是甘特图对专业的要求高，同时观赏性不强，不能够很清楚地展示各个工作进度。然而利用 BIM 程序数据库所构建的模型却能够很形象、明确地展示施工的全过程，这样一来我们在时间上的安排、资金的运转、质量的把控上都能够做到最好。

5. 运维仿真

（1）设备的运行监控。我们通过运用 BIM 技术就能把对建筑物设备的搜索和定位以及信息查询等功能应用到现实中，从而达到对设备的运行监控。首先将设备相关信息导入计算机，然后再利用 BIM 技术，就能够迅速查到设备的相关数据，比如像出产地、使用年限、设计制造商、运行维护情况、联系方式和设备的实时位置等。我们可以严格管理设备的运行时间，确保其在安全使用年限内工作，这样就可以避免发生不必要的安全事故，同时还可以采取终端设备以及二维码和 FID 技术，立马将产生故障的设备的故障信息进行研究导出，及时进行修理，确保设备立马投入运行。

（2）能源运行管理。能源运行管理即通过 BIM 模型对租户的能源使用情况进行监控与管理，赋予每个能源使用记录表以传感功能，在管理系统中及时做好信息的收集处理，通过能源管理系统对能源消耗情况自动进行统计分析，并且可以对异常使用情况进行警告。

（3）建筑空间管理。建筑空间管理就是利用 BIM 技术，制造出直观的三维立体图像，在这个图像中可以很精确地定位到每个租户的空间位置和查询租户的一些基本信息。比如租户的姓名、场地的面积、租金金额、物业管理等情况；同时也能够及时向租户发送各种提醒信息，还能及时更新租户的相关情况。

**五、协调性**

建筑行业工作的顺利进行主要是要靠协调，从施工单位到业主及设计单位，大家为了让工作更好地开展，相互间都是积极的配合与协调。在工程管理中应用 BIM 技术，能够很大程度上解决各方面的协调问题。同时，利用 BIM 技术对建筑信息进行建模可以对不同专业的碰撞问题进行集中研究处理，并生成协调数据报告单，进行协调处理。

（一）设计协调

设计协调指的是通过 BIM 三维可视化控件及程序自动检测，可对建筑物内机电管线和设备进行直观布置模拟安装，检查是否碰撞，找出问题所在及矛盾冲突之处，还可调整楼层净高、墙柱尺寸等。这样一来就可以弥补传统设计理念所带来一些设计上的不足，很大程度上提高设计的效果，就可以减低对后期计划的修改，达到降低成本、防范风险的目的。

（二）整体进度规划协调

整体进度规划协调指的是基于 BIM 技术，对施工进度进行模拟，同时根据最前线的经验和知识进行调整，极大地缩短施工前期的技术准备时间，并帮助各类各级人员对设计意图和施工方案获得更高层次的理解。以前施工进度通常是由技术人员或管理层确定的，容易出现下级人员信息断层的情况。如今，BIM 技术的应用使得施工方案更高效、更完美。

（三）成本预算、工程量估算协调

成本预算、工程量估算协调指的是应用 BIM 技术可以为造价工程师提供各设计阶段准确的工程量、设计参数和工程参数，这些工程量和参数与技术经济指标结合，可以计算出准确的估算、概算，再运用价值工程和限额设计等手段对设计成果进行优化。与此同时，通过 BIM 技术计算出的工程量不再只是粗浅的长度以及面积的体现了，一款强大的 BIM 软件在进行项目造价的时候能够做到精准的 3D 布尔运算和实体减扣，这样一来就可以得到更确切的工程量数据，同时还能够自动生成电子文档在项目进程中可以实现相互间的转换、实时共享、云端传输以及保存留底。准确率和速度上都较传统统计方法有很大的提高，有效降低了造价工程师的工作强度，提高了工作效率。

（四）运维协调

BIM 系统包含了多方信息，如厂家价格信息、竣工模型、维护信息、施工阶段安装深化图等，BIM 系统能够把成堆的图纸、报价单、采购单、工期图等统筹在一起，呈现出直观、实用的数据信息，可以基于这些信息进行运维协调。

运维管理主要体现在以下方面。

1. 空间协调管理

照明和人防等各系统以及设备空间定位都运用了空间管理技术。

首先，通过 BIM 程序可以让业主获得每个程序以及设备空间的位置情况，同时可以把先有的编号或者文本信息转换为三维图形，这样一来就显得更加的形象，便于管理。例如，利用 RFID 技术就可以对每一个报案进行定位。其次，BIM 技术可应用于内部空间设施可视化，通过 BIM 技术可以建造一个立体的模型，在这个模型中囊括了所有的数据以及相关信息。例如，进行装修施工时，就能够马上找到哪些是可以进行改动的，而哪些是不能改动的。

2. 设施协调管理

设施的装修和维护操作以及空间规划是设施协调管理的主要内容。通过 BIM 技术就可以实现各个程序的协调统一，同时可以实现信息共享，这样一来就可以更好地为业主和运营商服务，减少不必要的损失。除此之外，通过 BIM 技术还能够实现设备的远程操作与控制，它是把以前地产公司中各自操作的工程设备利用 RFID 等技术把它们集中到一个全新的平台上来。我们通过这个系统可以及时了解设备的运行情况，为设备的维护保养打下了坚实的基础。

3. 隐蔽工程协调管理

通过 BIM 手段可将隐蔽、复杂的地下管网进行明确划分和定位，比如，我们在设计图纸上可以清晰地放映出相关管井、电线、网线、排水管、污水管的具体位置。如果我们要进行改造的时候，就能够合理安排线路，同时它也为后期的维修、维护作出要求，在发生碰撞时也能够及时找到相关点，并及时对计划进行修改，同时实时上传信息。

4. 应急管理协调

利用 BIM 技术可以对整个工程的进展情况进行一个实时有效的监管，它主要能够起到报警和预防的作用，同时能够进行应急处理。比如消防问题，如果发生火警，这个监管系统就能够利用喷淋感应器及时传导着火情况；现在的大型卖场中，一般都装有 BIM 火警监控系统，一旦突发火警，这个系统就会及时发现，并发出报警；同时可以根据反馈信息及时找到着火源，这个时候，商场控制中心就可以快速找到一条最合适的人群疏散通道。

5. 节能减排管理协调

为了将现实生活中的能源管理和监控做得更好，也可以将 BIM 技术与物联网技术相结合，产生一种新的应用程序。我们可以在水表和电表以及煤气表上安装一些带有传感功能的元器件，就能够及时地采集、分析、传导建筑能耗的实时信息，这个程序也可以在很多领域进行应用。通过这个程序我们还可以做到对室内温度以及湿度的一个远程实时监控，可以通过对房间里的湿、温度的相关变化进行分析，合理利用能源。我们可以将所有收集到的能源使用信息都导入这个大数据库，还能够利用这个管理系统中的能源管理功能程序，来自动统计和分析能源的使用情况，譬如每个地区中各家各户的一个日用水量和月用水量等，通过这个管理系统可以及时发现能源使用的异常情况，并及时对其进行标注，向用户发出警报。

## 六、优化性

这一整套设计、施工、运营的实施，一直都在进行着优化，这些的前提，必须要有准确的传导信息，只有掌握准确的信息，才能得到最好的优化效果。通过 BIM 程序可以掌握建筑物的规则信息和物理信息以及几何信息等已经存在的信息，同时还能为以后的维护管理提供相关技术支持。有些项目相对来说是很复杂的，它的复杂程度高到一定程度，参与人员本身的能力无法掌握所有的信息，必须借助一定的科学技术和设备的帮助，才能展开对项目的一个优化；可以将项目设计以及投资回报等进行系统的分析，得出当设计发生改变时对投资回报所带来的联动影响，这个时候业主也就可以选择出适合自身的一个项目设计方案，再对该计划进行合理优化，从而进一步压缩成本，增加效益。

## 七、可出图性

运用 BIM 技术，除了能够进行建筑平、立、剖及详图的输出外，还可以出碰撞报告及构件加工图等。

（一）碰撞报告

通过将建筑、结构、电气、给水排水、暖通等专业的 BIM 模型整合后，进行管线碰撞检测，可以导出综合管线图（经过碰撞检查和设计修改，消除了相应错误以后）、综合结构留洞图（预埋套管图）、碰撞检查报告和建议改进方案。

### 1. 建筑与结构专业的碰撞

建筑与结构专业的碰撞主要包括建筑与结构图纸中的标高、柱、剪力墙等的位置是否不一致等。

### 2. 设备内部各专业碰撞

设备内部各专业碰撞内容主要是检测各专业与管线的冲突情况。

### 3. 建筑、结构专业与设备专业碰撞

建筑专业与设备专业的碰撞，如设备与室内装修碰撞；结构专业与设备专业的碰撞，如管道与梁柱冲突。

### 4. 解决管线空间布局

基于 BIM 模型可调整解决管线空间布局问题，如机房过道狭小、各管线交叉等问题。

（二）构件加工指导

### 1. 出构件加工图

利用 BIM 技术对建筑构件进行建模，这样可以更直观地将构建的属性信息展示出来，利用 BIM 技术生成构建加工效果图，这种效果图不但可以明确地将传统图纸的相关二维信息表达出来，而且还能将相对复杂的空间剖面关系更直观地展现出来，同时还可以实现将所需要的二维图纸集中体现在一个模型中的需求，通过这种叠加程序得出的设计图就可以让接下来的生产变得简单快捷。

### 2. 构件生产指导

把 BIM 技术应用到生产加工的流程中来，就可以让配筋的空间关系和各种参数情况变得一目了然，然后计算机数据库就能够根据已有数据自动生成构件下料单和派工单以及模具规格参数等生产表单，还可以通过动态图像向施工人员展示设计者的设计理念，加深施工人员的理解，同时还可以利用 BIM 技术将整个生产过程模拟成动画，导出流程图和说明图等辅助图纸对工人进行讲解培训，这样一来，就可以极大程度地提高工人生产的质量，并且生产效率也将大大提高。

### 3. 实现预制构件的数字化制造

我们可以把 BIM 信息数据导入相对应的设备中，然后利用工厂化、机械化这种生产形式，集中使用大型机械设备，就能够将机械的自动化生产变为实现，BIM 技术在这个领域的使用不仅可以严控产品质量，同时也能大大节约生产成本、提高生产效率。例如，钢筋网片的商品化生产现在已经变成了现实，我们可以将符合标准的钢筋在工厂自动用料、让其自动成型、然后自动焊接（绑扎），这样一套程序下来一个标准化的钢筋网片就生产出来了。

### 八、信息完备性

BIM 程序能够将工程对象进行 3D 几何信息以及拓扑关系的描述以及完整的工程信息描述变得现实，这也正是其信息完备性的鲜明特点。譬如对象名称和结构类型以及建筑材料还有工程性能等设计方面的内容；施工程序和开展进度以及资金的运行、质量的监管以及人员、设备、建材等与施工有关的数据；工程安全性能、材料耐久性能等后期保养维护的相关内容；施工之间的工程前后顺序等。

## 第二节　BIM 技术的核心优势分析

BIM 已被大量项目证明其有助于提高项目质量和生产率。基于 BIM 模型，项目团队能够在施工开始前创建并体验虚拟建筑，从而有助于项目团队作出更佳的设计决策。使用三维环境中可视化的方式进行项目信息的沟通更是极大地减少了信息的损失。

### 一、组织层面的优势

在组织层面上，实施 BIM 不仅能使该组织跟上行业最新实践，而且能带来一些其他收益：

（1）提高生产率。

（2）沟通的增强。

（3）减少碰撞错误和工程洽商（RFI）。

（4）改善信息控制能力。

（5）对项目咨询方和其他项目利益干系人的管控。

（6）对成本的管控。

（7）提升项目整体质量。

（8）提高竞争优势。

（9）产生新的业务机会。

## 二、项目层面的优势

在项目层面上，使用 BIM 的收益在项目全生命周期的各阶段都有体现。

（1）提升设计的可视化。

（2）早期设计的碰撞错误识别。

（3）精准的工程量和造价预算。

（4）在施工阶段早期进行决策从而节省成本和时间。

（5）可施工性分析。

（6）监控进度、成本、和施工过程。

# 第三节　BIM 技术的价值分析

## 一、BIM 在勘察设计阶段的作用与价值

BIM 在勘察设计阶段的主要应用价值见表 2-1。

表 2-1　BIM 在勘察设计阶段的应用价值

| 勘察设计 BIM 应用内容 | 勘察设计 BIM 应用价值分析 |
| --- | --- |
| 设计方案论证 | 设计方案比选与优化，提出性能、品质最优的方案 |
| 设计建模 | 三维模型展示与漫游体验，很直观<br>建筑、结构、机电各专业协同建模<br>参数化建模技术实现一处修改，相关联内容智能变更<br>避免错、漏、碰、缺发生 |

| 勘察设计 BIM 应用内容 | 勘察设计 BIM 应用价值分析 |
|---|---|
| 能耗分析 | 通过 IFC 或 gbXML 格式能耗分析模型输出<br>对建筑能耗进行计算、评估，进而开展能耗性能优化<br>能耗分析结果存储在 BIM 模型或信息管理平台中，便于后续应用 |
| 结构分析 | 通过 IFC 或 Structure Model Center 数据计算模型开展抗震、抗风、抗火等结构性能设计<br>结构计算结果存储在 BIM 模型或信息管理平台中，便于后续使用 |
| 光照分析 | 建筑、小区日照性能分析<br>室内光源、采光、景观可视度分析<br>光照计算结果存储在 BIM 模型或信息管理平台中，便于后续使用 |
| 设备分析 | 管道、通风、负荷等电机设计中的计算分析模型输出<br>冷、热负荷计算分析<br>舒适度模拟<br>气流组织模拟<br>设备分析结果存储在 BIM 模型或信息管理平台中，便于后续使用 |
| 绿色评估 | 通过 IFC 或 gbXML 格式输出绿色评估模型<br>建筑绿色性能分析，其中包括：规则设计方案分析与优化；节能设计与数据分析；建筑遮阳与太阳能利用；建筑采光与照明分析；建筑室内自然通风分析；建筑室外绿化环境分析；建筑声环境分析；建筑小区雨水采集和利用<br>绿色分析结果存储在 BIM 模型或信息管理平台中，便于后续使用 |
| 工程量统计 | BIM 模型输出土建、设备统计报表<br>输出工程量统计，与概预算专业软件集成计算<br>概预算分析结果存储在 BIM 模型或信息管理平台中，便于后续使用 |

续表

| 勘察设计 BIM 应用内容 | 勘察设计 BIM 应用价值分析 |
|---|---|
| 其他性能分析 | 建筑表面参数化设计<br>建筑曲面幕墙参数化分格、优化与统计 |
| 管线综合 | 各专业模型碰撞检测，提前发现错、漏、碰、缺等问题，减少施工中的返工和浪费 |
| 规范验证 | BIM 模型与规范、经验相结合，实现智能化的设计，减少错误，提高设计便利性和效率 |
| 设计文件编辑 | 从 BIM 模型中出版二维图纸、计算书、统计表单，特别是详图和表达，可以提高施工图的出图效率，并能有效减少二维施工图中的错误 |

在我国的工程设计领域应用 BIM 的部分项目中，可发现 BIM 技术已获得比较广泛的应用，除上表中的"规范验证"外，其他方面都有应用，应用较多的方面大致如下：

（1）设计中均建立了三维设计模型，各专业设计之间可以共享三维设计模型数据，进行专业协同、碰撞检查，避免数据重复录入。

（2）使用相应的软件直接进行建筑、结构、设备等各专业设计，部分专业的二维设计图纸可以从三维设计模型自动生成。

（3）可以将三维设计模型的数据导入到各种分析软件，例如能耗分析、日照分析、风环境分析等软件中，快速地进行各种分析和模拟，还可以快速计算工程量并进一步进行工程成本的预测。

**二、BIM 在施工阶段的作用与价值**

（一）BIM 对施工阶段技术提升的价值

BIM 对施工阶段技术提升的价值主要体现在以下四个方面：

（1）辅助施工深化设计或生成施工深化图纸。

（2）利用 BIM 技术对施工工序的模拟和分析。

（3）基于 BIM 模型的错漏碰缺检查。

（4）基于 BIM 模型的实时沟通方式。

（二）BIM 对施工阶段管理和综合效益提升的价值

BIM 对施工阶段管理和综合效益提升的价值主要体现在以下两个

方面：

（1）可提高总包管理和分包协调工作效率。

（2）可降低施工成本。

（三）BIM 对工程施工的价值和意义

BIM 对工程施工的价值和意义见表 2-2。

表 2-2　BIM 对工程施工的价值和意义表

| 工程施工 BIM 应用 | 工程施工 BIM 应用价值分析 |
|---|---|
| 支持施工投标的 BIM 应用 | （1）3D 施工工况展示。<br>（2）4D 虚拟建造 |
| 支持施工管理和工艺改进的单项功能 BIM 应用 | （1）设计图纸审查和深化设计。<br>（2）4D 虚拟建造，工程可建性模拟（样板对象）。<br>（3）基于 BIM 的可视化技术讨论和简单的协同。<br>（4）施工方案论证、优化、展示以及技术交底。<br>（5）工程量自动计算。<br>（6）消除现场施工过程干扰或施工工艺冲突。<br>（7）施工场地科学布置和管理。<br>（8）有助于构配件预制生产、加工及安装 |
| 支撑项目、企业和行业管理集成与提升的综合 BIM 应用 | （1）4D 计划管理和进度监控。<br>（2）施工方案验证和优化。<br>（3）施工资源管理和协调。<br>（4）施工预算和成本核算。<br>（5）质量安全管理。<br>（6）绿色施工。<br>（7）总承包、分包管理协同工作平台。<br>（8）施工企业服务功能和质量的拓展、提升 |
| 支撑基于模型的工程档案数字化和项目运维的 BIM 应用 | （1）施工资料数字化管理。<br>（2）工程数字化交付、验收和竣工资料数字化归档。<br>（3）业主项目运维服务 |

## 三、BIM 在运营维护阶段的作用与价值

BIM 参数模型的一大作用是记录建筑建造的信息。对于建筑的所

有建造状况和每一次的修改会被同步记录到 BIM 参数模型中，最后形成 BIM 竣工模型（As‐Built model）。在以后的管理中，这一模式可以作为重要的依据。

除此以外，BIM 还可以提供其他方面的信息，包括建筑使用时间、建筑财务情况、建筑使用情况及性能、容量和入住人员，等等。当其用于搬迁管理和规划时，还能够及时更新其数据。这样使得标准建筑模型更加适应诸如零售业场地在内的商业场地条件，这类场地会要求在多个地点建造相同或相似的建筑。另外，它还能够更加方便地、有效地、低成本地对建筑的各种物理信息，比如完工情况（家具和设备库存以及承租人或部门分配等）和财务数据（部门成本分配的财务数据、可出租面积以及租赁收入等）进行管理。

通过对 GIS 技术的运用，可以将 BIM 与对建筑的管理和维护相结合，能够对楼宇设备和物业管理实施可视化、智能化的监控，及时定位问题来源。结合运营阶段的环境因素，针对灾害破坏、材料劣化和结构损伤可以对建筑的耐久性和安全性进行分析预测。

**四、BIM 在项目全生命周期的作用与价值**

在传统的设计—招标—建造模式下，基于图纸的交付模式使得跨阶段时信息损失带来大量价值的损失，导致出错、遗漏，需要花费额外的精力来创建、补充精确的信息。而基于 BIM 模型的协同合作模型下，利用三维可视化、数据信息丰富的模型，各方可以获得更大投入产出比，如图 2‐1 所示。

美国 Building SMART Alliance（BSA）在"BIM Project Execution Planning Guide Version"中，根据当前美国工程建设领域的 BIM 使用情况总结了 BIM 的 20 多种主要应用。从图中可以发现，BIM 应用贯穿了建筑的规划、设计、施工与运营四大阶段，多项应用是跨阶段的，尤其是基于 BIM 的"现状建模"与"成本预算"贯穿了建筑的全生命周期。

BIM 技术有其无可比拟的优势，因此现在已经越来越多地被应用于各种工程项目中。不管是简单的仓库建造，还是形式复杂的新型建筑，BIM 在建筑的设计、施工以及运营的各个阶段都持续地发挥着巨

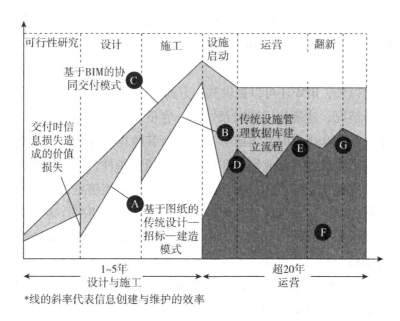

图 2 - 1　设施生命周期

大的作用。

### 五、BIM 技术给工程建设带来的变化

（一）更多业主要求应用 BIM

BIM 技术具有其重大的价值。它不仅能够通过可视化平台让业主得以随时检查工程进度，监督其设计是否满足了业主的要求，而且还能够尽早得到可靠的工程预算，缩短工期，提高项目结果的性能，还方便进行后期的设备维护。

（二）BIM 4D 工具成为施工管理新的技术手段

BIM 软件的 4D 功能对其性能十分重要。许多软件开发商将其视为 BIM 的必备组成部分，有些小型软件开发公司甚至专门进行 4D 软件的开发。

相对于传统的 2D 图纸，BIM 4D 在施工和管理中有以下几点优势：

（1）BIM 4D 能够更加直观地通过对于施工过程的模拟来检测施工计划是否合理，并对进度计划进行优化，这是传统的甘特图无法做到的。

（2）能够模拟施工现场以便更为恰当地设置大型机械位置、物料运输路径以及物料堆放点。

（3）可以密切跟踪项目的进程，判断进度是否滞后或者提前。

（4）有利于各利益相关者和工程参与方之间更为高效地沟通。

（三）工程人员组织结构与工作模式逐渐发生改变

由于 BIM 智能化应用，工程人员组织结构、工作模式及工作内容等将发生革命性的变化，体现在以下几个方面：

（1）IPD 模式下（IPD 指集成产品开发 Integrated Product Development）的人员组织机构不再是传统意义上的处于对立的单独的各参与方，而是协同工作的一个团队组织。

（2）由于工作效率的提高，某些工程人员的数量编制将有所缩减，而专门的 BIM 技术人员数量将有所增加、对于人员 BIM 培训的力度也将增加。

（3）美国国家建筑科学研究院（National Institute of Buildingsciences，NIBS）定义了国家 BIM 标准（National BIM Standards），意在消除在项目实施过程中由于数据格式不统一等所产生的大量额外工作；制定 BIM 标准也是我国未来 BIM 发展的方向。

（四）一体化协作模式的优势逐渐得到认同

越来越多的建筑业领头企业意识到一体化项目团队在未来的建筑行业中将具有越发重要的优势，而 BIM 在一体化的模式中能够发挥重大的作用。一些大型施工企业将自己的独立设计团队的设立列为未来发展的计划。而对于项目管理，企业有意采用 DB 模式，甚至于 IPD 模式。

（五）企业资源计划（ERP）逐渐被承包商广泛应用

企业资源计划（Enterprise Resource Planning，ERP）是先进的现代企业管理模式，主要实施对象是企业，目的是将企业的各个方面的资源（包括人、财、物、产、供、销等因素）合理配置，以使之充分发挥效能，使企业在激烈的市场竞争中全方位地发挥能量，从而取得最佳经济效益。世界 500 强企业中有 80% 的企业都在用 ERP 软件作为其决策的工具及管理日常工作流程，其功效可见一斑。目前 ERP 软件也正在逐步被建筑承包商企业所采用，用作企业统筹管理多个建设项目的采购、账单、存货清单及项目计划等方面。一旦这种企业后台管理系统（Back Office System）建立，将其与 CAD 系统、3D 系统、BIM 系统等整合在一起，将大大提升企业的管理水平，提高经济性。

（六）更多地服务于绿色建筑

在全球气候变化的背景下，可持续发展成为建筑业的重要要求，而对于建筑项目的舒适度要求也在逐步提高，绿色建筑成为大势所趋。而 BIM 技术可以帮助设计人员进行能耗的分析，更方便选择出绿色环保的建筑材料。

**六、BIM 未来展望**

（一）BIM 技术的深度应用趋势

1. BIM 技术与绿色建筑

绿色建筑是指在建筑的全生命周期内，最大限度地节约资源，节能、节地、节水、节材、保护环境和减少污染，提供健康适用、高效使用、与自然和谐共生的建筑。

BIM 在此过程中最重要的作用在于它能够对建筑设计的流程重新进行整合。并且它又涉及了绿色建筑设计所影响和关注的对象——建筑生命周期管理（BLM）。BIM 也为绿色分析软件提供了真实而丰富的信息和各种所需数据，提高了分析软件的正确率。BIM 的某些特性（如参数化、构件库等）使建筑设计及后续流程针对上述分析的结果，有非常及时和高效的反馈。由于绿色建筑设计的过程是跨阶段、跨学科的综合性过程，BIM 能够完美地进行各种工种在单一数据平台上的数据集中和协调设计，这正好满足了绿色建筑设计的要求。同时，BIM 还能够提前在设计初期就完成物理信息的分析，这对于设计师尽早完成绿色建筑的相关决策工作有巨大的帮助。

另外，BIM 技术提供了可视化的模型和精确的数字信息统计，将整个建筑的建造模型摆在人们面前，立体的三维感增加人们的视觉冲击和图像印象。而绿色建筑则是根据现代的环保理念提出的，主要是运用高科技设备利用自然资源，实现人与自然的和谐共处。基于 BIM 技术的绿色建筑设计应用主要通过数字化的建筑模型、全方位的协调处理、环保理念的渗透三个方面来进行，实现绿色建筑的环保和节约资源的原始目标，对于整个绿色建筑的设计有很大的辅助作用。

总而言之，将BIM应用到绿色建筑中的方案已经受到了广泛的关注和认可，这将会推动绿色建筑视野取得更大的发展。

2. BIM技术与信息化

信息化是指培养、发展以计算机为主的智能化工具为代表的新生产力，并使之造福于社会的历史过程。智能化生产工具相比于传统生产工具，最大的先进之处就在于它不是孤立运行的，而是具有组织的、自上而下的、规模庞大的信息网。这种基于信息网的生产工具不仅会改变人的生产生活以及学习的方式，还会对人的交往方式和思维方式产生极大的影响，从而影响人类社会的进程。

近些年，我国国民经济加快了信息化的进程，建筑行业的信息化也受到了重视。住建部明确指出"建筑业信息化是指运用信息技术，特别是计算机技术和信息安全技术等，改造和提升建筑业技术手段和生产组织方式，提高建筑企业经营管理水平和核心竞争力。提高建筑业主管部门的管理、决策和服务水平"。国民经济信息化的要求必然带来建筑业的信息化趋势，而其中管理的信息化，在实现信息化的进程中占据首要地位。所以建筑业的发展要求在建筑管理技术中实现信息化。然而在目前阶段，信息化技术在建筑管理中的运用还只处于初级阶段，在思想认识和推广上都并不成熟。只有一小部分企业孤立地、低程度地应用信息技术管理，没有发挥出其在信息交流、互动和共享上的优势。

利用BIM技术对建筑工程进行管理，由业主方搭建BIM平台，组织业主、监理、设计、施工多方，进行工程建造的集成管理和全生命周期管理。BIM系统在建筑行业中的使用越发普遍。它立足于信息技术，将建筑过程中的设计、施工到后期的项目管理、项目运营的各方信息综合记录于数据库中，通过数字信息模拟技术搭建仿真模型，用于建筑的管理。在运行过程中，供应方、设计方、分包方、总包方、监理方、业主方等相互协调沟通，共同通过BIM平台对建筑进行管理与维护。尽管BIM在目前还是新兴的技术，但是未来其在建筑行业中的运用一定会成为大势所趋。

3. BIM 技术与 EPC

工程总承包（Engineering Procurement Construction，EPC）是指工程总承包企业按照合公司约定，承担工程项目的设计、采购、施工、试运行服务等工作，并对承包工程的质量、安全、工期、造价全面负责，它是以实现"项目功能"为最终目标，是我国目前推行总承包模式最主要的一种。传统的建筑项目中设计和施工是由不同责任方承包的，这不仅会在建设过程中增加业主的琐碎事物，而且容易造成资金和人力的浪费。但是 EPC 能够避免这一点。对于总承包商而言，其工程的变更、纠纷、争议以及索赔的耗费大大减少。从管理到资金、技术等各环节更加紧密衔接。对于分包商，其专业化程度大大提高，因而可以提高社会效益和经济效益。由于这些优势，EPC 不仅为政府部门所看重，而且也广受投资者和发包人的欢迎。

同时，在专项信息技术应用上，"加快推广 BIM、协同设计、移动通信、无线射频、虚拟现实、4D 项目管理等技术在勘察设计、施工和工程项目管理中的应用，改进传统的生产与管理模式，提升企业的生产效率和管理水平"。

4. BIM 技术与云计算

将 BIM 与云计算技术相结合，将 BIM 转化成 BIM 云服务，可以利用云计算在计算能力上的优势，在云端运行复杂的运算工作，从而提高计算速度。同时，也可以利用云计算强大的数据储存能力，将 BIM 中的大量数据同步存储到云端，使信息的查找和共享更为便利。此外，云计算使 BIM 在不同场景下运行，比如用户可以在施工现场连接云端数据，获得所需要的服务。

BIM 与云计算的集成应用根据云的规模和形态分为初级、中级以及高级阶段。初级阶段主要提供项目协同平台，通过将 BIM 应用与项目协同平台的连接，形成初步的文档类应用；中级阶段主要提供模型信息平台，不同参与者可以共同在平台上进行开发，形成协作级别的应用；高级阶段提供的是开放平台，用户根据个人的需要从平台中获得相对应的应用，形成自定义级别的应用。

5. BIM 技术与物联网

BIM 技术与物联网的集成应用，从本质上来说就是对整个建筑过程的所有信息进行收集和管理。其中，物联网技术则负责底层信息的感知、采集、传递以及监控，而 BIM 技术负责上层信息的集成、展示、管理以及交互。两者相互结合，则成为了建筑过程的"信息流闭环"，将实体硬件环境和虚拟信息进行融合。目前 BIM 技术主要运用于设计阶段，但是也逐渐向建造和运营阶段发展，而对于建造和运营产生重大的帮助的物联网技术，在这一过程中将发挥巨大的作用。

当前的 BIM 与物联网集成应用还不成熟，缺乏数据存储、编码、分类、交换、交付以及应用等方面的可操作、系统化的实施标准。并且，相关的法律法规还不完善，现行的建筑业运行模式不能与之适应。随着 BIM 技术和管理的发展，这些问题会逐渐得到解决。而 BIM 技术与物联网的融合与应用，将会使智能建造转化为智慧建造，开启智慧建筑的时代。建筑将具有以物联网为中心的，能够进行兼容的通信和功能分类的"智慧化"的控制系统。这正是信息化在建筑行业的主要发展目标。

6. BIM 技术与数字加工

BIM 技术和数字加工的结合，能够将 BIM 的数据转化为数字模型，然后再根据这一模型进行数字化加工。这项技术将会在钢结构加工、管线预制加工、预制混凝土板生产等领域发挥作用。其优势在于，它不仅能够精确地使用机械化手段完成建筑构件的加工，使构件误差减小，生产效率提高，而且还可以将构件在异地加工完成后，再于施工现场组装，以把控生产质量，缩短工期。

7. BIM 技术与智能全站仪

BIM 技术与智能型全站仪的集成应用，能够通过对硬件和软件的整合，使 BIM 模型得以利用其中的三维空间坐标数据驱动智能型全站仪在施工现场进行测绘活动。这样，可以得到现场的实际建造数据和信息，以与 BIM 模型中的数据进行参照和比对。在比对中检测 BIM 模型与实际的施工状况是否有偏差，为幕墙、精装和机电等深化设计提供数据上的依据。除此之外，智能型全站仪还具有精准定位的功能，能够结合施工现场的标高控制线、控制点及轴线网，快速而精确地在施工现场标定出设计的结果，进行施工放样，用来作为施工人员进行施工的参考依据。不仅如此，智能型全站仪还能用来对施工质量进行检测。它可以精确地测量施工完成后的现场数据，然后将这些数据与设计数据相比对，得出施工是否符合要求的结论。BIM 与智能型全站仪集成进行放样，相比于传统手段，精度大大提高，可以达到 3mm 以内，远远超过对于一般性建筑 1~2cm 的精度要求。另外，它的操作也非常简易，相比于传统方式需要两人以上来操作，它只需要一人即可完成，一般情况下一天可以进行数百个点的定位，速度比传统方法提高了 6~7 倍。

8. BIM 技术与 GIS

将 BIM 和 GIS 结合起来加以应用，能很大程度地提高大型公共基础设施的管理质量和运行效率。当今的建筑施工领域中，BIM 已经被比较广泛地应用于建筑设计以及施工的全过程中。将 BIM 与 GIS 结合起来加以综合应用，可以使大型公共基础设施、建筑的 BIM 运行以及维护方面的一些难题得到解决。就以新建成的昆明机场为例，这个机场就实现了 BIM 与 GIS 的有效结合，建立起了一套适合机场航站楼使用的运行以及维护系统，航站楼的信息统计发布、物业管理、日常维护、机电运行等管理内容都被纳入了统一的系统中，并且实现了信息化的实时管理。

将 BIM 与 GIS 结合起来加以应用不但可以发挥各自的功能和优势，而且能够令各自的功能得以拓展。就拿 GIS 中的导航功能来举例，以往 GIS 中的导航功能无法在室内使用。而将这两项技术和功能结合起来之后，不仅导航功能可以在室内被使用，而且 GIS 原有的一些功能还得到了优化。比如 BIM 可以做到对室内的各类情况以及建筑结构加以详细记录并作出反馈，设计出紧急疏散时乘客可以逃生的最快捷、最准确的路线。

当下，互联网技术发展日新月异，应用领域极速拓宽，BIM 正是基于互联网技术以及移动通信技术的发展而得以产生和推广的，基于网络向用户提供服务是其主要的运作方式。随着云计算技术的诞生及快速发展，GIS 和 BIM 都开始将这项新的互联网技术融入到自身的技术发展过程中。云计算大大提升了 BIM 和 GIS 的数据储备量及计算能力，存储数据的方式也发生了根本性的变化，未来云计算的引入和应用，将会令 BIM 和 GIS 的技术得到更加飞速的发展。

### 9. BIM 技术与 3D 扫描

随着 3D 扫描相关技术的发展并投入应用，建筑施工单位开始将 BIM 与 3D 扫描技术结合起来，将两者的模型及细节加以比对，对一些数据进行相互转化和互补，在工程质检、构建施工所用模型等多个环节中加以运用，可以很好地起到保证施工质量的作用。这些现在通过新技术可以被轻松、准确地加以解决的问题，在过去使用传统施工、监测方法时是难以被攻克的。这种将 BIM 与 3D 扫描技术结合起来的施工管理模式目前正为建筑施工单位广泛使用，包括检测建筑工程质量，统计不同时段的建筑工程量，预拼装建筑的钢质结构等多个环节。具体来讲，比如先运用 3D 激光技术对施工现场的情况进行扫描，然后将这个结果与 BIM 的模型加以比对，通过这种比对可以发现实际建设状况是否与设计图纸相符，及时发现并整改施工中出现的问题。而在过去，这种质检则需要技术人员在现场，对照着设计图纸，用尺子逐一进行测量检查，时间成本、人力成本大大增加，而且人工检测的结果还有可能存在误差。

还有，过去传统施工方式下，计算土方开挖工程量一直是建设施工管理过程中的难点，因为通过人工的方法很难达到精确的计算标准。但如果将 3D 扫描技术运用到土方开挖量的计算中，这一问题就能迎刃而解。具体来讲，可以用 3D 激光对开挖后的基坑进行扫描，运用云数据建起 3D 模型，然后用 BIM 技术对模型的体积进行计算，并且对实际挖掘的土方量进行计算。这样不仅可以准确计算出土方量，而且还可以对挖掘的质量以及其他的相关信息加以呈现，筛选出各种有用的数据。这种模式已经在一些大型建筑的施工过程中被投入运用，比如引进大空间的 3D 扫描技术，对施工现场一些复杂的环境进行扫描，汇集出详细的 3D 数据信息，建立起施工现场的 3D 模型，详尽而直观地将施工现场的真实情况展示出来。在此基础上，将 3D 模型与初始的设计方案加以比对，方便对施工的全过程进行有效监测。同时，为了给建筑后期的装饰装修以及改造打下基础和做好准备，还可以运用 3D 技术对施工现场的管线布局、龙骨设计等情况进行记录并建立起 3D 模型，以供今后使用。因此，将 3D 扫描技术与 BIM 结合起来加以综合运用，既可以提高建筑项目的施工质量和效率，又可以为今后项目的进一步装饰装修提供准确的设计基础。

10. BIM 技术与虚拟现实

一旦将虚拟现实技术与 BIM 结合起来加以运用，技术模拟时的真实性将会大大提高。过去建筑行业经常使用的是二维以及三维技术，只能简单绘制建筑物的一些尺寸和基本构图。而虚拟现实技术则可以通过更加先进的技术手段，将一整座建筑物详尽而立体地展示在人们面前，令我们如同面对着一幢真实的建筑。而且还能随时随地将需要的一些元素添加到其中去，对原有的设计进行便捷地改动和修订。这些模型便于建筑施工及技术指导人员从各自的角度获得与施工有关的各类信息，高效、准确地开展各自的工作。

将虚拟现实技术与 BIM 结合起来加以运用的另一个益处就是可以有效掌控建设项目的总体成本。之所以得出这样的结论，就是因为在传统的建筑行业中，由于管控手段和技术的缺乏，人力、物力和财力方面的浪费非常严重。就比如在一个普通的建筑工程施工过程中，劳动力被浪费的比例大约占整个人工成本的 60%，返工率大约占工程量的 30%，另外还会有材料方面的浪费，大约占 10%。我国近年来基础建设工程大规模展开，按上述比例来推算，每年建筑行业的资源浪费是一个惊人的数字。而当虚拟现实技术与 BIM 结合起来之后，就能在开工前精确计算出每个环节的工程量和人工、资金等方面的成本，制定出详尽而准确的采购方案和财务分析报表，对设计中不合理的因素、方案及时核查并加以更正，减少各个环节可能出现的浪费现象。这种将两项高科技技术加以综合运用的工程管理模式，不仅可以大大节约建筑工程实施过程中的各项成本，而且还能因为建筑预算以及项目建设计划编制时间的大大缩短，从而使工程施工进度明显加快，建设质量明显提高。

新的虚拟技术的推广运用是未来各个行业、各个领域的发展趋势，建筑施工行业也不例外。高科技、新技术在未来建筑施工领域还"大有可为"。

11. BIM 技术与 3D 打印

将 3D 打印与 BIM 结合起来加以运用，指的是在设计建筑施工方案时，把 BIM 的模型通过 3D 打印机提前打印出来，在对建筑设计方案进行审查以及展示时，这个微缩模型就是一个重要的依据。而在正式施工的阶段，3D 打印技术还可以被应用到"实战"领域，也就是通过这种 3D 打印技术可以打印出一部分实体的材料，而这些材料可以部分替代真正的建筑材料，在工程建造过程中被加以使用。可以说 3D 打印技术与 BIM 结合起来的应用模式，是一种技术上的重大革新和创造，寻找到了从设计方案到建筑实体之间的"捷径"。

现阶段，将 3D 打印与 BIM 结合起来加以运用的模式主要有三种：一是将 3D 打印和 BIM 结合起来建造对建筑实物进行展示的模型；二是将 3D 打印和 BIM 结合起来，制作比较复杂的建筑所用构件；三是 3D 打印和 BIM 结合起来打印出建筑的整体模型。具体来讲：将 3D 打印和 BIM 结合起来建造模型，对建筑实物进行展示，以这种方式制做出来的微缩模型，将更加直观和详尽，可以令施工及工程管理人员方便、准确地了解工程的所有细节。并且这种模型不再仅仅局限于用计算机等硬件设备来作为载体，而是可以随时随地携带并且进行展示。不再像以前使用旧的技术时，只能将建筑的整体状况用图片的形式打印出来，视角单一、缺乏立体感。目前各项科学技术都在不断进步，使得 3D 打印和 BIM 结合中出现的一些问题开始逐步得以解决，3D 打印设备以及相关材料的售价也在逐年降低，这使得 3D 打印的相关技术有可能在更广的范围内被加以使用。目前我国普通民用建筑建设中使用的材料仍是以大批量、标准化的方式生产出来的，3D 技术制做出来的材料成本相对还是比较高的，但一些小规模、个性化的建筑施工中，3D 打印技术的优势就能够凸显出来了。而且今后我国个性化的建筑市场非常广阔，因此 3D 打印技术还可以"大有作为"。

将 3D 打印和 BIM 结合起来，制作比较复杂的建筑所用构件。过去建设施工过程中，遇有需要制作复杂工艺的构件时，全部由人工完成，误差率高，精准度和美观性难以达成统一的标准。而使用了 3D 打印技术以后，复杂工艺的制作全部通过计算机进行精准控制，只要数据准确，所有形态各异的构件都能快速、标准化地制作完成，制作周期被大大缩短，成本被大幅降低，精准度明显提高，这使得建筑的质量得到了有效的保证。

将 3D 打印和 BIM 结合起来打印出建筑的整体模型。这指的是先利用 BIM 设计出建设施工方案，再将这个方案用 3D 打印设备打印成一个整体的实体建筑物。使用这项技术开展的建设施工过程中不产生建筑垃圾，不存在扬尘的危害，还大大节约了人力成本，可以说是一种具有绿色环保性质的建设施工方式。在当前保护环境，建设绿色家园的大背景下，这项技术十分具有前瞻性并具有大力推广的价值。

12. BIM 技术与构件库

当下，建筑行业中已经开始大规模使用 BIM 设计技术，工程建设领域步入了工业化运行的新阶段。工业化建造模式以及 BIM 模型的建立都是以构件为基础的，BIM 构件库是否完备、充足，决定着 BIM 设计的效率和质量。建筑企业要想顺利推进 BIM 化设计，就必须建立起完备的构件库以及高效的管理体系。这也决定着设计单位的工作效率以及工作质量如何，决定着能否及时规范地交付出色的设计作品。

13. BIM 技术与装配式结构

装配式建筑是用预制的构件在工地装配而成的建筑，这是未来建设领域中将采用的重要施工方式之一。这种建设方式能够促进我国建筑行业的工业化进程，不仅能够使生产效率大大提高，而且还能有效提高工程的建筑质量。过去我国建筑行业中大多使用的是现浇施工的方式，相比这种施工方法，装配式施工具有绿色环保的特性。施工过程中能够大大降低土地、能源、材料方面的消耗量，而且噪声、浮尘明显减少，对环境的破坏程度较低，对周边的环境以及居民的影响较小，符合国家绿色环保和可持续发展的大政方针。同时，由于对施工程序有着严谨的设计方案，装配式的施工方式可以同时完成多道施工工序，减少施工程序的间隔时间以及成本消耗，使得人工投入大为减少，工作效率明显提高，物资消耗大幅减少，成本控制成效显著。同时这种装配式建筑方式不会产生废旧材料和建筑垃圾，能够大大减轻对环境的污染和影响，实现绿色施工的目标。

BIM 技术在建筑领域的推广运用，可以在很大程度上保障装配式工程的建设质量和效率。这种技术能够有效地将建设工程涉及的相关企业联系在一起，促成企业间有益的沟通与合作，通过信息化生产，促进产业化运营。BIM 技术是以先进的计算机技术为基础的，应用过程中可以凭借完备的功能对设计图进行便捷、高效的修改，大大减少对图纸的浪费，也明显降低了设计人员的工作量，提高了设计的质量和效率。设计过程中不仅可以对施工方案进行规划，而且可以对施工所需的时间实施量化，使施工工期得以缩短，方便现场管理人员对工程建设以及施工人员实施有效管理。在预制装配式施工模式下，BIM技术的应用具有重要的意义，这种技术的推行，能够极大地促进工程精细化，进一步加快建设领域产业化的进程。

（二）BIM 技术的未来发展趋势

BIM 系统的应用范围必将跟随其技术发展的脚步不断扩大，其对于运营的管理方式、项目的设计以及施工工作所产生的改变也将会是永久性的。时代的变迁淘汰了一大批传统的、效率低下的生产力工具，包括当前的众多工作设备以及工作任务等。在劳动报酬当中，创造价值的劳动应该更加得到突出，我们现在所面对的各类劳资、酬劳以及工程交付的模式也必须要进行变革。在改变当中，可能会有以下情况发生：

（1）部分公司通过对 BIM 技术的掌握可以用最优化的技术参与到市场竞争中去。具体有施工企业、供应商、设计师以及材料制造商和预制件制造商等。

（2）通过系统以及专业化的资格认证，能够将已熟练掌握 BIM 技术的工作人员和那些掌握不到位的人员进行区分。同时教育部门也能够通过协作将该技术加入到课程当中去，用以培训专业化人才。与此同时，在企业当中各个部门的培训也将进一步开展。

（3）在当前的社会各行业当中，主要是建筑行业在使用 BIM 技术。随着技术的不断发展，越来越多的创新型公司也正在将该技术融入到公司核心技术当中去。而且，人们对于这一技术的认识也逐渐发生改变。其认可度正在迅速提升。

（4）BIM 技术对于工程计划的控制有利于吸引越来越多的业主的青睐。因为所有的业主都希望能够及时、同步地对工程的计划以及进展等都有一个全面的了解。

（5）BIM 技术的普及将促使承包方式进行创新，交付方式趋向一体化。这当中包含有承包商和业主之间的互相信任以及问题解决方案等。

（6）建筑行业将呈现出发展的新趋势，即工业化。通过 BIM 技术进行建模能够对各类复杂程度高的建筑工程进行工程预制。同时还能够降低劳动力成本、增加工程项目当中的安全性以及提升工程质量。这些都是建筑行业进一步发展的关键要素。通过 BIM 技术推动建筑行业由以往的劳动密集型不断向技术密集型转变，同时承包商等还能够通过一系列的生产自动化工序来提升建筑工程的施工效率和质量。

（7）BIM 技术的应用带动了建筑模型的数据化，这也将促进新型的数据仪的诞生，并在建筑行业得到广泛的应用。这一仪器的应用能够形成一项设计方案和产品之间的互动机制，通过对建筑物的持续控制来和设计方案进行对比，并以此来督促建筑行业的绿色设计。

## 第四节　BIM 技术的过程、管理与实施

BIM 过程是指创建、分析并使用富含各类信息的三维模型，从而做出有依据的设计决策的过程。

### 一、BIM 技术的过程

BIM 作为一个过程，主要涉及的是创建和分析富含信息的三维模型。许多模型是在一个项目的全生命周期内逐渐被创建的，以实现项目在各阶段的目标。每个模型都包含具体为某种目的而创建的信息，并且在多数情况下，同样的模型是从一个阶段到另一个阶段通过加入更多的细节和信息而实现深化的。

（一）概念设计模型

在概念设计阶段，建筑师团队作为项目主导咨询方而建立了项目的第一组 BIM 模型。这组概念设计模型将被用于建筑形体格局设计（Massing），以及早期规划参数、朝向、风向分析等。在此阶段，建筑师团队与机电、结构等专业工程师的紧密合作是极为重要的。

（二）设计深化模型

当概念设计完成后，建筑师将和各专业工程师共同开发多专业 BIM 模型。在概念设计阶段已经创建的许多信息将在此阶段再次被利用，从而避免重复建模工作。在此阶段建立起来的各类模型还将会被用于详图设计分析，以及进行全专业的综合设计协调。

（三）施工模型

施工模型通常是由承包商使用前一个阶段的设计模型继续开发出来的。施工模型通常包含该项目施工及装配式工艺相关的特定细节信息。施工模型将被进一步深化，用来分析施工进度，以及生成工程量清单以用于成本估算。

（四）竣工模型（As-Built）

竣工模型是在项目现场实际建造的过程中同步完成的。现场所作的各项决定都被记录在竣工模型中，以通过 BIM 模型来反映和记录最终建成建筑的准确信息。

**二、BIM 技术的管理**

BIM 作为一个过程，主要涉及的是创建和分析富含信息的三维模型。许多模型是在一个项目的全生命周期内逐渐被创建的，以实现项目在各阶段的目标。每个模型都包含具体为某种目的而创建的信息，并且在多数情况下，同样的模型是从一个阶段到另一个阶段通过加入更多的细节和信息而实现深化的。

作为管理意义上的 BIM 过程（BIM as Management），是围绕 BIM 模型而进行的一系列工作，以确保项目信息能够正确地进行维护和沟通。一个 BIM 项目的管理过程和传统的工作方式是非常不同的。BIM 项目要求项目利益干系人在项目初期就要紧密参与。BIM 鼓励项目团队全体成员进行更加紧密的合作，从而避免信息的损失。

（一）工具技术（Technology）

BIM 是在新工具频繁被引入市场的情况下迅速发展起来的。模型的建立和维护都需要特殊的软件和硬件，这也是实施 BIM 项目前需要考虑的一个主要方面。BIM 数据与传统项目相比体量巨大，也更加复杂。这就需要项目团队具备足够的系列技能来用 BIM 管理项目。

（二）进度管理（Schedule）

BIM 环境下的项目进度组织方式不同于传统工作流。在实施 BIM 的项目中，项目团队成员需要在项目早期阶段作出决策，并为决策提供所需信息。这就要求项目进度为项目开工前的阶段预留更多的时间。

（三）协同作战（Collaboration）

协作是任何建设项目成功的关键所在。BIM 模型能使项目团队在协作性更强的环境下一起工作。基于 BIM 的协作能使项目利益干系人在项目所有阶段更精准地获取关键性的项目信息。如果能在项目开始阶段建立起一套建模和沟通的标准方法并要求项目团队遵循这套标准方法实施，那么基于 BIM 的合作就会更加简单、可行。

在一个项目中实施 BIM，前期就要开始准备：建立标准和工作流并对项目团队成员进行基于 BIM 的培训。

## 三、BIM 的优势

在项目各阶段，包括从设计到运营，在 BIM 环境中开展工作，其优势是非常明显的。通过建立 BIM 模型，项目各类信息得到了更有序的管理，从而改善了信息的沟通，增强了信息的透明度，给项目质量和生产效率带来了整体的提升。

BIM 已被大量项目证明其有助于提高项目质量和生产率。基于 BIM 模型，项目团队能够在施工开始前创建并体验虚拟建筑，从而有助于项目团队作出更佳的设计决策。使用三维环境中可视化的方式进行项目信息的沟通更是极大地减少了信息的损失。

（一）组织层面的优势

在组织层面上，实施 BIM 不仅能使该组织跟上行业最新实践，而且能带来一些其他收益：

（1）提高生产率。

（2）沟通的增强。

（3）减少碰撞错误和工程洽商（RFI）。

（4）改善信息控制能力。

（5）对项目咨询方和其他项目利益干系人的管控。

（6）对成本的管控。

（7）提升项目整体质量。

（8）提高竞争优势。

（9）产生新的业务机会。

（二）项目层面的优势

在项目层面上，使用 BIM 的收益在项目全生命周期的各阶段都有体现。

（1）提升设计的可视化。

（2）使用各种项目参数开发多种设计方案的能力。

（3）可持续性分析和深化设计。

（4）各专业的充分协调。

（5）早期设计的碰撞错误识别。

（6）精准的工程量和造价预算。

（7）在施工阶段早期进行决策从而节省成本和时间。

（8）可施工性分析。

（9）监控进度、成本和施工过程。

### 四、BIM 的投资收益率

在传统模式下采用 BIM 需要很大的投资。鉴于与传统工作流相比所发生的巨大工作方式的转变，大部分组织在实现预期的投资收益率之前，都将会经历一段非常陡峭的学习曲线。对 BIM 实施过程施加良好的管理，就能带来持续稳定的提高。

BIM 的投入既能产生短期效益也能产生长期效益。然而，很多情况下项目的投资收益率的计算，会受到 BIM 实施早期带来的陡峭的学习曲线和生产率降低的显著影响。

在计算 BIM 实施的投资收益率上，应考虑除软硬件之外更多的项目因素。投资在 BIM 应用的主要优势之一在于提高生产率和项目信息的清晰度。以下列项将显著影响 BIM 投资收益率的最终预期。

（一）BIM 投资

（1）软件和硬件。

（2）培训和知识分享。

（3）新员工成本。

（4）BIM 维护成本。

（5）BIM 咨询。

（二）BIM 带来的损失/收益

（1）生产率降低/提高。

（2）项目质量提高。

（3）培训周期。

（4）项目收益率提高。

一般来说，BIM 投资的盈亏平衡点的到来往往比期望的要慢。对中小型公司来说，BIM 投资实现盈亏平衡需要 12 ~ 24 个月的时间。

$$投资收益率（ROI）= 损失（收益）/ 投资额$$

**五、BIM 成熟度**

BIM 的实施涉及改变和管理项目内、外部工作流的多个方面。业内标准将 BIM 实施的成熟度划分为三个等级。

无论是在项目级别还是组织级别，采用 BIM 都是一项涉及面大且时间上明确的实践活动。BIM 的采用级别是根据该项目或组织通过实施 BIM 所获得的价值来分类的。

（一）第一级

BIM 成熟度第一级也被称为"孤立的 BIM"，是最基本和最容易实现的 BIM 实施阶段。在此阶段，仅在组织内部把二维图纸和三维模型组合起来完成其工作内容。尽管对于热衷于 BIM 的人士来说是很好的起点，但 BIM 的真正价值在此阶段并未实现。

（二）第二级

BIM 成熟度第二级由组织内、外部相关各方共享模型进行合作性更强的工作以优化设计。这样做有助于团队中各专业设计人员在项目早期就进行高水平的设计协调。BIM 成熟度第二级要求项目团队考虑项目三维建模之外的更多问题，如项目团队对其沟通和协同过程的战略性规划等。

（三）第三级

尽管 BIM 成熟度第二级已经涵盖了使用 BIM 带来的最广为人知的诸项优势，但 BIM 成熟度第三级才真正在团队协作上达到了新的高度。BIM 成熟度第三级的定义是项目各方通过读取一个三维模型中心数据库来获取相关信息的过程。此阶段的 BIM 要求项目有一套成熟完善的项目数据管理流程。

要实施 BIM 的企业需根据项目类型、当前工作量、现有项目团队结构等进行分析后，然后来确定本组织 BIM 实施的成熟度。

**六、组织内部的 BIM 实施**

在一个组织内部依靠自身力量去建立 BIM 体系，比利用外部咨询方力量的过程要慢得多。

当然，依靠组织自身的能力在内部实施 BIM 体系会有不错的长期收益，这可以通过选派内部人员或直接聘用有 BIM 体系实践经验的全职人员来实现。

在不依靠外部咨询等资源支持的情况下，在组织内部实施 BIM 需要有巨大的改革决心。在实施初期，项目启动所需的团队建立、时间管理等，应在不影响现有工程项目工期的情况下进行。

（一）指派一个负责人

在组织层级的 BIM 实施过程中，找到正确的负责人来影响和鼓励整个团队是最重要的。BIM 负责人应能为团队 BIM 实施中的各项活动提供方向，并对同事以及其他管理者就 BIM 及其优势进行宣传教育。

（二）管理期望值

在没有外部支持的情况下实施 BIM 时，最重要的事就是设立切实可行的目标。与全体决策层领导明确设立正确的期望值尤为关键。要实现这一目标的唯一办法是自上而下进行 BIM 实施，即由高层鼓励并支持公司成员获得所需的工具和知识。

（1）BIM 实施是一个耗时的过程，并且是一项长期性的工作。

（2）组织级的 BIM 实施需要经历一段漫长的学习曲线。

（3）在初期阶段会降低生产率。

（4）仅有软件无法获得 BIM 的价值。

（5）和专业工程师一起工作并共同成长将使双方受益。

（三）在组织内部实施 BIM 的优势

尽管在组织内部依靠组织自身力量实施 BIM 需要更多的努力，但这样做也有如下独特的优势：

（1）团队将获得显著的学习经验。

（2）基于现有工程项目来制定灵活的截止日期。

（3）前期所需成本较低。

（4）在可交付成果上没有什么约束局限。

## 七、外部 BIM 咨询

利用外部 BIM 咨询团队的力量，有助于在 BIM 实施早期就获得立竿见影的效果。对外部 BIM 咨询服务进行良好的管理，也有助于更快地实现目标。

理想的 BIM 实施模式，是使用内外员工混合的工作团队。

与完全依靠本组织内部力量的 BIM 实施相反，使用外部 BIM 咨询力量进行 BIM 实施的过程和结果都非常不同。外部 BIM 咨询团队可在服务周期内扮演专题事务专家的角色。但是，组织内部应该对外部咨询团队的活动进行密切的监控，以确保达到期望值。

（一）外部顾问的参与度

如考虑聘用一支外部 BIM 咨询团队，那么明确参与度及制定工作范围都是十分重要的。当然，理想的局面应该是内外部团队紧密协作，才能获得最大价值。BIM 咨询团队的工作范围可划分为两大类：组织级和项目级。

（二）组织级 BIM 支持

（1）该项服务有助于团队快速克服陡峭的学习曲线。

（2）工作范围应不仅限于 BIM 系统的设立，还应有对整个团队为使用该系统所必需的知识的培训。

（3）仅有软件无法获得 BIM 的价值。

（4）和专业工程师一起工作并共同成长将使双方受益。

（5）组织级 BIM 体系的建立是一个很耗时的过程，因此建议在合同上避免按工时或材料计费，最好是固定价格合同。

（6）了解咨询团队提供的全部可交付成果，并从中挑选且仅挑选那些能给组织带来长期收益的可交付成果。

（7）BIM 系统维护通常不作为工作的一部分，而应考虑由本组织团队去执行该工作。

（8）成功是由可交付成果来衡量的，而不是由生产率的提高或降低来决定的。

（9）成果是预设好的，但不够灵活。

（三）项目级 BIM 支持

（1）项目级的 BIM 参与方法比组织级的简单很多。

（2）可交付成果应与项目的 BIM 应用点相吻合，如 BIM 模型、BIM 协调和冲突检测等。

（3）为所有的可交付成果制定一个合适的质量控制检查清单是至关重要的。

（4）BIM 立竿见影的效果可以从项目级的特定咨询中获得。

（5）和专业工程师一起工作并共同成长将使双方受益。

## 八、Open BIM

随着新技术日新月异的发展，BIM 模式不应局限于某种特定的软件或技术。Open BIM 是一种能够提高各类软件互操作性的理念，它使得信息写作不再被建模软件所局限。

使项目各方以更好的协作方式共享项目信息，是 BIM 的核心理念和价值所在。Open BIM 的目标在于为整个行业提供为实现上述共享所需的工具，从而使信息共享不局限于建模软件工具。

（一）Open BIM 的优势

（1）实现透明和无缝的信息共享；对工具技术的可控性。

（2）流程标准优先于软件工具。

（3）全生命周期的项目各方都受益。

（4）整个行业的 BIM 沟通标准化。

制定能够影响整个建筑行业的标准化流程和格式是一个很复杂的过程。以下两个最普遍使用的 Open BIM 标准，分别是 IFC 和 COBIE。

（二）IFC：行业基础分类

IFC 是一个由 Building SMART 创立并维护的开放标准。IFC 的文件格式作为 Open BIM 中较为成功的一种，所有主流 BIM 软件都在不同程度上支持 IFC 格式。IFC 作为一种数据文件格式，常被看作是可被其他 BIM 软件读入和导出（可互操作的）并携带有构件级信息的三维模型的格式。

（三）COBIE：施工运营建筑信息交互

如果说 IFC 是基于三维模型的数据文件格式，那么 COBIE 就是一个以电子数据表格式在项目运营维护阶段由项目利益干系人传达相同项目信息的非图形化数据。在 BIM 与 FM 系统的整合方法之中，COBIE 的作用越来越突出，越来越显得这是一条正确的道路。电子数据表格式使 COBIE 更加人性化和易于理解。

除了使用正确的文件格式，Open BIM 还要求项目团队承诺遵从其设定的标准，并中立地共享信息。

**九、变革管理**

成功地进行 BIM 变革，不只是购买软件这么简单。把 BIM 实施过程进行结构化分析，主要包括三方面：人员、流程和技术。

BIM 模型作为实体建筑的数据化表现形式（Digital Representation），富含现实世界中建筑构件（Building Elements）的物理和功能特征，有很多信息是所有项目利益干系人都会用到的。BIM 的应用超越了传统的设计和施工范畴，通过提供丰富的虚拟可视化和准确的项目信息而延伸到了建筑的全生命周期。

（一）全过程中丰富的可视化功能

BIM 第一个且最明显的优点就是可以提供三维模型而使每个人都能提前看到项目在现场完工的样子。在传统模式下，三维可视化仅仅为设计和市场宣传之用，但 BIM 会为团队在不同阶段通过提供可视化模型信息而带来额外价值。

（二）信息的高度准确性

在任何施工项目中，进行良好协调和维护的项目信息是通向成功最重要的保证。通过向一个整合的三维 BIM 模型中集成所有二维图纸和一些信息集合，可以保证项目信息在任何时间都是准确的并可进行协调。

（三）面向所有项目利益干系人

BIM 工作流和概念的核心是使所有项目利益干系人都可以开放地进行交流、沟通。透明和诚信的交流使团队可以在早期发现问题和风险，从而在以后的阶段内节省大量资金，避免重大陷阱。很关键的一点是，项目早期或之后的所有参与者都应该明白模型的目的和生命周期以及它们对项目的影响。

# 第三章　BIM技术在项目管理中的实施策略解读

随着 BIM 技术在建筑行业内不断被认识和认可，其作用也在施工领域日益凸显，BIM 技术在各方项目管理中的实施存在的关键优势及具体实施线路流程，以实现 BIM 技术应用的价值。

## 第一节　BIM 技术在各方项目理中的实施策略分析

企业在应用 BIM 技术进行项目管理时，需明确自身在管理过程中的目标，并结合 BIM 本身特点确定 BIM 辅助项目管理的服务目标，比如提升项目的品质（声、光、热、湿等）、降低项目成本（须具体化）、节省运行能耗（须具体化）、系统环保运行等。

### 一、编制 BIM 实施计划

（一）实施目标

为完成 BIM 应用目标，各企业应紧随建筑行业技术发展步伐，结合自身在建筑领域的优势，确立 BIM 技术应用的战略思想。比如，某施工单位制定了"提升建筑整体建造水平，实现建筑全生命周期精细化动态管理"的 BIM 应用目标，据此确立了"以 BIM 技术解决技术问题为先导，通过 BIM 技术严格管控施工流程，全面提升精细化管理"的 BIM 技术应用思路。

（二）组织机构

在项目建设过程中需要有效地将各种专业人才的技术和经验进行整合，将他们各自的优势、长处、经验得到充分地发挥以满足项目管理的需要，提高管理工作的成效。为更好地完成项目 BIM 应用目标，响应企业 BIM 应用战略思想，需要结合企业现状及应用需求，先组建能够应用 BIM 技术为项目提高工作质量和效率的项目级 BIM 团队，进而建立企业级 BIM 技术中心，以负责 BIM 知识管理、标准与模板、构件库的开发与维护、技术支持、数据存档管理、项目协调、质量控制等。

（三）进度计划（以施工为例）

为了充分配合工程，实际应用将根据工程施工进度设计 BIM 应用方案。主要节点如下：

（1）投标阶段初步完成基础模型建立，厂区模拟，应用规划，管理规划。

（2）中标进场前初步制定本项目 BIM 实施导则、交底方案，完成项目 BIM 标准大纲。

（3）人员进场前针对性进行 BIM 技能培训，实现各专业管理人员掌握 BIM 技能。

（4）确保各施工节点前一个月完成专项 BIM 模型，并初步完成方案会审。

（5）各专业分包投标前一个月完成分包所负责部分的模型工作，用于工程量分析，招标准备。

（6）各专项工作结束后一个月完成竣工模型以及相应信息的三维交付。

（7）工程整体竣工后针对物业进行三维数据交付。

（四）资源配置

1. 软件配置计划

BIM 工作覆盖面大，应用点多。因此任何单一的软件工具都无法全面支持。需要根据我们的实施经验，采用合适的软件作为项目的主要模型工具，并自主开发或购买成熟的 BIM 协同平台作为管理依托，见表 3－1。

表 3－1　软件应用举例

| | 实施目标 | 应用工具举例 |
|---|---|---|
| 1 | 全专业模型的建立 | Revit 系列、Bentley 系列、Archi CAD、Digital Project |
| 2 | 模型的整理及数据的应用 | Revit 系列软件、PKPM、ETABS、ROBOT |

续表

| | 实施目标 | 应用工具举例 |
|---|---|---|
| 3 | 碰撞检测 | Revit 系列、Navisworks Manage |
| 4 | 管综优化设计 | Revit 系列、Navisworks Manage |
| 5 | 4D 施工模拟 | Navisworks Manage、Project Wise Navigator Visula Simulation、Synchro |
| 6 | 钢结构深化 | Revit Structure、钢筋放样软件 Tekla Structure |

**2. 硬件配置计划**

BIM 模型带有庞大的信息数据，因此，在 BIM 实施的硬件配置上也要有严格的要求。结合项目需求及成本，根据不同的使用用途和方向，对硬件配置进行分级设置，最大程度保证硬件设备在 BIM 实施过程中的正常运转，最大限度地有效控制成本。

**（五）实施标准**

BIM 是一种新兴的技术，贯穿在项目的各个阶段与层面。在项目 BIM 实施前期，应制定相应的 BIM 实施标准，对 BIM 模型的建立及应用进行规划，实施标准主要内容包括明确 BIM 建模专业、明确各专业部门负责人、明确 BIM 团队任务分配、明确 BIM 团队工作计划、制定 BIM 模型建立标准等。

现有的 BIM 标准有美国 NBIMS 标准、新加坡 BIM 指南、英国 Autodesk BIM 设计标准、中国 CBIMS 标准以及各类地方 BIM 标准等。

由于每个施工项目的复杂程度不同、施工办法不同、企业管理模式不同，仅仅依照单一的标准难以使 BIM 实施过程中的模型精度、信息传递接口、附带信息参数等内容保持一致，企业有必要在项目开始阶段建立针对性强、目标明确的企业级乃至于项目级的 BIM 实施办法与标准，全面指导项目 BIM 工作的开展。如北京建团有限责任公司发布的 BIM 实施标准（企业级）和长沙世贸广场工程项目标准（项目级）。

**二、基于 BIM 技术的过程管理**

项目全过程管理就指工程项目管理企业按照合同约定，在工程项目决策阶段，为业主编制可行性研究报告，进行可行性分析和项目策划；在工程项目设计阶段，负责完成合同约定的工程设计（基础工程设计）等工作；在工程项目实施阶段，为业主提供招标代理、设计管理、采购管理、施工管理和试运行（竣工验收）等服务，代表业主对工程项目进行质量、安全、进度、费用、合同、信息等管理和控制。

科学地进行工程项目施工管理是一个项目取得成功的必要条件。对于一个工程建设项目而言，争取工程项目的保质保量完成是施工项目管理的总体目标，具体而言就是在限定的时间、资源（如资金、劳动力、设备材料）等条件下，以尽可能快的速度，尽可能低的费用（成本投资）圆满完成施工项目任务。

BIM 模型是项目各专业相关信息的集成，适用于从设计到施工到运营管理的全过程，贯穿工程项目的全生命周期。应用 BIM 技术进行全过程项目管理的流程。

项目的实施、跟踪是一个控制过程，用于衡量项目是否向目标方向进展，监控偏离计划的偏差，在项目的范围、时间和成本三大限制因素之间进行平衡，采取纠正措施使进度与计划相匹配。此过程贯穿项目生命周期的各个阶段，涉及项目管理的整体、范围、时间、成本、质量、沟通和风险等各个知识领域，分别为项目的进度控制流程图、成本控制流程图、质量控制流程图。

在 BIM 模型中集成的数据包括任务的进度（实际开始时间、结束时间、工作量、产值、完成比例）、成本（各类资源实际使用、各类物资实际耗用、实际发生的各种费用）、资金使用（投资资金实际到位、资金支付）、物资采购、资源增加等内容。根据采集到的各期数据，可以随时计算进度、成本、资金、物资、资源等各个要素的本期、本年和累积发生数据，与计划数据进行比较，预测项目将提前还是延期完成，是低于还是超过预算完成，如图 3-1 所示。

如果项目进展良好，就不需要采取纠正措施，在下一个阶段对进展情况再作分析；如果认为需要采取纠正措施，必须由项目法人、总包、分包及监理等召开联席会议，作出如何修订进度计划或预算的决定，同时更新至 BIM 模型，以确保 BIM 模型中的数据是最新的、有效的，如图 3-2 所示。

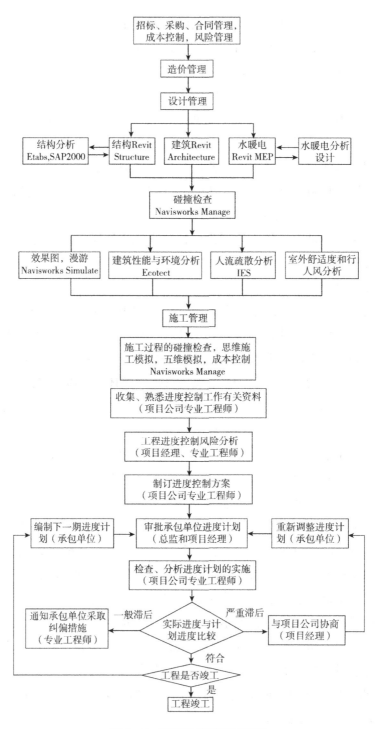

**图 3-1 项目进度控制流程图**

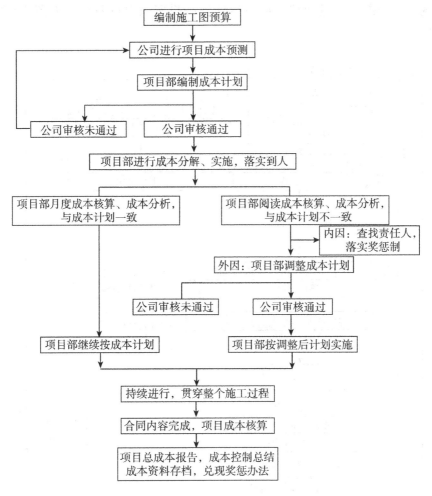

**图 3 - 2　项目成本控制流程图**

### 三、项目完结与后评价

（一）概念

项目后评价是指对已经完成的项目或规划的目的、执行过程、效益、作用和影响所进行的系统的、客观的分析。通过对投资活动实践的检查总结，确定投资预期的目标是否达到，项目或规划是否合理有效，项目的主要效益指标是否实现，通过分析评价找出成败的原因，总结经验教训，并通过及时有效的信息反馈，为未来项目的决策和提高完善投资决策管理水平提出建议，同时也为被评项目实施运营中出现的问题提出改进建议，从而达到提高投资效益的目的，如图 3 - 3 所示。

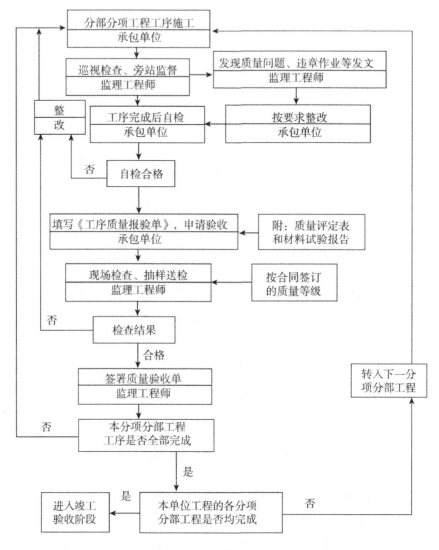

**图 3 - 3 项目质量控制流程图**

（二）类型

根据评价时间不同，后评价又可以分为跟踪评价、实施效果评价和影响评价。

（1）项目跟踪评价是指项目开工以后到项目竣工验收之前任何一

个时点所进行的评价，它又称为项目中间评价。

（2）项目实施效果评价是指项目竣工一段时间之后所进行的评价，就是通常所称的项目后评价。

（3）项目影响评价是指项目后评价报告完成一定时间之后所进行的评价，又称为项目效益评价。

从决策的需求，后评价也可分为宏观决策型后评价和微观决策型后评价。宏观决策型后评价指涉及国家、地区、行业发展战略的评价；微观决策型后评价指仅为某个项目组织、管理机构积累经验而进行的评价。

（三）内容

每个项目的完成必然给企业带来三方面的成果：提升企业形象、增加企业收益、形成企业知识。

评价的内容可以分为目标评价、效益评价、影响评价、持续性评价、过程评价等几个方面。一般来说，包括如下任务和内容：

（1）根据项目的进程，审核项目交付的成果是否到达项目准备和评估文件中所确定的目标，是否达到了规定要求。

（2）确定项目实施各阶段实际完成的情况，并找出其中的变化。通过实际与预期的对比，分析项目成败的原因。

（3）分析项目的经济效益。

（4）顾客是否对最终成果满意。如果不满意，原因是什么。

（5）项目是否识别了风险，是否针对风险采取了应对策略。

（6）项目管理方法是否起到了作用。

（7）本项目使用了哪些新技巧、新方法，有没有体验新软件或者新功能，价值如何。

（8）改善项目管理流程还要做哪些工作，吸取哪些教训和建议，供未来项目借鉴。

（四）意义

（1）确定项目预期目标是否达到，主要效益指标是否实现；查找项目成败的原因，总结经验教训，及时有效反馈信息，提高未来新项目的管理水平。

（2）为项目投入运营中出现的问题提出改进意见和建议，达到提高投资效益的目的。

（3）后评价具有透明性和公开性，能客观、公正地评价项目活动成绩和失误的主客观原因，比较公正地、客观地确定项目决策者、管理者和建设者的工作业绩和存在的问题，从而进一步提高他们的责任心和工作水平。

## 第二节　BIM 技术在项目管理中的关键优势

### 一、基于 BIM 技术的项目管理的优势

"十二五"规划中提出"全面提高行业信息化水平，重点推进建筑企业管理与核心业务信息化建设和专项信息技术的应用"，可见 BIM 技术与项目管理的结合不仅符合政策的导向，也是发展的必然趋势。

基于 BIM 的管理模式是创建信息、管理信息、共享信息的数字化方式，其具有很多的优势，具体如下：

（1）基于 BIM 的项目管理，工程基础数据如量、价等，数据准确、数据透明、数据共享，能完全实现短周期、全过程对资金风险以及盈利目标的控制。

（2）基于 BIM 技术，可对投标书、进度审核预算书、结算书进行统一管理，并形成数据对比。

（3）可以提供施工合同、支付凭证、施工变更等工程附件管理，并为成本测算、招投标、签证管理、支付等全过程造价进行管理。

（4）BIM 数据模型保证了各项目的数据动态调整，可以方便统计，追溯各个项目的现金流和资金状况。

（5）根据各项目的形象进度进行筛选汇总，可为领导层更充分地调配资源、进行决策创造条件。

（6）基于 BIM 的 4D 虚拟建造技术能提前发现在施工阶段可能出现的问题，并逐一修改，提前制定应对措施。

（7）使进度计划和施工方案最优，在短时间内说明问题并提出相应的方案，再用来指导实际的项目施工。

（8）BIM 技术的引入可以充分发掘传统技术的潜在能量，使其更充分、更有效地为工程项目质量管理工作服务。

（9）除了可以使标准操作流程"可视化"外，也能够做到对用到的物料，以及构建需求的产品质量等信息随时查询。采用 BIM 技术，可实现虚拟现实和资产、空间等管理、建筑系统分析等技术内容，从而便于运营维护阶段的管理应用。

（10）运用 BIM 技术，可以对火灾等安全隐患进行及时处理，从而减少不必要的损失，对突发事件进行快速应变和处理，快速准确掌握建筑物的运营情况。

总而言之，BIM 技术能够在工程项目的策划、施工和运维等总体规划上达到高效，帮助企业合理优化配置资源、降低风险系数、促进节能减排，实现成本最低化、效率最高化。BIM 技术在经营管理中的应用，使建筑业传统僵化的项目管理手段逐步在组织形态、管理思想和方式上变革更先进，促进了建筑业经营管理的针对性、系统性和科学性。

BIM 即建筑信息模型，能够利用数字技术表达建设项目几何、物理及功能信息，支持项目周期中的建设、运营、管理决策的技术、方法和过程，有效提升建筑设计周期、设计效率和设计品质，目前美国 BSA 即 Building SMART Alliance 在 BIM 的实践应用研究中取得了显著成效。

## 二、项目管理中 BIM 应用的必然性

虽然我国房地产业新增建设速度已经放缓，但因为疆域辽阔、人口众多、东西部发展不均衡，我国基础建设工程量仍然巨大。在建筑业快速发展的同时，建筑产品质量越来越受到行业内外关注，使用方越来越精细、越来越理性的产品要求，使得建设管理方、设计方、施工企业等参建单位也面临更严峻的竞争。

在这样的背景下，我们看到了国内 BIM 技术在项目管理中应用的必然性：

（1）BIM 的数据信息整合方式在信息沟通环节上减少了由于建设量大的弊端给沟通和实施流程中的流失信息增加的成本。

1（2）社会可持续发展的需求带来更高的建筑生命期管理要求，以及对建筑节能设计、施工、运维的系统性要求。

（3）国家资源规划、城市管理信息化的需求。

BIM 技术在建筑行业的发展，也得到了政府高度重视和支持，2015 年 6 月 16 日，中华人民共和国住房和城乡建设部印发《关于推进建筑信息模型应用的指导意见》，确定 BIM 技术应用发展目标为：

21 世纪 20 年代末，BIM 等信息化技术与企业的经营管理系统的结合将会广泛应用到建筑行业的甲级资质工程勘察、设计院和特级房屋建筑工程施工承包企业中。

20 世纪 20 年代末期，国有资产控股的大型建筑和中型建筑以及公共建筑设施和生态住宅社区中申报绿色建筑的主体，在勘察测绘、规划设计、项目施工和运营维护时，BIM 技术的集成化应用程度将达到 90%。

各地方政府也相继出台了相关文件和指导意见，在这样的背景下，BIM 技术在项目管理中的应用将越来越普遍，全生命周期的普及应用将是必然趋势。

## 第三节　BIM 技术在项目管理实施的路线与流程

### 一、BIM 实施技术路线

BIM 在实践中顺利应用的路线图是经过归纳吸收前期大量实验项目取得的显著成果，查找失败实验项目的原因得来的。现实证明，成功路线图并不适用于所有的企业，这是由于客观条件会影响项目的成败，但是应用成功路线图可以提高企业的经营管理思路和方向，有利于促进项目的成功实施。下面将分几个步骤对 BIM 成功应用的路线图展开具体说明。

### （一）加强 BIM 人才队伍建设

虽然 BIM 的管理理念得到广泛推广、政府下大力气支持 BIM 的发展、BIM 在实践应用中越来越多，更多的企业越来越重视 BIM 技术的应用，但是企业对 BIM 的认知存在着误区。企业往往通过自学书本知识、参加专业培训、实施观摩学习等方式掌握 BIM 的应用知识，但是困扰企业的是不会对碎片化的 BIM 信息进行概括总结，因地制宜的建立具有企业特色的规划，为企业所用。所以，加强 BIM 人才队伍建设尤为必要，可以招录专业人才团队，借鉴先进的理论成果和经验心得，以企业的经营状况为基础建立符合实际发展需求的 BIM 应用长远发展规划。

针对如何建立 BIM 的应用架构计划、培树先进典型项目、确定企业应用体系、解决出现的问题以及过错纠正，怎样进行常规培训、锻炼人才等多个方面的问题，BIM 专业人才会给出标准答案。

（二）确立标杆项目

BIM 的应用应建立在具体的企业项目中，在实际的应用操作中熟练掌握 BIM 的管理技巧，提升人才队伍的专业化水平，形成具有企业自身特色的 BIM 集成化管理体系，并转化成经验成果，对标先进，带动其他项目的 BIM 应用，提高大家对 BIM 应用前景的美好期待和强大信心，减少并消除对 BIM 应用的顾虑。

选择标杆项目应该注意以下几点：

（1）BIM 对企业的前期应用效果最佳，所以要在项目施工之前采用。而且，相比较在施工后采用 BIM，在事前采用可以增加时间和精力，为项目建设奠定牢固的基础，对于加强 BIM 专业人才和项目管理员的配合协调具有促进作用。

（2）BIM 应用应该选择难度系数高、工程量大、复杂程度高的项目。这样效果会更加显著，因为一般的小项目管理起来比较容易，应用 BIM 起不到典型引领作用，比如住宅建筑项目的实施比较容易，大家做得比较多且具有成熟的管理经验，诸如安装环节的管线体系等在工艺和设计上具有复杂性的住宅项目中无法发挥优势。所以，在复杂性高，工程量大的项目中，管理人员会由于自身专业技术知识的不足而提高对 BIM 学习和相互协调配合的积极性、主动性和创造性，同时这类项目 BIM 应用还可以额外帮助企业获取更大的品牌效益。

（三）成立 BIM 中心

在试点项目的过程中就可以根据企业情况建立 BIM 项目组，由项目部和总部管理人员组成，在项目试点过程中对人员进行培训，实际参与到应用过程中，并且以这部分人员为班底成立企业 BIM 中心。当然，前期 BIM 中心人员每个专业至少不少于 3 人，避免因人员离职浪费企业大量投入。BIM 中心的机构设置也可以考虑放在技术中心下面。

企业 BIM 中心的职能如下：

（1）创建和管理公司所有项目的 BIM 模型。

（2）建立基于 BIM 的企业级基础数据库。

（3）培训和指导各部门和各项目部 BIM 应用。

（4）各级别部门对 BIM 应用进行考核和检查。

（5）完善和整理企业 BIM 应用管理制度。

（6）配合企业项目投标中 BIM 的应用。

（7）研究和尝试 BIM 结合企业更多应用价值。

成立 BIM 中心关键一步是建立强大的企业级别基础信息库，搭建起具有信息共享性和团队协同性的 BIM 应用模型的平台。消除企业内部各业务系统相互独立、数据不一致、信息共享程度不高、管理分散的弊端，杜绝信息孤岛和资源孤岛的形成，促进信息传播，提高工作效率，如图 3-4 所示。

（四）建立 BIM 管理体系

BIM 技术只有放到企业的日常经营管理中才能激发出巨大的使用价值。BIM 应用需要企业中的各个层级和系统相互协调配合，需要完善的管理流程、健全的规章制度以及软硬件设施的合理配置，并不仅仅是单个工具软件的简单应用。所以，BIM 在企业中的应用，需要从企业实际经营管理现状为出发点，购置安装软件操作系统，加强专业人才队伍建设，树立典型标杆项目，形成具有企业特色的、适应企业发展需求的 BIM 管理体系。

（五）建立企业级基础数据库

所有企业在信息化建设过程中需要解决四项任务，即如何使市场与现场无缝衔接、如何使生产和成本做到协调统一、如何建立集成化的长远规划、如何对实物数量进行合理控制市场以解决市场与现场的对接。归根结底，这四项任务主要就是完成寻找数据信息、建立数据

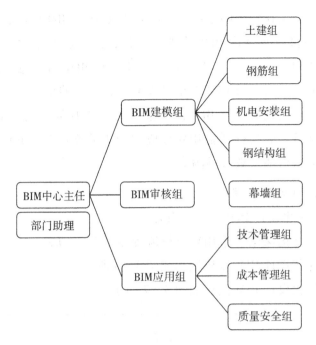

**图 3-4 企业 BIM 中心组织框架**

标准的过程。现在大部分企业普遍采用企业内部管理系统，但是需要深入挖掘具体项目管理信息化集成，目前大多数项目的基础数据信息都是由人工操作完成，造成了信息建立、信息处理、信息管理和信息整合存在巨大障碍，这就直接造成一系列后果：主管项目的部门工作烦琐、工作效率不高；造成数据传输滞后、不一致、容易出错、间断性；不利于精细化管理；沟通性差，容易出现失误。

企业只有建立符合需求发展的，以 BIM 为主体、其他配套设施辅助的基础信息数据库，才能解决以上弊端，促进企业内部管理水平的提高。比如常见构件标准模板库，施工企业内部定额数据库、资料库、定价库等。而且一个完整的企业信息化体系中企业服务器必须包括以上数据库，和 ERP 等管理信息系统有机结合。数据库建成后将促进企业各个项目成本合理应用，全面掌握企业历史数据信息，为项目的运营管理提供决策支持。同时，企业级基础数据库的建立也避免了因人员离职或流动造成的信息与资料的断档。

目前施工企业 BIM 应用大部分还处于 BIM 试点或者筹建 BIM 中心

阶段，部分实力比较强的企业一开始就直接成立 BIM 中心，同时进行 BIM 试点项目以及企业 BIM 管理的建设，说明这些企业已经感觉到 BIM 的急迫性。相信随着各地方主管部门对 BIM 指导意见的陆续出台，以及业主方对项目 BIM 要求越发明确，更多的企业会感觉到来自市场的压力。目前先推行 BIM 的企业，可以把 BIM 作为企业新技术，增加竞争优势，后续有可能 BIM 会成为企业必备要求，不具备这部分能力的企业很可能会被市场淘汰。

### 二、BIM 管理流程

（一）深化设计 BIM 复核流程图

主体钢结构深化设计 BIM 复核流程如图 3-5 所示。

幕墙深化设计 BIM 复核流程如图 3-6 所示。

机电深化设计 BIM 流程如图 3-7 所示。

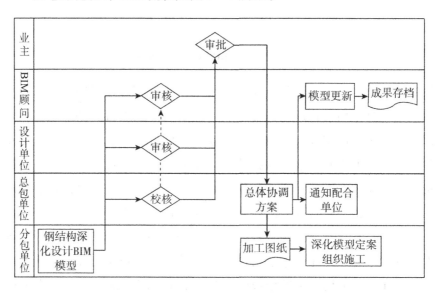

**图 3-5　主体钢结构深化设计 BIM 复核流程图**

（二）全程变更 BIM 模型复核流程图

全程变更 BIM 模型复核流程如图 3-8 所示。

（三）施工进度模拟

（1）各承包商在编制施工组织设计和施工方案时，应根据模型所编制的施工进度计划，通过 3D 方式展示施工进度组织。必要时，应

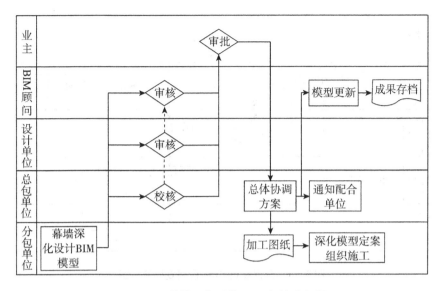

**图 3-6　幕墙深化设计 BIM 复核流程图**

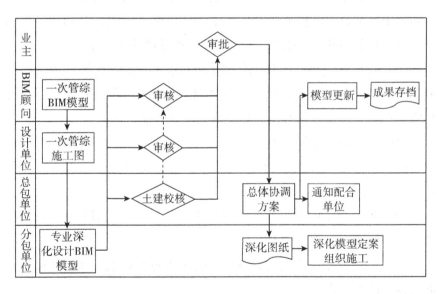

**图 3-7　机电深化设计 BIM 流程图**

加入直接相关和互相穿插施工的其他专业的工序进度。

（2）总承包及相关承包商应使用 BIM 模型对总控施工计划、总体施工方案进行模拟演示，总体施工方案包括但不限于：①总控施工计划；②地下室结构总体施工方案；③塔楼主体结构总体施工方案；

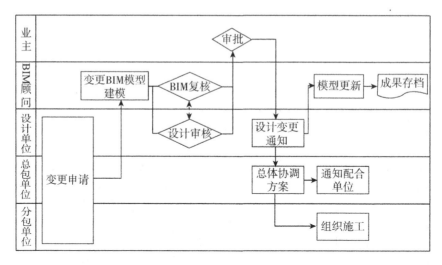

图 3-8　全程变更 BIM 模型复核流程图

④塔楼高区总体机电—装修施工方案；⑤地下室机电安装—装修工程总体施工方案；⑥塔楼低区总体机电—装修施工方案；⑦裙楼总体施工方案（结构—机电—装修）；⑧室外工程总体施工方案。

（3）进度计划模拟所依据的 WBS 编号，应在模型规划中统一编制。进度计划 3D 展示的 WBS 分解级别，应以能充分表述清楚进度计划的内在联系性以及与其他穿插专业的配合为准。

（四）施工重点难点模拟

（1）对于必要的施工重点难点，在业主要求时，承包商应使用 BIM 模型予以详细深化模拟展示。

（2）模拟展示的内容包括但不限于节点大样、几何外观、内部构造、工作原理、施工顺序等。

（3）模拟展示应能真实充分地反映施工重点难点，并对实际操作起到良好的指导作用。

（4）总承包及相关承包商应使用 BIM 模型对专项施工方案和专项施工工艺进行演示，专项施工方案包括但不限于：①钢结构工程安装方案；②幕墙工程施工方案；③机电工程施工方案（机房和管线）；④室内装修工程施工方案；⑤安全围护施工方案。

（5）总承包及相关承包商应对特殊节点综合施工工艺利用 BIM 进

行施工模拟验收，包括但不限于：①钢结构—混凝土结构节点施工工艺；②防水节点施工工艺；③各类洞口防火封堵施工工艺；④重要装修界面收口节点施工工艺；⑤隔声措施节点施工工艺。

## 第四节　BIM 技术实施的控制与管理路径分析

### 一、技术管理

#### （一）碰撞检查及设计协调

在 3D 模型环境中，通过软件自动侦测和人工观察可以比传统的 2D 环境更容易发现不同设计专业之间的冲突，由此将大大减少工程建设项目在多方配合、快速建设的前提下可能带入施工阶段的设计风险。同时在建模过程中，还会发现各种图纸表达的错误，并及时反馈、提示修改。

在建模过程中，总承包方按需要及时发出"信息请求（RFI）""澄清请求（RFC）"和"关注点（AOC）"等查询文件，向顾问方或相关专业分包制定协调记录文件，详细记录协调内容及跟进记录；对 BIM 模型中各专业的构件进行碰撞检查；定时组织协调会议，处理碰撞及设计协调问题。会议相隔不长于 2 周，直至所有碰撞问题予以解决；碰撞报告于协调会议前 3 天发出给相关单位做会议准备，并做好会议纪要。BIM 团队成员负责在专业软件配合下进行各专业之间的碰撞检查，并编制碰撞检测报告，提交例会进行讨论解决。

#### （二）变更管理

利用 BIM 模型管理变更，做适当的模型设置，演示变更对周期和造价的影响；变更指令做出的改动，提供模型对比展示原有及更新版本的区别及工料算量。

对于变更的修改，按施工顺序对变更进行落实，并按阶段或施工区域或专业进行集中落实，并做好变更修改记录单，以便 BIM 模型整体管理。

对于变更的下发，由总包集中收集，按周期下发到 BIM 团队，修改模型。BIM 团队在收到变更时，根据实际变更量，即时落实到 BIM

模型上，以便模型实时反映现场。当设计图纸有问题或者需要对局部进行调整时，采用 BIM 进行 3D 变更设计，并导出 2D 施工图，形成变更洽谈单，提交设计院审核。

施工过程中，对施工图的设计变更、洽商，在拟定阶段，由 BIM 团队根据拟变更图纸进行建模预检，提交拟工程变更预检报告，经业主方、设计单位、监理单位进行拟工程变更会审，会审通过后再下发正式变更文件和图纸。

在施工阶段，BIM 团队负责依据已签认的设计变更、洽商类文件和图纸，对施工图模型进行同步更新；同时，BIM 团队负责根据工程的实际进展，完善模型在施工过程中尚未精确完善的信息，以保证模型的最新状态与最新的设计文件和施工的实际情况一致。

（三）施工进度跟踪

做适当的模型设置使施工进度可以实时检查，检查系统将作为付款申请的依据。

模型进度必须超前于施工进度，以便施工过程中利用 BIM 模型进行演示与分析，充分发挥 BIM 价值。

1. 4D 施工模拟

Navisworks 模型整合平台与 Project 等进度计划软件关联，实现动态可调整的 4D 模拟施工，能形象地演示施工进度和各专业之间的协调关系。可以有效控制施工安排，减少返工、拆除及浪费现象，起到了节材的作用，控制成本，为创造绿色环保低碳施工等方面提供了有力的支持。

2. BIM 模型与现场施工同步模拟

利用 BIM 模型提高项目协调会议效率，通过模型和现场施工进行同步模拟，直观反映现场情况，便于决策。

（四）复杂空间管线综合

对复杂空间（包括地下室、机房、走廊等），由 BIM 团队根据专业深化图纸及各专业叠加后的施工图模型，进行机电管线综合，以此来复核各区域净空是否满足要求。

（五）施工工艺模拟

对于施工的重难点区域施工工艺进行模拟，一方面核查施工方案的合理性，另一方面也便于施工交底工作；在具体的施工顺序和注意问题上给予明显演示，减少了施工过程中不必要的问题，提高了工作效率。

对复杂构件的安装，借助 BIM 模型，可通过动画模拟进行技术交底，实现安全、快捷、高质量施工。

（六）竣工模型

通过 BIM 系统的应用，在施工过程中实时同步虚拟建筑与真实建筑，项目竣工后，生成相关竣工图，为后续的项目运营提供基础；交付成果除了实体建筑，还将有一个虚拟的数字化楼宇，帮助业主实现后续物业管理和应急系统的建立，实现建筑全生命期的信息交换和使用。

**二、生产管理**

（一）施工现场管理

1. 预留预埋

运用 BIM 技术，使所有构件三维可视化，能准确定位预埋件及预留洞口的位置，而多专业之间进行协同更新工作的特点，在多次设计调整修改后，能及时进行相关预留预埋的调整，减少了拆改工作，为后期安装节省了大量时间。

2. 预制件加工管理

通过构件的 BIM 模型，结合数字化构件加工设备，实现预制、加工构件的数字化精确加工，保证相应部位的工程质量，并且大大减少传统的构件加工过程对工期带来的影响。钢结构构件、风管及水管等均可以采用 BIM 模型进行模拟。

3. 施工监督和验收

运用云系统平台，将 BIM 数据移到现场指导施工，同时对隐蔽工程进行监督。相反，将现场数据上传到平台，建立远程质量验收系统，远程即可完成相关验收工作，方便了超高层建筑施工。

4. 现场平面管理

分阶段建立（基础施工阶段、主体施工阶段、外立面及装修施工阶段），内容包括办公及生活区临建、临水、临电、库房、材料堆放区、材料临时加工场地、施工机械布置、运输道路、绿化区、停车位。

通过模拟，可以更加直观准确地掌握现场施工平面布置情况。同时可以提高施工场地的利用率，达到节地的目的。

5. 机械设备管理

结合 Navisworks 4D 模拟施工，能够合理地安排各阶段需要投入的机械设备、设备安装位置；并能为机械设备管理提供直观的沟通平台。

（二）材料管理

1. 材料需求计划管理

结合 4D 模拟施工，可提出各阶段的材料用量需求计划，为材料管理员提供参考。

2. 材料进场计划管理

结合 4D 模拟施工，能准确地安排材料进场时间，缩短材料进场周期，缓解施工现场材料堆放场地紧张的压力，同时也能缓解材料资金需求压力。

（三）构件加工、制作管理

（1）利用 BIM 模型的自动构件统计功能，可以快速准确地统计出各类构件的数量。

（2）通过构件的 BIM 模型，结合数字化构件加工设备，实现预制、加工构件的数字化精确加工，保证相应部位的工程质量，并且大大减少传统的构件加工过程对工期带来的影响。钢结构构件、风管及水管等均可以采用 BIM 模型进行模拟。

（四）施工进度管理

施工进度管理具体流程如图 3 - 9 所示。

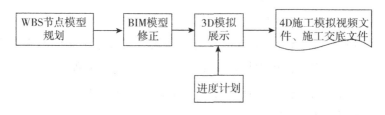

图 3 - 9　施工进度管理流程

（五）施工组织模拟

根据工程进度，按施工现场相应阶段建立 BLM 模型；通过模型，可以更加直观准确地掌握现场施工平面布置情况，从而有效地提高对现场平面动态管理水平，实现现场资源的合理利用。

### 三、安全管理

（一）预警机制

基于 BIM 的工作方式并通过 3D 模型的碰撞检测，提前发现问题并予以解决，将施工中可能出现的碰撞问题扼杀在施工准备阶段，减少了潜在的经济损失。

（二）安全维护临边防护

运用 BIM 技术可提前进行危险源识别，危险源警示，通过三维可视化清楚识别电梯井、楼梯井和临边等多个坠落风险点，及时提醒相关人员进行防护栏的安装，并进行直观的安全交底工作。

### 四、BIM 保证措施

（一）实施管理原则

1. 针对性原则

BIM 实施须极具针对性，完全针对本项目的相应 BIM 实施内容。

2. 整体性原则

BIM 实施须与本项目的整体实施计划相结合，BIM 实施应成为整个项目实施的有机组成部分，每一项 BIM 实施内容，与其前置、后置任务都应有着必然的关联。

3. 非关键线路原则

在项目整体实施过程中，尽可能使 BIM 实施内容不处在关键线路上，从而使 BIM 的实施不会延长总进度计划，建议按专业、按区段进行流水作业。

4. 动态管理原则

在整个项目的 BIM 实施过程中，应以半个月为周期进行即时更新，以保证 BIM 实施的有效性、及时性和透明性，并且始终处于招标人的控制之下。

（二）与项目各参与方的沟通协调措施

本项目各参与方的协同工作层面上，将充分利用"项目数据协同工作工具"来进行多方协调工作，将各种项目所需的数据、文档、图纸、资料等存储在"项目数据协同工作工具"的服务器上，当项目参与方需要调取各类数据资料时，可以通过"项目数据协同工作工具"调取最新版本的数据资料，以保证所有项目参与方都是使用的同一套数据。

此外，通过"项目数据协同工作工具"也能有效解决数据资料安全性的问题，保证只有被授权的项目参与方才能获得与其相关的数据资料。

（三）实施质量管控体系

本项目的实施质量控制遵循 GB/T19001：2008-ISO9001：2008 标准，根据质量管理体系的要求，建立、实施并保持质量管理体系。确保有能力稳定地提供满足顾客和适用法律法规要求的产品；通过质量管理体系的有效运行，包括持续改进体系的过程以及保证符合顾客与适用法律法规的要求，不断提高顾客满意度。

按照 GB/T19001：2008-ISO9001：2008 标准规定，对质量管理体系进行策划并按要求建立质量管理体系，形成文件，加以实施和保持，并持续改进。

公司质量管理体系文件包括质量管理手册（含质量方针、目标）、程序文件、工作文件、质量记录。

建筑信息模型（BIM）服务应用质量管理体系时，主要考虑以下因素：

（1）识别 BIM 服务质量管理体系所需的过程及其应用。

（2）确定这些过程的顺序和相互作用。

（3）确定为确保这些过程的有效运作和控制所需的准则和方法。

（4）确保可以获得必要的资源和信息，以支持这些过程的运作和监视。

（5）测量、监视和分析这些过程。

（6）实施必要的措施。

实现对这些过程所策划的结果，以及对这些过程的持续改进。质量管理体系过程文件包括：文件和资料控制；质量记录控制、管理职责规定及管理评审控制；资源管理；产品实现过程控制（包括 BIM 顾客要求的识别和评审与沟通；BIM 服务过程控制；产品标识和可追溯性控制；顾客财产管理、服务交付和交付后服务控制等）；顾客满意度测量与控制；内部审查、服务监视和测量；不合格控制；数据分析；持续改进及纠正和预防措施控制。

（四）质量保证体系

BIM 的应用涉及不同单位，为了保证 BIM 工作的顺利开展，专业 BIM 团队在项目实施过程中，将会紧密与相关单位进行合作。为了保证质量体系有效执行，制定如下措施：

（1）组织体系保证。建立健全各级组织，分工负责，做到以预防为主，预防与检查相结合，形成一个有明确任务、职责、权限、互相协调和互相促进的有机整体。成立质量控制小组，设置组长、总协调员、质量专员等角色，并将各参建单位的关键人员纳入质量保证体系，对外发布质量保证小组名单。

（2）设置质量控制目标。从模型、应用、输出报告等方面制定质量目标，并为各项目标设置合理评估标准。

（3）制订质量控制计划。将质量审查计划与工作计划紧密结合，保证质量控制的时效性。

（4）做好质量培训。制订质量培训计划，对项目参建单位进行 BIM 质量保证和质量控制方面的集中培训。

（5）思想保证体系。用全面质量管理的思想、观点和方法，使全体人员真正树立起强烈的质量意识。

（五）内部质量管控措施

针对业主项目的管理特点，制定了严格的质量保证措施。

1. 资源配备充足

为应对本项目设计的特点，不但为各个专业配备了具有丰富 BIM 实施经验的工程师，还配备了具有项目经验的设计师作为后盾，为 BIM 设计优化提供经验支持，保证审核质量和审核成果的有效性和设计优化建议的针对性、科学性。

2. 科学的工作流程

为了保证工作的有序，设计了严格的工作流程，保证各个环节顺利衔接，各级实施人员职责分明，可有力保障审核程序落地。

3. 多级审核制度

为了保证审查质量，制定了专业工程师、专业负责人、项目负责人多级审核制度，并由资深设计师提供专家支持，多层次保障审核工作的执行效果。

4. 规范的工作模板

为了使各方提交的成果规范统一，为各方制定统一的工作模板，如模型审核记录表、模型问题协调会模板、碰撞检查报告模板、管线综合模板等，保证过程资料记录全面，保证提交业主的成果规范。

5. 纠偏改善措施

通过项目执行过程中的阶段总结，按照戴明质量环（PDCA）循环规律，不断提高服务质量，及时纠正和改进过程中出现的问题。

# 第四章　BIM核心技术与项目管理体系的构建

本章从项目管理的内涵分析入手，分别从业主方、设计方与施工方 BIM 技术项目管理与应用以及项目信息管理平台两个方面方面论述了如何构建 BIM 核心技术与项目管理体系。

## 第一节　项目管理的内涵分析

### 一、项目管理的基本介绍

（一）项目管理的特点

1. 普遍性

项目是人类社会中最常见的社会活动，这种社会活动具有一次性和特殊性，它是人类所有物质成果和文化成果的起源，当下各种设施以及物质条件在产生之初全部是通过项目的实施得以开发和建设的。

2. 目的性

项目管理就是针对预设的项目要达到的指标和目标，通过采取各种管理手段，对项目实施管理的活动，以达到甚至超越项目所涉及各方隐藏的，不曾明确提出的各种需求。所有的项目管理均是为了达到或超越项目各方对项目的预期和需求这一目的服务的。

3. 独特性

项目管理的独特性是项目管理不同于一般生产、服务运营管理，也不同于常规的政府和独特的行政管理内容，它有自己独特的管理对象、独特的管理活动和独特的管理方法与工具，是一种完全不同的管理活动。

4. 集成性

项目管理过程中不能单一地对其中一项或若干项专业内容实施管

理，而是要整合不同专业的隶属项目，开展综合性的管理，这就是项目管理的集成性。

5. 创新性

项目管理的创新性包括两层含义：其一是指项目管理是对于创新（项目所包含的创新之处）的管理；其二是指任何一个项目的管理都没有一成不变的模式和方法，都需要通过管理创新去实现对于具体项目的有效管理。

6. 组织的临时性和开放性

建设施工过程中涉及的不同的项目组织不是固定的、长期的，而是会随着项目的推进不断变化和调整的，呈现出一种临时的、开放式的特点。在项目建设的不同时期，按照施工的重点和进展，各个项目团队的人员、责任也随时会有所调整，并且还会有一些临时借调的人员。伴随着项目的结束，这些项目团队的大部分人员通常也会解散，人员将会转移到其他项目工程中去。一个大的项目往往会以签订承包合同或者各种协议的方式召集多个项目团队分不同时段进场参与建设。

7. 成果的不可挽回性

项目是一个一次性的"产品"，它的建设过程没有重来一遍的机会，也没有批量生产的可能，它的合格率必须达到100%，因为它不可以试着做一次，如果不合格再推倒重新建造，所以项目建设方必须承担应有的风险。

（二）项目管理的内容

1. 项目范围管理

项目的范围管理指的是对项目的整体内容进行管理和控制的过程，目的是顺利达成项目所要实现的最终目标。这个过程包括对范围的规划、界定以及调整。

2. 项目时间管理

项目时间管理指的是为了保证项目按照规定的时间完成而采取的一系列管理活动。这个过程包括活动的界定、排序、评估以及安排进度、控制时间等相关工作。

3. 项目成本管理

项目成本管理是指为了保证整个项目的成本控制在预算范围内，并且完成项目合理支出以及对相关工程费用进行管理的过程。这个过程包括项目成本及费用的预算、项目资源的合理配置、费用支出的控制等相关工作。

4. 项目质量控制

项目质量控制是指为了保证工程质量达到客户所设定的标准而采取的相关管理活动。这个过程包括项目质量保证、质量控制以及质量规划等。

5. 项目采购管理

项目采购管理是指为了从项目外部购买资源或者服务而开展相关事务管理的过程。这个过程主要包括协调同卖方的关系、筛选所需要的资源、管理相关的买卖合同、按照需求寻找产品的购进渠道、资源的采购、制订采购计划等。

6. 其他管理

其他管理还包括工程项目的风险评估及管理、企业人力资源方面的管理、项目集成方面的管理等。

**二、建筑全生命周期管理的基本介绍**

（一）建筑全生命周期管理的概念

建筑全生命周期是指从材料与构件生产、规划与设计、建造与运输、运行与维护直到拆除与处理（废弃、再循环和再利用等）的全循环过程，如图4-1所示。

建筑工程项目具有技术含量高、施工周期长、风险高、涉及单位众多等特点，因此建筑全生命周期的划分就显得十分重要。一般我们将建筑全生命周期划分为四个阶段，即规划阶段、设计阶段、施工阶段、运维阶段。

建筑全生命周期管理就是对建筑工程项目的生命周期各阶段进行全过程管理，涉及范围、进度、成本、质量、采购、沟通等职能领域的内容。关于建筑全生命周期管理的常用术语详见表4-1。

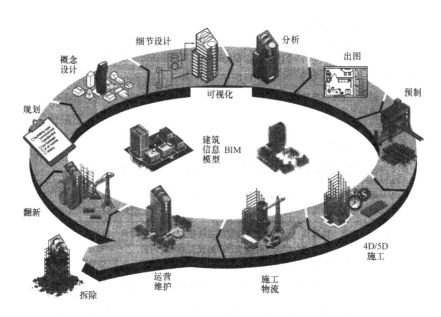

**图 4 - 1　建筑全生命周期**

**表 4 - 1　建筑全生命周期管理的常用术语**

| 管理部门 | 建筑全生命周期管理常用术语 |
|---|---|
| 利益相关方 | 在组织的决策或活动中有重要利益的个人或团体。建筑工程利益相关方一般包含政府部门、业主单位、勘察设计单位、施工单位、监理咨询单位、供货单位、物业公司等 |
| 政府部门 | 政府部门是指建设过程中涉及的计划、规划、环保、建设、城管、水利、园林绿化、交警、环境、防疫、消防、人防、质量监督、安全监督等部门 |
| 业主单位 | 是指建筑工程的投资方，一般对该工程拥有产权。业主单位也称为建设单位或项目业主，指建设工程项目的投资主体或投资者，它也是建设项目管理的主体 |
| 勘察设计单位 | 勘察单位受业主单位委托，提供地质勘察服务，包括确定地基承载力，并建议采取合适的基础形式和施工方法；设计单位工作包括方案设计、扩初设计和施工图设计、精装修设计、钢结构深化设计、机电深化设计、幕墙深化设计、园林景观设计等。本书中没有特别注明的设计单位是指业主单位在项目实施前所委托的为建设项目进行总体设计的单位，一般负责工程的扩初设计、施工图设计等 |

| 管理部门 | 建筑全生命周期管理常用术语 |
|---|---|
| 施工单位 | 施工单位是指承担具体施工工作的、由专业人员组成的、有相应资质、进行生产活动的企业，一般包括总承包单位、专业承包单位及劳务分包 |
| 监理咨询单位 | 监理单位，是指取得监理资质证书，具有法人资格的监理公司、监理事务所和兼承监理业务的工程设计、科学研究及工程建设咨询的单位；工程咨询单位是指遵循独立、科学、公正的原则，运用工程技术、科学技术、经济管理和法律法规等多学科方面的知识和经验，为政府部门、项目业主及其他各类客户的工程建设项目决策和管理提供咨询活动的单位 |
| 供货单位 | 供货单位是指在建筑生产环节，提供建筑材料、成品和半成品设备的单位，根据合同关系的不同，又分为施工单位自行采购、甲指乙供等常见合同形式 |
| 运维单位 | 常见的运维单位为物业管理公司，简称物业公司。物业公司是专门从事地上永久性建筑物、附属设备、各项设施及相关场地和周围环境的专业化管理的，为业主和非业主使用人提供良好的生活或工作环境的，具有独立法人资格的经济实体 |
| 五方责任主体 | 建筑工程五方责任主体项目负责人是指承担建筑工程项目建设的建设单位项目负责人、勘察单位项目负责人、设计单位项目负责人、施工单位项目经理、监理单位总监理工程师 |
| 三控三管一协调 | 三控三管一协调是一种工程建设中建筑主体各方的工作，建筑、房地产以及建设监理的基础工作，大致就分别包括"三控""三管""一协调"的主要内容 |
| "三控" | 工程进度控制、工程质量控制、工程投资（成本）控制 |
| "三管" | 合同管理、职业健康安全与环境管理、信息管理 |
| "一协调" | "一协调"指全面组织协调（协调的范围分为内部协调和外部协调） |

（二）建筑项目全生命周期一体化管理模式

建筑项目全生命周期一体化管理（PLIM）模式是指由业主单位牵

头，专业咨询方全面负责，从各主要参与方中分别选出一至两名专家一起组成全生命周期一体化项目管理组（PLMT），将全生命周期中各主要参与方、各管理内容、各项目管理阶段有机结合起来，实现组织、资源、目标、责任和利益等一体化，相关参与方之间有效沟通和信息共享，以向业主单位和其他利益相关方提供价值最大化的项目产品。建设项目全生命周期一体化管理模式主要涵盖了三个方面：参与方一体化、管理要素一体化、管理过程一体化。图 4-2 所示的是霍尔的关于一体化管理模式的三维结构模型。

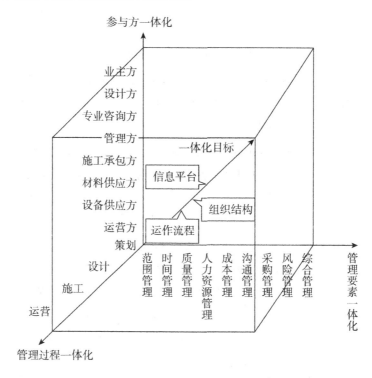

**图 4-2　项目全生命周期的一体化管理模式**

参与方一体化的实现，有利于各方打破服务时间、服务范围和服务内容上的界限，促进管理过程一体化和管理要素一体化；管理过程一体化的实现，又要求打破管理阶段界面，对管理要素一体化的实施起了一定的促进管理作用；而管理要素一体化的实施同时反过来促进过程的一体化。在这个基础上，运作流程、组织结构和信息平台是实现 PLIM 模式的三个基本要素。同时，BIM 技术协同、信息平台是

PLIM 模式下建设项目全生命期一体化项目管理的主要技术手段，BIM 技术与 PLIM 模式的结合造就了最佳项目管理模式。

### 三、BIM 在项目管理中的作用与价值

（一）BIM 在项目管理中的优势

1. 基于 BIM 技术的项目管理的优势

BIM 技术与项目管理的结合不仅符合政策的导向，也是发展的必然趋势。

基于 BIM 的管理模式是创建信息、管理信息、共享信息的数字化方式，其具有很多的优势，具体如下：

（1）基于 BIM 的项目管理，工程基础数据如量、价等，数据准确、数据透明、数据共享，能完全实现短周期、全过程对资金风险以及盈利目标的控制。

（2）基于 BIM 技术，可对投标书、进度审核预算书、结算书进行统一管理，并形成数据对比。

（3）可以提供施工合同、支付凭证、施工变更等工程附件管理，并为成本测算、招投标、签证管理、支付等全过程造价进行管理。

（4）BIM 数据模型保证了各项目的数据动态调整，可以方便统计，追溯各个项目的现金流和资金状况。

（5）根据各项目的形象进度进行筛选汇总，可为领导层更充分地调配资源、进行决策创造条件。

（6）基于 BIM 的 4D 虚拟建造技术能提前发现在施工阶段可能出现的问题，并逐一修改，提前制定应对措施。

（7）使进度计划和施工方案最优，在短时间内说明问题并提出相应的方案，再用来指导实际的项目施工。

（8）BIM 技术的引入可以充分发掘传统技术的潜在能量，使其更充分、更有效地为工程项目质量管理工作服务。

（9）除了可以使标准操作流程"可视化"外，也能够做到对用到的物料，以及构建需求的产品质量等信息随时查询。采用 BIM 技术，可实现虚拟现实和资产、空间等管理，建筑系统分析等技术内容，从而便于运营维护阶段的管理应用。

（10）运用 BIM 技术，可以对火灾等安全隐患进行及时处理，从而减少不必要的损失，对突发事件进行快速应变和处理，快速准确掌握建筑物的运营情况。

总而言之，BIM 技术被引进到建筑工程项目管理中来的意义重大，不论是在前期的项目设计阶段、中期的项目施工，还是后期的项目运营以及维护阶段，BIM 技术的贡献功不可没。这项技术的应用，可以使项目在实施过程中大幅度节约建设成本，将资金风险保持在可控范围内，节约大量能源，提高项目建设的效率，降低项目建设过程中对周围环境造成的破坏。BIM 技术的引入，使得建筑行业的项目管理理念得到了彻底改变，建筑管理的技术水平向着更高层次迈进，集成化程度有了质的飞跃。

BIM 技术目前在建筑行业中的应用越来越广泛，它的功能已经能初步满足所有模型设计的要求以及描述构件性能的要求。整个建筑的所有信息，而且是整个使用周期的所有信息都可以被模拟和展示出来。包括建筑施工规划和设计，施工的进展情况以及后期的管理与维护情况，等等。

2. 项目管理中 BIM 应用的必然性

虽然我国房地产业新增建设速度已经放缓，但因为疆域辽阔、人口众多、东西部发展不均衡，我国基础建设工程量仍然巨大。在建筑业快速发展的同时，建筑产品质量越来越受到行业内外关注，使用方越来越精细、越来越理性的产品要求，使得建设管理方、设计方、施工企业等参建单位也面临更严峻的竞争。

在这样的背景下，我们看到了国内 BIM 技术在项目管理中应用的必然性：

（1）巨大的建设量同时也带来了大量因沟通和实施环节信息流失而造成的损失，BIM 信息整合重新定义了信息沟通流程，很大程度上能够改善这一状况。

（2）社会可持续发展的需求带来更高的建筑全生命周期管理要求，以及对建筑节能设计、施工、运维的系统性要求。

（3）国家资源规划、城市管理信息化的需求。

BIM 技术在建筑行业的发展，也得到了政府高度重视和支持，2015 年 6 月 16 日，中华人民共和国住房和城乡建设部印发《关于推进建筑信息模型应用的指导意见》，确定 BIM 技术应用发展目标为：

到 2020 年末，建筑行业甲级勘察、设计单位以及特级、一级房屋建筑工程施工企业应掌握并实现 BIM 与企业管理系统和其他信息技术的一体化集成应用。

到 2020 年末，以下新立项项目勘察设计、施工、运营维护中，集成应用 BIM 的项目比率达到 90%：以国有资金投资为主的大中型建筑；申报绿色建筑的公共建筑和绿色生态示范小区。

各地方政府也相继出台了相关文件和指导意见，在这样的背景下，BIM 技术在项目管理中的应用将越来越普遍，全生命周期的普及应用将是必然趋势。

（二）BIM 应用的常见模式

在《BIM 技术概论》一书中，详细介绍了 BIM 技术的特点。在具体的项目管理中，根据应用范围、应用阶段、参与单位等的不同，BIM 技术的应用又可大致分为以下几种模式。

1. 单业务应用

基于 BIM 模型，有很多具体的应用是解决单点的业务问题，如复杂曲面设计、日照分析、风环境模拟、管线综合碰撞、4D 施工进度模拟、工程量计算、施工交底、三维放线、物料追踪等，如果 BIM 应用是通过使用单独的 BIM 软件解决类似上述的单点业务问题，一般就称为单业务应用。

单业务应用需求明确、任务简单，是目前最为常见的一中应用形式，但如果没有模型交付和协同，只是为了单业务应用而从零开始搭建 BIM 模型，往往效率比较低。

2. 多业务集成应用

在单业务应用的基础上，根据业务需要，通过协同平台、软件接口、数据标准集成不同模型，使用不同的软件，并配合硬件，进行多种单业务应用，就称为多业务集成应用。例如，将建筑专业模型协同结构专业、机电专业设计使用，将设计模型传递给算量软件进行算量使用等。

多业务集成应用充分体现了 BIM 技术本质，是未来 BIM 技术应用发展方向。它的业务表现形式见表 4-2。

表 4-2 多业务集成应用的表现形式

| 类别 | 内容举例 |
| --- | --- |
| 不同专业模型的集成应用 | 如建筑专业模型、结构专业模型、机电专业模型、绿建专业模型的集成应用 |
| 不同业务模型的集成应用 | 如算量模型和 4D 进度计划模型、放线模型、三维扫描验收模型的集成应用 |
| 不同阶段模型的集成应用 | 如设计模型和合约模型、施工准备模型、施工管理模型、竣工运维模型的集成应用 |
| 与其他业务或新技术的集成应用 | 这包括两个方面内容：一是与非现场业务的集成应用，例如幕墙、钢结构的装配式施工，将设计 BIM 模型和数据，经过施工深化，直接传到工厂，通过数控机床对构件进行数字化加工；二是与其他非传统建筑专业的软硬件技术集成应用，如 3D 打印、3D 扫描、3D 放线、GIS 等技术 |

3. 与项目管理的集成应用

随着 BIM 技术的单业务应用、多业务集成应用案例逐渐增多，BIM 技术信息协同可有效解决项目管理中生产协同和数据协同这两个难题的特点，越来越成为使用者的共识。目前，BIM 技术已经不再是淡出的技术应用，正在与项目管理紧密结合应用，包括文件管理、信息协同、设计管理、成本管理、进度管理、质量管理、安全管理等，越来越多的协同平台、项目管理集成应用在项目建设中体现，这已成为 BIM 技术应用的一个主要趋势。

从项目管理的角度，BIM 技术与项目管理的集成应用在现阶段主要有以下两种模式：

（1）IPD 模式。集成产品开发（Integrated Product Development，IPD）是一套产品开发的模式、理念与方法。IPD 的思想来源于美国 PRTM 公司出版的《产品及生命周期优化法》一书，该书详细描述了这种新的产品开发模式所包含的各个方面。

IPD 模式在建设领域的应用体现为，开始动工前，业主就召集设计方、施工方、材料供应商、监理方等各参建方一起做出一个 BIM 模型，这个模型是竣工模型，即所见即所得，最后做出来就是这个样子。然后各方就按照这个模型来做自己的工作就行了。

采用 IPD 模式后，施工过程中不需要再返回设计院改图，材料供应商也不会随便更改材料进行方案变更。这种模式虽然前期投入时间、精力多，但是一旦开工就基本不会再浪费人、财、物、时在方案变更上。最终结果是可以节约相当长的工期和不小的成本。

（2）VDC 模式。虚拟设计建设模式（Virtual Design Construction，VDC），是指在项目初期，即用 BIM 技术进行整个项目的虚拟设计、体验和建设模拟，甚至是运维，通过前期反复的体验和演练，发现项目存在的不足，优化项目实施组织，提高项目整体的品质和建设速度、投资效率。

美国发明者协会于 1996 年首先提出了虚拟建设的概念。虚拟建设的概念是从虚拟企业引申而来的，只是虚拟企业针对的是所有的企业，而虚拟建设针对的是工程项目，是虚拟企业理论在工程项目管理中的具体应用。

## 第二节　业主方、设计方与施工方 BIM 技术项目管理与应用分析

### 一、业主方 BIM 项目管理与应用

业主方应首先明确 BIM 技术应用目的，才能更好地应用 BIM 技术辅助项目管理。业主往往希望通过 BIM 带来：

可视化的投资方案——能反映项目的功能，满足业主的需求，实现投资目标；

可视化的项目管理——支持设计、施工阶段的动态管理，及时消除差错，控制建设周期及项目投资；

可视化的物业管理——通过 BIM 与施工过程记录信息的关联，不仅为后续的物业管理带来便利，并且可以在未来进行的翻新、改造、扩建过程中为业主及项目团队提供有效的历史信息。

业主方应用 BIM 技术能实现的具体问题如下。

（一）招标管理

BIM 辅助业主进行招标管理主要体现在以下几个方面：

（1）数据共享。BIM 模型的可视化能够让投标方深入了解招标方所提出的条件，避免信息孤岛的产生，保证数据的共通共享及可追溯性。

（2）经济指标的控制。控制经济指标的精确性与准确性，避免建筑面积与限高的造假。

（3）无纸化招标。实现无纸化招投标，从而节约大量纸张和装订费用，真正做到绿色低碳环保。

（4）削减招标成本。可实现招投标的跨区域、低成本、高效率、更透明、现代化，大幅度削减招标投入的人力成本。

（5）整合招标文件。整合所有招标文件，量化各项指标，对比论证各投标人的总价、综合单价及单价构成的合理性。

（6）评标管理。记录评标过程并生成数据库，对操作员的操作进行实时的监督，评标过程可事后查询，最大限度地减少暗箱操作、虚假招标、权钱交易，有利于规范市场秩序、防止权力循私与腐败，有效推动招标投标工作的公开化、法制化。

（二）设计管理

BIM 辅助业主进行设计管理主要体现在以下几个方面：

（1）协同工作。基于 BIM 的协同设计平台，能够让业主与各专业工程参与者实时更新观测数据，实现最短时间达到图纸、模型合一。

（2）周边环境模拟。对工程周边环境进行模拟，对拟建造工程进行性能分析，如舒适度、空气流动性、噪声云图等指标，对于城市规划及项目规划意义重大。

（3）复杂建筑曲面的建立。在面对复杂建筑时，在项目方案设计阶段应用 BIM 软件也可以达到建筑曲面的离散。

（4）图纸检查。BIM 团队的专业工程师能够协助业主检查项目图纸的错漏残缺，达到更新和修改的最低化。

（三）工程量统计

工程量的计算是工程造价中最复杂的部分。利用 BIM 技术辅助工程计算，能大大减轻预算的工作强度。目前，市场上主流的工程量计算软件大多是基于自主开发图形平台的工程量计算软件和基于AutoCAD 平台的工程量计算软件。不论是哪一个平台，它们都存在两个明显的缺点：图形不够逼真和需要重新输入工程图纸。

自主开发的图形平台多数是简易的二维图形平台，图形可视性差。用户在使用图形法的工程量自动计算软件时，需要将施工蓝图通过数据形式重新输入计算机，相当于人工在计算机上重新绘制一遍工程图纸，导致了预算人员无法将其主要精力投入到套用定额等造价方面的工作上。这种做法不仅增加了前期工作量，且没有共享设计过程中的产品设计信息。

利用 BIM 技术提供的参数更改技术能够将针对建筑设计或文档任何部分所做的更改自动反映到其他位置，从而帮助工程师们提高协同效率以及工作质量。BIM 技术具有强大的信息集成能力和三维可视化图形展示能力，利用 BIM 技术建立起的三维模型可以极尽全面地加入工程建设的所有信息。根据模型能够自动生成符合国家工程量清单计价规范标准的工程量清单及报表，快速统计和查询各专业工程量，对材料计划、使用做精细化控制，避免材料浪费，如利用 BIM 信息化特征可以准确提取整个项目中防火门的数量、防火门的不同样式、材料的安装日期、出厂型号、尺寸大小等，甚至可以统计到防火门的把手等细节。

（四）施工管理

作为项目管理部门，对于甲方管理可分为两个层面：一是对项目，二是对工程管理人员。项目实施的优劣直接反映管理人员项目管理水平，同时，业主方建设管理行为对工程的进度、质量、投资、廉政等方面有着直接影响。

在这一阶段业主对项目管理的核心任务是现场施工产品的保证、资金使用的计划与审核以及竣工验收。对于业主方，对现场目标的控制、承包商的管理、设计者的管理、合同管理手续办理、项目内部及周边协调等问题也是管理的重中之重，急需一个专业的平台来提供各个方面庞大的信息和实施各个方面人员的管理。而 BIM 技术正是解决此类工程问题的不二之选。

BIM 辅助业主进行施工管理的优势主要体现在以下方面：

（1）验证总包施工计划的合理性，优化施工顺序。

（2）使用 3D 和 4D 模型明确分包商的工作范围，管理协调交叉，施工过程监控，可视化报进度。

（3）对项目中所需的土建、机电、幕墙和精装修所需要的材料进行监控，保证项目中成本的控制。

（4）在工程验收阶段，利用 3D 扫描仪扫描工程完成面的信息，与模型参照对比来检验工程质量。

（五）物业管理

在建筑物使用寿命期间，建筑物结构设施（如墙、楼板、屋顶等）和设备设施（如设备、管道等）都需要不断得到维护。一个成功的维护方案将提高建筑物性能，降低能耗和修理费用，进而降低总体维护成本。BIM 模型结合运营维护管理系统可以充分发挥空间定位和数据记录的优势，合理制订维护计划，分配专人专项维护工作，以降低建筑物在使用过程中出现突发状况的概率。BIM 辅助业主进行物业管理主要体现在以下方面：

（1）设备信息的三维标注。可在设备管道上直接标注名称、规格、型号，且三维标注能够跟随模型移动、旋转。

（2）属性查询。在设备上右击鼠标，可以显示设备的具体规格、参数，生产厂家等。

（3）外部链接。在设备上点击，可调出有关设备的其他格式文件，如维修状况，仪表数值等。

（4）隐蔽工程。工程结束后，各种管道可视性降低，给设备维护，工程维修或二次装饰工程带来一定难度，BIM 清晰记录各种隐蔽工程，避免施工错误。

（5）模拟监控。物业对一些净空高度，结构有特殊要求，BIM 提前解决各种要求，并能生成 VR 文件，可以与客户互动阅览。

（六）空间管理

空间管理是业主为节省空间成本、有效利用空间、为最终用户提供良好工作生活环境而对建筑空间所做的管理。BIM可以帮助管理团队记录空间的使用情况，处理最终用户要求空间变更的请求，分析现有空间的使用情况，合理分配建筑物空间，确保空间资源的最大利用率。某工程基于BIM的空间管理。

（七）推广销售

利用BIM技术和虚拟现实技术还可以将BIM模型转化为具有很强交互性的虚拟现实模型。将虚拟现实模型联合场地环境和相关信息，可以组成虚拟现实场景。在虚拟现实场景中，用户可以定义第一视角的人物，并实现在虚拟场景中的三维可视化的浏览。将BIM三维模型赋予照片级的视觉效果，以第一人称视角，浏览建筑内部，能直观地将住宅的空间感觉展示给住户。

提交的整体三维模型能极大地方便住户了解户型，更重要的是能避免装修时对建筑机电管道线路的破坏，减少装修成本，避免经济损失。利用已建立好的BIM模型，可以轻松出具建筑和房间的渲染效果图。利用BIM前期建立的模型，可以直接获得如真实照片般的渲染效果，省去了二次建模的时间和成本，同时还能达到展示户型的效果，对住房的推广销售起到极大的促进作用，如图4-3和图4-4所示。

BIM辅助业主进行推广销售主要体现在以下方面：

（1）面积监控。BIM体量模型可自动生成建筑及房间面积，并加入面积计算规则，添加所有建筑楼层房间使用性质等相关信息作为未来楼盘推广销售的数据基础。

（2）虚拟现实。为采购者提供三维可视化模型，并提供在三维模型中的漫游，体会身临其境的感觉。

**二、设计方BIM项目管理与应用**

设计方是项目的主要创造者，是最先了解业主需求的参建方，设计方往往希望通过BIM带来：

突出设计效果——通过创建模型，更好地表达设计意图，满足业主需求；

便捷地使用并减少设计错误——利用模型进行专业协同设计，通过碰撞检查，把类似空间障碍等问题消灭在出图之前；

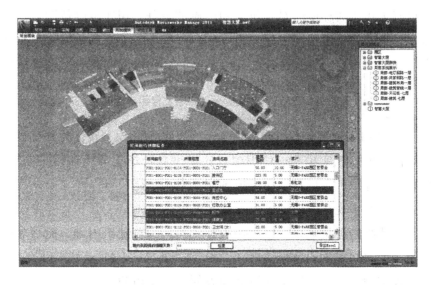

图 4 - 3　某工程房屋推广销售三维模型图

图 4 - 4　某工程房屋推广销售三维模型

可视化的设计会审和专业协同——基于三维模型的设计信息传递和交换将更加直观、有效，有利于各方沟通和了解。

设计方应用 BIM 技术能实现的具体问题如下。

（一）三维设计

当前，二维图纸是我国建筑设计行业最终交付的设计成果，生产流程的组织与管理也均围绕着二维图纸的形成来进行。二维设计通过投影线条、制图规则及技术符号表达设计成果，图纸需要人工阅读方能解释其含义。随着日益复杂的建筑功能要求和人类对于美感的追求，设计师们更加渴望驾驭复杂多变、更富美感的自由曲面。然而，令二维设计技术汗颜的是，它甚至连这类建筑最基本的几何形态也无法表达。

另外，二维设计最常用的是使用浮动和相对定位，目的是想尽办法让各种各样的模块挤在一个平面内，为了照顾兼容和应付各种错漏问题，往往结构和表现都处理得非常复杂，效率方面大打折扣。三维设计使用绝对定位，绝对定位容易给人造成一种布局固定的误解，其实不然，绝对定位一定程度上可以代替浮动做到相对屏幕，而且兼容性更好。

当前 BIM 技术的发展，更加发展和完善了三维设计领域：BIM 技术引入的参数化设计理念，极大地简化了设计本身的工作量，同时其继承了初代三维设计的形体表现技术，将设计带入一个全新的领域。通过信息的集成，也使得三维设计的设计成品（三维模型）具备更多的可供读取的信息，对于后期的生产提供更大的支持。

BIM 由三维立体模型表述，从初始就是可视化的、协调的。其直观形象地表现出建筑建成后的样子，然后根据需要从模型中提取信息，将复杂的问题简单化。基于 BIM 的三维设计能够精确表达建筑的几何特征。二维绘图表达立体的模型时是很吃力的，但是三维设计就没有这方面的顾虑，不管实物如何复杂，三维设计都可以非常准确地将其表达出来。把各种材料的物理以及力学特征，价格、设计理念、供应商的信息等融入三维的模型中，这样建筑的各个参与单位都可以参考这个智能的实体，而这个智能的实体就是 BIM。BIM 功能强大，可以生成平面图纸，这个过程是通过图形运算来实现的，生成的图纸符合专业出图的规则，根据需要也可以生成工程量统计表之类的其他的资料，建筑方面的很多分析工作也可以通过 BIM 模型来完成，如结构分析、能耗分析、照明分析、日照分析、声学分析、客流物流分析等。

（二）协同设计

协同设计，主要指的是一种设计交流、沟通的方式，而这种方式绝大部分都是以网络为平台的，同时也是对设计的流程进行管理的一种方式。具体的内容有：借助网络平台可以采用电子邮件、微信、QQ

等软件、视频会议等方式来使不同部门、不同地区、不同国家的设计团队成员进行设计的讨论和交流，对设计的方案进行评审或者修改等；使用 CAD 软件中的参照功能，可以使参与建筑的各部门、各工种都观看到彼此的数据；建立网络资源数据库，这样设计人员在设计时就可以依照一致的标准；利用网络运行相应的系统软件，项目的相关成员可以根据自己的用户名进行登录，不同的用户名享受的权限一般都是不同的，这样既对项目的机密部分进行了保护，又能使项目组最新的唯一成果可以及时被相关人知晓，确保设计的流程是正确的；鉴于设计行业的特点，现在已经出现了协同设计的工作软件，这种软件是建立在 CAD 功能的基础之上的。

协同软件的优点在于：对于设计者所设计的所有的图纸，它都可以整理得井井有条，每个出现过的版本、设计的轨迹都会记录得非常明白，这样设计师所设计出来的图纸都是井然有序、条理清晰的；同时设计师可以准确地知道什么时间可以进行协作以及该如何协作，这样就不会耽误图纸的流转时间，流转的程序也会变得简便，公共资源的利用率也非常高；设计师可以随时掌握设计的进度及细节，这样可以精确地把控工程的进度，使工期按照计划进行，不会出现延期的现象。而这一切效率提高的同时，设计师的工作量、设计的思路都没有受到任何影响。协同设计就是设计师的左膀右臂。而这种协作的方式不但降低了整个设计的成本，而且设计的效率也得到了大幅度的提升。管理、流程、协作三部分组成了协同设计。设计工作中的各个职能部门的员工，如审核、管理、设计等都可以使用协同设计平台中的一些功能模块来进行自己的工作。

BIM 和协同设计技术最终将会融合为一个整体，它们彼此之间相互依赖、不可分割。在 BIM 中，协同是核心，任何一个构建要素一经录入系统，其他各个工种便可以享用该要素的相关数据，而且还可以根据自己的专业需要来对其进行操作。

站在这个层面上来看，建立在 BIM 基础之上的协同设计的功用已经不是单一的文件参照功能了。BIM 技术是协同设计稳定发展的坚实基础，同时也会使协同设计的技术比例大大增加。所以，随着时间的发展，在不久的将来，协同设计在目前的交流、管理以及组织的功能基础上，与 BIM 合为一体，成为设计手段中不可分割的一个部分。

其真正意义为：在一个完整的组织机构共同来完成一个项目，项目的信息和文档从一开始创建时起，就放置到共享平台上，被项目组的所有成员查看和利用，从而完美实现设计流程上下游专业间的设计交流。

（三）建筑节能设计

在刚开始进行建设项目开发的时候，很多指标大体上就已经确定了下来，如声、热、风环境，还有光照、视野等，但是由于技术的匮乏，要对以上各建设项目指标的各种不同的方案进行模拟和分析，无论是时间方面，还是金钱方面，实现起来难度都非常大，但是 BIM 的出现，使这种分析模拟变为可能，不仅可以轻易地实现，还有可能广泛运用于建筑项目之中。

基于 BIM 和能量分析工具，将实现建筑模型的传递，能够简化能量分析的操作过程。如美国的 Energy Plus 软件，在 2D CAD 的建筑设计环境下，运行 Energy Plus 进行精确模拟需要专业人士花费大量时间，手工输入一系列大量的数据集，包括几何信息、构造、场地、气候、建筑用途以及 HVAC 的描述数据等。然而在 BIM 环境中，建筑师在设计过程中创建的 BIM 模型可以方便地同第三方设备例如 BsproCom 服务器结合，从而将 BIM 中的 IFC 文件格式转化成 Energy Plus 的数据格式。

美国自由塔的设计就是能量分析软件 Energy Plus 和 BIM 结合运用的产物。LBNL（劳伦斯·伯克利国家实验室，隶属美国加州大学）在计算能效时，基本上都是采用的 Archi CAD 和 Energy Plus 这两种软件，前者用来创建虚拟的建筑模型，后者则用来进行能量的分析，LBNL 是由美国国家能源部直接管理的。外形上布满精美的褶子是自由塔设计上的一大特色。这一特色正是通过 Archi CAD 这个模拟软件，把自由塔的办公区域，也就是中间的部分建模，然后把建立的这个非常复杂的几何模型导入能量软件 Energy Plus，对各种不同的外表皮的建筑性能进行模拟分析，在自由塔的日照和能量性能方面，也是经过

Energy Plus 软件分析之后来确定的最佳方案，根据这些模拟的结果，建筑师们经过探讨、分析和比较，最后会制定一套最佳的设计方案。

（四）效果图及动画展示

利用 BIM 技术出具建筑的效果图，通过图片传媒来表达建筑所需要的以及预期要达到的效果；通过 BIM 技术和虚拟现实技术来模拟真实环境和建筑。效果图的主要功能是将平面的图纸三维化、仿真化，通过高仿真的制作，来检查设计方案的细微瑕疵或进行项目方案修改的推敲。建筑行业效果图被大量应用于大型公建，超高层建筑，中型、大型住宅小区的建设中。

动画展示就更加形象具体。在科技发达的现代，建筑的形式也向着更加高大、更加美观、更加复杂的方向发展，对于许多复杂的建筑形式和具体工法的展示自然变得更加重要。利用 BIM 技术提供的三维模型，可以轻松地将其转化为动画的形式，这样就使设计者的设计意图能够更加直观、真实、详尽地展现出来，既能为建筑投资方提供直观的感受，也能为后面的施工提供很好的依据。

BIM 在 Render（渲染）、Modeling（建模）、Animation（动画）等方面的功能都非常强大，一些非常笼统而专业的二维建筑正是在 BIM 的作用下变成通俗易懂、立体感强的模型，这样一些外行人士如开发商、业主也可以了解到建筑的一些信息，从而更加精准地对建筑的功能性做出判断。

另外，如果设计意图或者使用功能发生改变，基于已有 BIM 模型，可以在短时间内修改完毕，动画和效果图也会随之自动进行更改。而且这两项功能是 BIM 技术额外增加的两项功能，比起专业的动画和效果制作，BIM 的动画和效果制作的成本要低很多，这样就使企业实现了低投入、高收益。如对于规划方案，因为 BIM 能够对方案预先进行演示，这样设计者和业主可以非常便捷地对建筑物的成本进行预算，对建筑物场地的各项指标进行分析，对建筑物的性能进行预先推测，对于方案中有可能出现或者已经出现的不合理、不周全的部分进行完善和优化。

（五）碰撞检测

二维图纸不能用于空间表达，使得图纸中存在许多意想不到的碰撞盲区。并且，目前的设计方式多为"隔断式"设计，各专业分工作业，依赖人工协调项目内容和分段，这也导致设计往往存在专业间碰撞。同时，在机电设备和管道线路的安装方面也存在软碰撞的问题（实际设备、管线间不存在实际的碰撞，但在安装方面会造成安装人员、机具不能到达安装位置的问题）。

传统二维图纸设计中，在结构、水暖电等各专业设计图纸汇总后，由总工程师人工发现和协调问题，这种做法难度大且效率低。碰撞检查可以及时地发现项目中图元之间的冲突，这些图元可能是模型中的一组选定图元，也可能是所有图元。在设计的过程中使用碰撞检查软件，可以规避很多图元之间的碰撞，使建筑中的一些系统和图元相互之间不冲突，同时也降低了建筑物更改发生的可能性，还有就是可以有效地将成本控制在预算之内。比较容易发生的碰撞主要表现在以下四个方面：第一个方面是建筑实体和结构之间碰撞，如建筑物的梁和门的位置相互冲突，结构墙、标高、支撑柱的尺寸不一样；第二个方面是设备与建筑体的结构之间，比如与机电设备配套的管道会妨碍梁柱；第三个方面是设备部分的各个方面，如管道线路和这些方面相互妨碍；第四个方面就是建筑体的设备设置与室内装修不相符，比如管道线路妨碍室内的吊顶。

BIM 技术在三维碰撞检查中的应用已经比较成熟，国内外都有相关软件可以实现，如 Navisworks 软件。这些软件都是应用 BIM 可视化技术，在建造之前就可以对项目的土建、管线、工艺设备等进行管线综合及碰撞检查，不但能够彻底消除硬碰撞、软碰撞，优化工程设计，减少在建筑施工阶段可能存在的错误损失和返工的可能性，而且优化净空和管线排布方案。

（六）设计变更

设计变更是指设计单位依据建设单位要求调整，或对原设计内容进行修改、完善、优化。在需要对现有的设计进行更改时，必须出具正式的更改通知函。设计交底会是由建设单位策划组织召开的，设计和施工的单位出席，在这样的会议中，施工或者建设单位提议，经过三方的认可后对施工图进行更改，这种行为也是设计变更，此更改行为所造成的图纸增减或者因变更所需要出具的说明均由建设单位或者设计单位来处理。

而引入 BIM 技术后，利用 BIM 技术的参数化功能可以直接修改原始模型，并可时实查看变更是否合理，减少变更后的再次变更，提高变更的质量。

施工企业在施工过程中，遇到一些原设计未预料到的具体情况，需要进行处理，因而发生设计变更。如工程的管道安装过程中遇到原设计未考虑到的设备和管道、在原设计标高处无安装位置等，需改变原设计管道的走向或标高，经设计单位和建设单位同意，办理设计变更或设计变更联络单。这类设计变更应注明工程项目、位置、变更的原因、做法、规格和数量，以及变更后的施工图，经设计方签字确认后即为设计变更。如果采用传统的变更方法，需要对统一节点的各个视图依次进行修改，而在 BIM 技术的支持下，只需在一个视图上的节点进行变更调整，其他视图的相应节点就自动修改，这样将大幅度地压缩图纸修改的时间，极大地提高效率。

当一个工程开始实施后，建设单位出于某些原因和考虑，会提出修改部分施工方法的要求，例如增加或者减少部分具体的施工内容；施工的企业也会出于对施工材料、施工条件等方面的考虑提出某些意见，比如施工材料需要替换成其他材料，再比如施工中的具体项目设计需要改变，也会因利用 BIM 技术而简洁、准确、实用、高效地完成项目的变更。

设计变更还直接影响工程造价。设计变更的时间和影响因素可能是无法掌控的，在施工过程中，设计如果一直在反复变更会使得工期变长、成本得到增加，对于变更进行不善的管理，更会导致新一轮的变更，工期和成本甚至无法掌控。BIM 的应用有望改变这一局面。美国斯坦福大学整合设施工程中心（CIFE）根据对 32 个项目的统计分析，发现了利用 BIM 技术后的不同效果，那就是这项技术可以在源头上让设计变更减少，使 40% 的预算以外的变更得以消除。第一，BIM 技术主要表现在它是可视化的三维模型，这种模型将各个系统的专业空间布局、系统管道线路走向都展现出来，让设计完全呈现出来，以三维的模型来审校整个工程体系，从而让设计错误、碰缺、漏洞等意外现象的发生减少，减缓设计变更的情况；第二，BIM 能增加设计协同能力，从而减少各专业间冲突，降低协调综合过程中的不合理方案或问题方案，使设计变更大大减少；第三，BIM 技术可以做到真正意义上的协同变更，可以避免变更后的再次变更。

### 三、施工方 BIM 项目管理与应用

施工方是项目的最终实现者，是竣工模型的创建者，施工企业的关注点是现场实施，关心 BIM 如何与项目结合，如何提高效率和降低成本，因此，施工方更希望 BIM 带来的是：

理解设计意图——可视化的设计图纸会审能帮助施工人员更快更好地解读工程信息，并尽早发现设计错误，及时进行设计联络。

低施工风险——利用模型进行直观的"预施工"，预知施工难点，更大程度地消除施工中的不确定性和不可预见性，保证施工技术措施的可行、安全、合理和优化。

把握施工细节——在设计方提供的模型基础上进行施工深化设计，解决设计信息中没有体现的细节问题和施工细部做法，更直观、更切合实际地对现场施工工人进行技术交底。

更多的工厂预制——为构件加工提供最详细的加工详图，减少现场作业、保证质量。

提供便捷的管理手段——利用模型进行施工过程荷载验算、进度物料控制、施工质量检查等。

施工方 BIM 技术具体应用内容详见第五章，本小节仅针对施工模型建立、施工质量管理、施工进度管理、施工成本管理、施工安全管理几个方面进行简要介绍。

### （一）施工模型建立

施工前的方案由专业人员制定，通过仔细勘察施工现场的布局与条件，对施工现场的各方面因素进行研究与安排，包括整体的规模规划、进出场地的位置安排、不同施工机器的位置布局，了解施工现场的危险区，从而让建筑机器和构建能安全高效地运行。一项工程的机械产品和施工机器决定了这项工程该如何实施，而施工现场的规模与

整体布局决定了如何选择施工机器。施工也需要临时的机械设施，如何布置安排临时设施，决定了施工现场的安全性、施工进程的高效性。

鉴于以上原因，施工前根据设计方提供的 BIM 设计模型，建立包括建筑构件、施工现场、施工机械、临时设施等在内的施工模型。基于该施工模型，可以完成以下内容：以建筑构件模型为参考，记录下施工构件的尺寸长短、体积大小、耗材类型以及构件的重量和型号，施工的具体设备和机械取决于这些构件的主要元素，通过主要构件确定施工的具体措施。以施工现场为参考，分析衡量施工现场潜在的威胁和可能会产生的错误，模拟施工现场进行的过程、出入现场的路线安排，制定出满足施工现场实际情形的施工方法。参考临时设施的模型，事先安排好施工需要的临时设施及其布置方式，估测临时设施的适用性和安全性，判断其对于施工现场的可行与否。这样一整套的BIM 设计模型一旦建立起来，可以大大提高施工效率和生产效率，减少施工现场可能会产生的错误，及时发现施工在设计和方案上的漏洞，可使施工现场更安全、更高效。

（二）施工质量管理

施工质量管理上，既要了解整体施工概况和总体质量，又要清楚每个细节项目的实际情况，这种要求可以靠 BIM 模型来满足，它可以呈现出施工总体情况，既包含整体又包含局部，都在模型上得以表达。这种用模型记录和呈现施工整体情况的方式，让施工的质量和现场情况一目了然，大大提升了施工质量的有效监管。基于 BIM 的施工质量管理可分为材料设备质量管理与施工过程质量管理两方面。

（1）材料设备质量管理。材料质量是工程质量的源头。施工单位用 BIM 进行管理可以将材料的全部管理信息录入，记录施工材料的来源产地、质检报告、合格证书和质量保证书，这些信息与构件进行相应的关联。同样，监管单位可以用 BIM 进行质量监控和对材料的审核，在 BIM 模型中标明材料的相应部位，让每个材料有根可循、能够被完整记录信息。

（2）施工过程质量管理。在施工过程中引入 BIM 模型，和现场的施工环境进行对比认证，记录相关的检查信息和检查内容，以备日后的再次检查，对于合格的质检和过关的数据，记录在内进行确认，生成施工的相关数据。BIM 模型技术让申请验收的人员方便申报，只需录入关键数据，系统里的平台再将申报信息传递给对应的责任人，及时确定签认审核表，这样一种模式让施工质量的管理更加标准、顺畅和明确。

（三）施工进度管理

通常将基于 BIM 的管理称为 4D 管理，增加的一维信息就是进度信息。从目前看，BIM 技术在工程进度管理上有三方面应用：

（1）可视化的工程进度安排。网络规划技术在国内工程建设中还未得到有效推广，网络计划技术是建设工程进程掌握的关键技术，究其原因或与平面展示不够形象直观有关联。BIM 就显示出独特的优势特点，该技术与网络计划技术结合，可依照月、周、天等时间坐标形象地展示整个工程进展计划。BIM 技术方便工程管理人员比较不同的施工方案，优中选优，选择符合各项要求的施工方案；同时也能杜绝计划进度和实际进度的偏差，方便工程管理人员及时对相应施工进度进行调整。

（2）对工程建设过程的模拟。经多序步骤搭接、多部门共同承担的工程建设过程，通过几个子规划交织组合构成。传统施工进度管理中，若干个子规划间的先后顺序、重要顺序等逻辑顺序均是由人工来决定，既耗时耗力，又难免出现人为因素导致的错误。但由 PC 端模拟施工进度过程的 BIM 技术，施工进度中存在的上述问题将会被大大避免，而管理人员更加精练，更容易提高团队管理效率，优化规划设计，进而保证施工进度的高效完成。

（3）对工程材料和设备供应过程的优化。如今，各类项目施工规划管理呈现日渐复杂化的趋势。主要表现在参与者增多、设备增多、材料增多、资金增多。一些材料供应商、设备供应商在施工单位中的地位并非不可替代。提升施工品质的关键在于如何在保证施工整体建设进度的前提下，节约成本，高效利用材料设备。BIM 施工建设思想正是运用技术手段解决以上问题，运用计算机和相应辅助软件计算资源要素使用效率，最终达到解决成本、提高效率的目的，保证施工项目按时完成。

（四）施工成本管理

BIM 比较成熟的应用领域是投资（成本）管理，也被称为 5D 技术。其实，在 CAD 平台上，我国的一些建设管理软件公司已对这一技术进行了深入的研发，而在 BIM 平台上，这一技术可以得到更大的发展，主要表现在：

（1）BIM 使工程量计算变得更加容易。基于 CAD 技术绘制的设计图纸，在用计算机自动统计和计算工程量时必须履行这样一个程序：由预算人员与计算机人机互动，来确定计算机存储的线条的属性，如为梁、板或柱，这种"三维算量技术"是半自动化的。而在 BIM 平台上，设计图纸的元素不再是单纯的几何线条，而是带有属性的构件。这就节省了预算人员与计算机人机互动的时间，实现了"三维算量技术"的全自动化。

（2）BIM 在施工项目结算进程中发挥加速所用。在一般类别的工程施工建设期间，数年后没有经费结算的例子屡见不鲜，进度款交接支付是一个充满未知的漫长过程，资金方不仅有拖延的动机更有拖延的理由。而施工完成后数年都没能结清建设费用的案例也层出不穷。假设业主方不存在堵截施工款的动机和行为，那么导致上述这些问题的另一个重要因素就是施工项目的增多和资金结算凭证的争议等。BIM 在以下几个方面有解决这几个问题的优势：一是有利于提高测绘图纸的精准度，为测算结算资金提供更有力的数据支撑；二是有利于提高合约效力，如果签约双方都在更加信赖的 BIM 上基于同等标准进行工程核算，资金结算凭证时的争议也会随之大幅减少。

（3）复合测算，高效管理。大数据在项目施工管理过程中发挥强有力的支撑作用，是工程管理的基础。时效性、准确性是施工数据的重要要求和核心竞争力，通过对消耗量、分项单价、分项合价等数据的三量（合同量、计划量、实际施工量）为比较标的建立通用数据库，将施工项目运营收益情况、施工成本情况、施工过程是否合乎标准等，对收益、成本和合规实现强效监控。

（五）施工安全管理

BIM 具有信息完备性和可视化的特点，BIM 在施工安全管理方面的应用主要体现在以下方面：

（1）将BIM技术引进到工程项目安全培训中，可以明显提升安全培训的效果。新入职的工人对自己的工作以及施工现场的环境都还不熟悉，受到伤害的概率比较高，这时候如果引入BIM技术，让他们通过BIM软件提前对自己的工作环境、建筑的结构以及施工的状况有一个直观的了解，非常利于他们尽快熟悉工作环境，知晓自己所要从事的工作，现场有哪些比较容易出现安全事故的位置和设备，从而树立起安全防范的意识，这种培训的效果要明显好于传统施工现场老工人慢慢传授经验，管理人员死板说教的效果，尤其在一些大型的比较复杂的建筑施工现场，这种直观的安全培训模式收到了明显的效果。还有，现代化的工程建设中，常有一些在建时危险性就比较高的项目，比如一些地下轨道交通隧道建设工程中，对机械设备的操作有着严格的规范，一旦操作方面出现失误，很可能就会造成安全责任事故。所以安全培训中BIM技术的使用更能显示出其重要性。通过这种技术可以提前让施工人员了解施工内容以及设备的操作方法，对各种容易出现危险的环节做到心中有数，这样才能保证工程安全、顺利地建成。

（2）BIM技术可以实现对施工现场的动态描述。这种描述是可视化的，可以做到非常的直观和生动，而且可以随着工程的推进，随时对工程动态进行变更，对项目的进展和工人施工的整个过程进行实时的反映，甚至包括什么样的机械安置在什么位置，施工的作业面是什么样的。BIM技术不仅可以"直播"项目的整个建设过程，而且还可以准确地评估施工环境是否安全，有多少空间可供利用等。

（3）仿真分析及健康监测。对于复杂工程，其中所存在的可能影响工程进度和施工质量的因素需要被及时发现并做出调整。BIM可以将项目建设过程中建筑结构系统的变化进行实时的分析反馈，根据反馈的情况，对施工的进度作出合理安排，从而保证建筑结构的变化始终处于安全的范围内。这种技术有一部分已经被掌握并投入运用，还有一部分正在抓紧研究中。仿真分析是一种新的应用于建筑行业的技术，这种技术能够对各类建筑的构件在不同的施工阶段中的性能以及形态的变化情况进行模拟。仿真分析过程中所使用的软件通常是大型的有限元软件。但这种技术目前还只限于在比较简单的建筑项目中使用，更完善的功能还需要进一步加以开发。利用这种技术实时监测工程的进展，尤其对于一些重要的工序和关键的构件进行严密监测，可以帮助管理和施工人员实时掌握构件的运行以及受力的状态。一个施工单位是否具备严格的工程监测方面的技术，能否实现施工管理的信息化，对工程质量和施工效率有着很大的影响。利用 BIM 进行仿真分析及健康监测的方法如下：首先，基于建立的 BIM 结构模型，提取其中的信息，与 Ansys 和 Midas 等有限元计算软件进行交流和传递，模拟出施工过程中的具体情形，比如将一些材料的力学性能、材料的荷载情况以及位移的变化、工程所需构件的装配过程等进行动态展示，在施工过程中总结和发现结构的内力以及变形的规律。其次，对结构施工时的安全性进行分析、评价，根据行业规范和具体情况，设定出相关的安全性指标以及数据，通过建立的模型对工程施工中各环节的安全性进行分析，制定出安全性能的相关指标。不断对预设的建筑模型进行修订和改进，将施工安全的相关指标融入其中，随时根据需要对施工方案及安全指标进行调整。

## 第三节　项目信息管理平台

### 一、项目信息管理平台概述

项目信息管理平台，其内容主要涉及施工过程中的 5 个方面：施工人员管理、施工机具管理、施工材料管理、施工环境管理、施工工法管理，即人、机、料、环、法。

（一）施工人员管理

在一个项目的实施阶段，需要大量的人员进行合理地配合，包括业主方、设计方、勘察测绘、总包方、各分包方、监理方、供货方人员，甚至还有对设计、施工的协调管理人员。这些人将形成一个庞大的群体，共同为项目服务。并且工程规模越大，此群体的数量就越庞大。要想使在建工程顺利完成，就需要将各个方面的人员进行合理安排，保证整个工程的井然有序。引入项目管理平台后，通过对施工阶

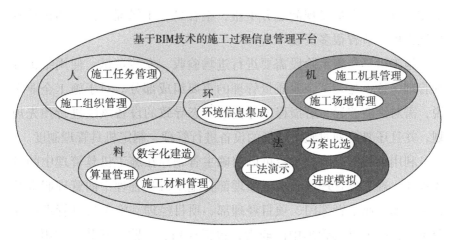

**图4-5 施工过程信息管理平台**

段各组成人员的信息、职责进行预先录入，在施工前就做好职责划分，能保证施工时施工现场的秩序和施工的效率，如图4-5所示。

施工人员管理包括施工组织管理（OBS）和工作任务管理（WBS），方法为将施工过程中的人员管理信息集成到BIM模型中，并通过模型的信息化集成来分配任务。基于BIM的施工人员管理内容及相互关系。随着BIM技术的引入，企业内部的团队分工必然发生根本改变，所以对配备BIM技术的企业，人员职责结构的研究需要日益明显，如图4-6所示。

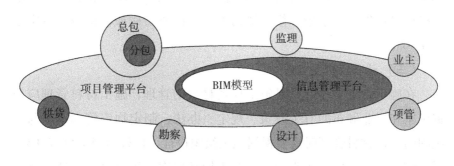

**图4-6 基于BIM的施工人员管理内容及相互关系**

（二）施工机具管理

施工机具是指在施工中为了满足施工需要而使用的各类机械、设备、工具，如塔吊、内爬塔、爬模、爬架、施工电梯、吊篮等。仅仅依靠劳务作业人员发现问题并上报，很容易发生错漏，而好的机具管理能为项目节省很多资金。

施工机具在施工阶段需要进行进场验收、安装调试、使用维护等的管理，这也是施工企业质量管理的重要组成部分。对于施工企业来说，需对性能差异、磨损程度等技术状态导致的设备风险进行预先规划，并且还要策划对施工现场的设备进行管理，制定机具管理制度。

利用项目信息管理平台可以明确主管领导在施工机具管理中的具体责任，规定各管理层及项目经理部在施工机具管理中的管理职责及方法。如企业主管部门、项目经理部、项目经理、施工机具管理员和分包等在施工机具管理中的职责，包括计划、采购、安装、使用、维护和验收的职责，确定相应的责任、权利和义务，保证施工机具管理工作符合施工现场的需要。

基于 BIM 的施工机具管理包括机具管理和场地管理。其中施工场地管理包括群塔防碰撞模拟、施工场地功能规划、脚手架设计等技术内容。

群塔防碰撞模拟：因施工需要塔机布置密集，相邻塔吊之间会出现交叉作业区，当相近的两台塔吊在同一区域施工时，有可能发生塔吊间的碰撞事故。利用 BIM 技术，通过 Time liner 将塔吊模型赋予时间轴信息，对四维模型进行碰撞检测，逼真地模拟塔吊操作，导出的碰撞检测报告可用于指导修改塔吊方案。群塔防碰撞模拟技术方案如图 4 - 7 所示。

（三）施工材料管理

在施工管理中还涉及对施工现场材料的管理。施工材料管理应根据国家和行业颁布的有关政策、规定、办法，制定物资管理制度与实施细则。在材料管理时还要根据施工组织设计，做好材料的供应计划，保证施工需要与生产正常运行；减少周转层次，简化供需手续，随时调整库存，提高流动资金的周转次数；填报材料、设备统计报表，贯彻执行材料消耗定额和储备定额。

根据施工预算，材料部门要编制单位工程材料计划，报材料负责人审批后，作为物料器材加工、采购、供应的依据。在施工材料管理

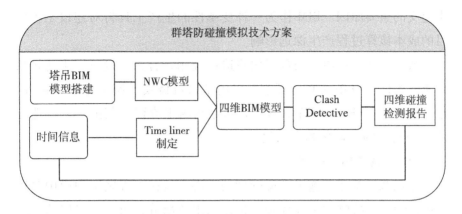

**图4-7 群塔防碰撞模拟技术方案**

的物资入库方面，保管员要同交货人办理交接手续，核对清点物资名称、数量。物资入库时，应先入待验区，未经检验合格不准进入货位，更不准投入使用。对验收中发现的问题，资料不齐全，数量、规格不符，质量不合格，包装不符合要求等，应及时报有关部门，按有关法律、法规及时处理。物资验收合格后，应及时办理入库手续，完成记账、建档工作，以便及时准确地反映库存物资的动态。在保管账上要列出金额，保管员要随时掌握储存金额状况。

基于BIM的施工材料管理包括物料跟踪、算量统计、数字化加工等，利用BIM模型自带的工程量统计功能实现算量统计，以及对RFID技术的探索来实现物料跟踪。

施工资料管理需要提前搜集整理所有有关项目施工过程中所产生的图纸、报表、文件等资料，对其进行研究，并结合BIM技术，经过总结，得出一套面向多维建筑结构施工信息模型的资料管理技术，应用于管理平台中。

物料跟踪：BIM模型可附带构件和设备更全面、详细的生产信息和技术信息，将其与物流管理系统结合可提升物料跟踪的管理水平和建筑结构行业的标准化、工厂化、数字化水平。

算量统计：建设项目的设计阶段对工程造价起到了决定性的作用，其中设计图纸的工程量计算对工程造价的影响占有很大比例。对建设项目而言，预算超支现象十分普遍，而缺乏可靠的成本数据是造成成本超支的重要原因。BIM 作为一种变革性的生产工具将对建设工程项目的成本核算过程产生深远影响。

数字化加工：BIM 与数字化建造系统相结合，直接应用于建筑结构所需构件和设备的制造环节，采用精密机械技术制造标准化构件，运送到施工现场进行装配，实现建筑结构施工流程（装配）和制造方法（预制）的工业化和自动化。

（四）施工环境管理

绿色施工是建筑施工环境管理的核心，是在工程施工中应用时作为可持续发展战略的主要体现，是作为组成部分在可持续发展的建筑工业中占十分重要的地位。节水、节电、节材、节能，保护环境的理念应在施工中全面贯彻。要想有计划、有组织地协调、控制、监督施工现场的环境问题，控制施工现场的水、电、能、材，都可利用信息管理平台，使正在施工的项目达到预期环境目标。

（五）施工工法管理

施工工法管理包括施工进度模拟、工法演示、方案比选，通过基于 BIM 技术的数值模拟技术和施工模拟技术，实现施工工法的标准化应用。施工工法管理，需要提前收集整理有关项目施工过程中所涉及的单位和人员，对其间关系进行系统地研究；提前收集整理有关施工过程中所需要展示的工艺、工法，并结合 BIM 技术，经过总结，得出一套面向多维建筑结构施工信息模型的工法管理技术，应用于管理平台。

施工进度模拟：将 BIM 模型与施工进度计划关联，实现动态的三维模式模拟整个施整个项目施工过程，对施工进度、资源和质量进行统一管理和控制。施工方案比选：基于 BIM 平台，应用数值模拟技术，对不同的施工过程方案进行仿真，通过对结果数值的比对，选出最优方案。基于 BIM 的施工进度模拟技术路线，如图 4-8 所示。

**二、项目信息管理平台框架**

项目信息管理平台应具备前台功能和后台功能。前台提供给大众浏览操作，显示编辑平台、各专业深化设计、施工模拟平台等，其核心目的是把后台存储的全部建筑信息、管理信息进行提取、分析与展

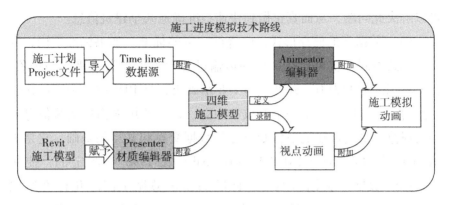

**图4-8　基于BIM的施工进度模拟技术路线**

示；后台则应具备建筑工程数据库管理功能、信息存储和信息分析功能，如BIM数据库、相关规则等，这样不仅保证了建筑信息的关键部分表达的准确性、合理性，有效提取建筑的关键信息，还能在工程分析时结合科研成果将总结的信息准确地应用，进而向用户对象提出合理的建议。除此之外，该平台还具有自学习功能，也就是通过用户输入的信息学习新的案例并且进行信息提取。

一般来讲，基于BIM的项目信息管理平台框架由数据层、图形层及专业层构成，这样一来就可以真正实现建筑信息的共享与转换，也能使各专业人员得到自己所需的建筑信息，规划、设计、施工、运营维护等专业工作也可以利用其图形编辑平台等工具进行操作。工作完成之后，当存储在数据库中的一方信息出现改动时，与该信息有关的相应专业的信息也会发生改变。

（一）数据层

BIM数据库为平台的最底层，用以存储建筑信息，从而可以被建筑行业的各个专业共享使用。该数据库的开发应注意以下三点：

（1）此数据库用以存储整个建筑在全生命周期中所产生的所有信息。每个专业都可以利用此数据库中的数据信息来完成自己的工作，从而做到真正的建筑信息共享。

（2）此数据库应能够储存多个项目的建筑信息模型。目前主流的信息储存是以文件为单位的储存方式，存在数据量大、文件存读取困难、难以共享等缺点；而利用数据库对多个项目的建筑信息模型存储，可以解决此问题，从而真正做到快速、准确地共享建筑信息。

（3）数据库的储存形式，应遵循一定的标准。如果标准不同，数据的形式不同，就可能在文件的传输过程中出现缺失或错误等现象。目前常用的标准为 IFC 标准，即工业基础类，是 BIM 技术中应用比较成熟的一个标准。它是一个开放、中立、标准的用来描述建筑信息模型的规范，是实现建筑中各专业之间数据交换和共享的基础。它是由 IAI（现为 Building SMART International）在 1995 年制定的，使用 EXPRESS 数据定义语言编写，标准的制定遵循了国际化标准组织（ISO）开发的产品模型数据交换标准，其正式代号为 ISO10303—21，如图 4 - 9 所示。

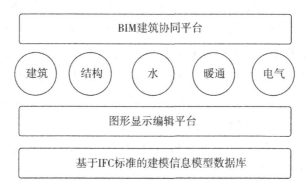

**图 4 - 9　基于 BIM 项目信息管理平台架构**

（二）专业层

各个专业的使用层在第 3 层，各个专业在完成建筑的规划、设计、施工、运营维护等工作的时候都可以利用其自身的软件。在这个平台中，各个专业可以直接从数据库中提取最新的信息，而不是像传统的工作模式那样，信息需要从其他专业人员手中获取，还要经过处理后才能被自己所用。此信息会根据其工作人员的所在专业，自动进行信息的筛选，这都是在从数据库中提取时进行的，能够供各专业人员直接使用。为了避免因信息的更新而造成错误，其相关数据会因原始数据发生改变而自动改变。

**三、平台的开发**

在确定了平台架构后，下一步即完成平台的开发。平台的开发涉及多学科的交叉应用，融合了 BIM 技术、计算机编程技术、数据库开发技术及射频识别（RFID）技术。平台开发过程如下：第一，根据工程项目数据实际，结合 BIM 建模标准开发 BIM 族库与相应工程数据库；第二，整合相关工程标准，并根据特定规则与数据库相关联；第三，基于数据库和建筑信息管理平台架构，开发二次数据接口，进行信息管理平台开发；第四，配合工程实例验证应用效果；第五，完成平台开发。

下面将从平台接口、文件类型转换及常用功能等角度简要介绍平台开发关键技术，最后给出项目信息管理平台示例图。

（一）平台接口

软件的开发利用 SQL Server 数据库，利用 Visual Studio 为此数据库开发功能接口，实现 IFC 文件的输入、输出和查询等功能，并支持多个项目、多个文件的储存。

（二）多种专业软件文件类型的转换

在前期已完成的 IFC 标准与 XML 格式、SAP 模型、ETABS 模型等其他软件模型转换的基础上进行更深入地基于 BIM 数据库的开发研究，在基于 IFC 标准的 BIM 数据库下完成对多种专业软件文件类型转换功能的开发。传统的转换工作是以文件为单位，利用内存来对文件格式进行转换，而平台上的转换工作是在基于 IFC 标准的 BIM 数据库上进行文件格式的转换，从而使文件格式的转换的信息量更大，速度更快捷。

（三）概预算等功能的开发

在数据库基础上对各专业软件的功能进行开发。首先，对工程概预算的功能进行初步的研究。在 IFC 标准中，包含有 IFCMATERIALRESOURCE、IFCGEOMETRYRESOURCE 等实体，用以描述建筑模型中的材料、形状等建筑信息，结合材料的价格，可以实现其建筑材料统计、价格概预算。其次，对概预算功能进行初步的开发，实现其概预算功能。

（四）项目信息管理平台示例图

本平台是应用于施工管理的项目级平台。其建立内容与使用功能是根据施工方的管理的特点和所提要求进行开发，其使用范围只针对本项目工程，但其包含的各个模块却是适用于所有的工程。

由于平台为项目级的管理平台，使得平台的建立成本降到最低，但又能最大限度地提供施工管理中存在问题的解决方案，能够真正的针对施工项目中的特定方面的管理进行服务，并且简单而专项的施工管理界面又极大地减少了使用者的上手时间。

本平台针对工程项目在施工进度方面也做了具体的功能设定，对于施工阶段重点关注的施工进度问题，可以以甘特图、Project 图标、Excel 表格、实体模型等多种形式直观地展示施工中的进度问题。

对于大型公共建筑，管线综合是常见的问题，平台对项目中的管线和设备的碰撞点也能进行相应的显示。

# 第五章

# BIM硬件与应用软件体系的构建

在 BIM 流程中，技术是一个重要角色。没有正确的软件功能和硬件设备，BIM 流程将会更烦琐，且比传统以二维为基础的工作流效率还低。本章具体介绍了 BIM 技术的工具与硬件构成、应用软件体系架构及市场流行的一些常用的 BIM 软件类型。

## 第一节　BIM 技术的工具与硬件构成

很多软件销售商都在开发 BIM 工具，宣称能为项目实施 BIM 提高效率和提供各种好处。虽然市面上有无数可用的工具，但在决定使用某些软件之前还应考虑几点。做决定时让外部团队和所有项目利益干系人参与进来，这有助于在早期就发现互操作和数据互导的问题。

### 一、BIM 技术的工具

在为组织级 BIM 的实施选择 BIM 工具时，需要考虑的重点如下：

（1）BIM 的使用目的——为正确的目的选择对的软件。

（2）覆盖生命周期——确定软件销售商，确定其有一系列产品，能涵盖大部分项目生命周期所需要的工具，这会对项目非常有利。

（3）技术支持——考虑到在实施 BIM 时会出现陡峭的学习曲线，拥有一个坚实的支持团队来快速解决技术问题将对实施大有裨益。

（4）项目实施计划。

（5）试点项目。

（6）资源——为一种特定的 BIM 软件雇用有经验的人员通常是很困难的。理想的情况是所选用的工具在业界有丰富的资源。多注意并寻找特定软件销售商提供的教学项目和培训计划。

（7）学习曲线——应用 BIM 需要员工学习使用新工具。如果所选用的软件有与传统工具类似的用户界面，将缩短学习曲线。

（8）互操作性——不提倡开发那种只能被某种特定软件打开的 BIM 模型，因为这与 BIM 的概念背道而驰，应寻找能够支持 Open BIM 的工具。

（9）文件尺寸管理——BIM 模型文件通常比二维图纸文件大。找到合适的工具管理大型文件是很重要的。

BIM 的软件和硬件在过去的几年有突飞猛进的发展。市面上的每一种软件都有其独特的优点和缺点，但没有任何一种单一的软件可以在项目全生命周期执行所有功能。

（一）BIM 建模工具

BIM 建模（Modeling/Authoring）工具能够开发出以建筑构件对象为基础的具有丰富信息的三维模型。这种工具被用于启动整个 BIM 的流程，它们有着杰出的能力把建筑元素归类成典型建筑构件，如墙、梁、管道等。

现在业内有很多技术领先的 BIM 建模工具是技术大咖公司开发的，如 Autodesk、Tekla、Microstation 等。

（二）BIM 分析工具

分析工具能够使用 BIM 模型来做分析，并生成可读的、可量化的结果。一些重要功能包括设计阶段进行建筑体量研究（如朝向和光照分析），设计开发阶段利用冲突检测来做设计协调，以及项目施工阶段进行进度模拟和造价。

分析工具应有能力通过使用统一文件扩展（如 Cobie 或 IFC 等）导入和导出不同软件开发的 BIM 模型。

（三）云端 BIM 工具

云端工具促进了更快和更紧密的合作，非常符合 BIM 使用概念。云端工具使用户可以在线存储 BIM 模型，项目团队可以在任何地点实时打开模型并进行分析。这些工具为项目团队提供了机会来调用分散于各地的专家资源。

**二、BIM 的硬件构成**

找到合适的硬件来流畅地开发和管理极耗内存的 BIM 模型是一件必需工作，这可以避免在应用过程中效率变低甚至失败。

组织层级的硬件更新最好按照技术更新计划分阶段来做。软件销售代理商的建议常常是使用中等配置的硬件而不让预算那么紧张。因此，理解硬件的升级潜力和组织的项目类别对在硬件方面做出正确决定是很重要的。

除了对处理器的要求，工作站可以被笼统地分为三类：

（1）用于专业生产业务的硬件（Production Hardware）。这可以说是功能最强大的硬件，专为作业团队准备。这些工作站用来为组织开发 BIM 模型、分析和实施 BIM 任务。它们应该可以流畅管理多个同时打开的 BIM 模型来使工作更有效率。

（2）审阅和汇报用硬件（Review & Presentation Hardware）。审阅和汇报 BIM 模型不需要全副武装的硬件。通常在审阅过程中使用的是轻量化的或是不可编辑的 BIM 模型，这种模型所带的信息较少，文件也比较小。这种工作站的配置可以比较低，仅提供给管理和设计团队。

（3）移动设备。所有主流 BIM 工具当前都支持触屏移动设备打开 BIM 模型并进行简单的操作。鉴于当前市场上的触屏移动设备价格低廉，建议为现场人员和市场团队配置，以在必要时可以展示 BIM 模型。

## 第二节　BIM 技术应用软件体系架构

### 一、BIM 应用软件框架

（一）BIM 应用软件的发展与形成

1. 发展的起点

BIM 软件的发展离不开计算机辅助建筑设计（Computer-Aided Architectural Design，CAAD）软件的发展。美国的埃勒贝建筑师联合事务所（Ellerbe Associates）在 1958 年时装置了一台 Bendix G-15 的电子计算机，并进行了第一次尝试将电子计算机运用于建筑设计的操作。伊凡·萨瑟兰（Ivan Sutherland）是美国麻省理工学院的博士研究生，他在 1963 年发表了他的博士学位论文《Sketchpad：一个人机通信的图形系统》，并在计算机的图形终端上实现了用光笔绘制、修改图形和图形的缩放。他的这项工作是计算机图形学方面的开创性工作，这点毋庸置疑，正是有了这项工作，使以后计算机辅助设计技术的发展有了良好的理论基础。

2. 20 世纪 60 年代

信息技术应用在建筑设计领域处于起步阶段就是在 20 世纪 60 年代。Souder 和 Clark 研制的 Coplanner 系统可用于估算医院的交通问题，进而改进医院的平面布局，该系统在当时被比较有名的 CAAD 系统首推。当时的 CAAD 系统应用的计算机为大型机，有着庞大的体积，图形显示的基础是刷新式显示器，采用的也是比较原始的绘图和数据库管理的软件，不仅功能有限，价格还十分的昂贵。应用者很少，整个建筑界仍然使用"趴图板"方式搞建筑设计。

3. 20 世纪 70 年代

计算机的性能价格比由于 DEC 公司的 PDP 系列 16 位计算机问世而大幅度提高，这大大推动了计算机辅助建筑设计的发展。ARK-2 是在美国出现的第一个商业化的 CAAD 系统，这个系统在 PDP15/20 计算机上运行，建筑方面的可行性研究、规划设计、平面图及施工图设计、技术指标及设计说明的编制等都可以在这个系统上进行。这个时候出现的 CAAD 系统大都是以专用型的系统，也有一些例如 COMPUTERVISION、CADAM 等，被用作计算机制图的、通用性的 CAD 系统。

这一时期的 CAAD 的图形技术的特点是以二维为主，建筑设计由传统的平面图、立面图、剖面图来表达，用图纸作为进行技术交流的媒介。

4. 20 世纪 80 年代

微型计算机的出现在 20 世纪 80 年代，对信息技术发展的影响最大，微型计算机的价格降到了人们可以接受的程度，这使建筑师们的设计工作从大型机转移到了微机上。也就是在这样的环境下出现了基于 16 位微机开发的一系列设计软件系统，应用于 16 位微机上的具有代表性的软件有 AutoCAD、MicroStation、ArchiCAD 等。

5. 20 世纪 90 年代

20 世纪 90 年代以来是计算机技术高速发展的年代，其特征技术包括高速而且功能强大的 CPU 芯片、高质量的光栅图形显示器、海量存储器、因特网、多媒体、面向对象等。随着计算机技术的快速发展，计算机技术在建筑业得到了空前的发展和广泛的应用，开始涌现出大量的建筑类软件。随着建筑业的发展趋势以及项目各参与方对工程项目新的更高的需求增加，BIM 技术应用已然成为建筑行业发展的趋势，各种 BIM 应用软件随即应运而生。

（二）BIM 应用软件的分类

BIM 应用软件是指基于 BIM 技术的应用软件，亦即支持 BIM 技术应用的软件。一般来讲，它应该具备以下 4 个特征，即面向对象、基于三维几何模型、包含其他信息和支持开放式标准。

伊士曼（Eastman）等将 BIM 应用软件按其功能分为三大类，即 BIM 环境软件、BIM 平台软件和 BIM 工具软件。在本书中，我们习惯将其分为 BIM 基础软件、BIM 工具软件和 BIM 平台软件。

（三）现行 BIM 应用软件分类框架

针对建筑全生命周期中 BIM 技术的应用，以软件公司提出的现行 BIM 应用软件分类框架。应用软件类别的名称，绝大多数是传统的非 BIM 应用软件已有的，例如，建筑设计软件、算量软件、钢筋翻样软件等。这些类别的应用软件与传统的非 BIM 应用软件所不同的是，它们均是基于 BIM 技术的。另外，有的应用软件类别的名称与传统的非 BIM 应用软件根本不同，包括 4D 进度管理软件、5D BIM 施工管理软件和 BIM 模型服务器软件。

其中，4D 进度管理软件是在三维几何模型上，附加施工时间信息（例如，某结构构件的施工时间为某时间段）形成 4D 模型，进行施工进度管理。这样可以直观地展示随着施工时间三维模型的变化，用于更直观地展示施工进程，从而更好地辅助施工进度管理。5D BIM 施工管理软件则是在 4D 模型的基础上，增加成本信息（例如，某结构构件的建造成本），进行更全面的施工管理。这样一来，施工管理者就可以方便地获得随着施工过程，项目对包括资金在内施工资源的动态

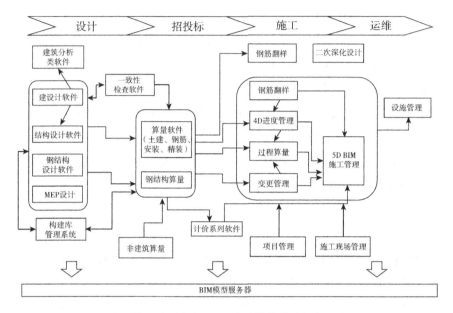

图 5-1 现行 BIM 应用软件分类框架

需求，从而可以更好地进行资金计划、分包管理等工作，以确保施工过程的顺利进行。BIM 模型服务器软件即是上述提到的 BIM 平台软件，用于进行 BIM 数据的管理，如图 5-1 所示。

**二、BIM 基础建模软件**

（一）BIM 基础软件介绍

BIM 基础软件主要是建筑建模工具软件，其主要目的是进行三维设计，所生成的模型是后续 BIM 应用的基础。

在传统二维设计中，建筑的平、立、剖图分别进行设计，往往存在不一致的情况。同时，其设计结果是 CAD 中的线条，计算机无法进行进一步的处理。

三维设计软件改变了这种情况，通过三维技术确保只存在一份模型，平、立、剖图都是三维模型的视图，解决了平、立、剖不一致问题。同时，其三维构件也可以通过三维数据交换标准被后续 BIM 应用软件所应用。

BIM 基础软件具有以下特征：

（1）基于三维图形技术。支持对三维实体创建和编辑的实现。

（2）支持常见建筑构件库。BIM 基础软件包含梁、墙、板、柱、楼梯等建筑构件，用户可以应用这些内置构件库进行快速建模。

（3）支持三维数据交换标准。BIM 基础软件建立的三维模型，可以通过 IFC 等标准输出，为其他 BIM 应用软件使用。

（二）BIM 模型创建软件

1. BIM 概念设计软件

BIM 概念设计软件用在设计初期，是在充分理解业主设计任务书和分析业主的具体要求及方案意图的基础上，将业主设计任务书里面基于数字的项目要求转化成基于几何形体的建筑方案，此方案用于业主和设计师之间的沟通和方案研究论证。论证后的成果可以转换到 BIM 核心建模软件里面进行设计深化，并继续验证所设计的方案能否满足业主的要求。目前主要的 BIM 概念软件有 Sketchup Pro 和 Affinity 等。

Sketchup 是诞生于 2000 年的 3D 设计软件，因其上手快速，操作简单而被誉为电子设计中的"铅笔"。2006 年被 Google 收购后推出了更为专业的版本 Sketchup Pro，它能够快速创建精确的 3D 建筑模型，为业主和设计师提供设计、施工验证和流线，角度分析，方便业主与设计师之间的交流协作。

Affinity 是一款注重建筑程序和原理图设计的 3D 设计软件，在设计初期通过 BIM 技术，将时间和空间相结合的设计理念融入建筑方案的每一个设计阶段中，结合精确的 2D 绘图和灵活的 3D 模型技术，创建出令业主满意的建筑方案。

其他的概念设计软件还有 Tekla Structure 和 5D 概念设计软件 Vico Office 等。

2. BIM 核心建模软件

BIM 核心建模软件的英文通常叫 BIM Authoring Software，是 BIM 应用的基础，也是在 BIM 的应用过程中碰到的第一类 BIM 软件，简称"BIM 建模软件"。

BIM 核心建模软件公司主要有 Autodesk、Bentley、GraphiSoft/Nemetschek AG 以及 Gery Technology 公司等。各自旗下的软件如下：

（1）Autodesk 公司的 Revit 是运用不同的代码库及文件结构区别于 AutoCAD 的独立软件平台。Revit 通过应用 BIM 技术，达到了对模型形状自由控制和利用参数进行设计并做到早期规划分析的目的。利用 BIM 的各个模块功能能够实现草图绘制的灵活掌握、立体化形状的迅速建立以及对所有形状进行交叉配合处理的目标。通过内部开发使用的工具来诠释一些构成复杂的形状概念，为项目的建成奠定模型基础。在项目设计不断进行中，软件系统可以针对形状最庞大的部分开展自动化计量性的框架搭建，从而使项目具有更高的可操作性和准确无误的操控性能。在一个相对透明的可操作环境中完成从概念模型的搭建，建立一直贯穿到项目整体的设计规划。并且该软件还包含了绿色建筑可扩展标记语言模式（Green Building XML，GBXML），为能耗模拟、荷载分析等提供了工程分析工具，并且与结构分析软件 ROBOT、RISA 等具有互用性，与此同时，Revit 还能利用其他概念设计软件、建模软件（如 SketchUp）等导出的 DXF 文件格式的模型或图纸输出为 BIM 模型。

（2）Bentley 公司的 Bentley Architecture 是集直觉式用户体验交互界面、概念及方案设计功能、灵活便捷的 2D/3D 工作流建模及制图工具、宽泛的数据组及标准组件库定制技术于一身的 BIM 建模软件，是 BIM 应用程序集成套件的一部分，能够结合建筑总体的施工规划进行设计解析、运营管理、工程动工各个环节的密切串联。在设计过程中，不但能让建筑师直接使用许多国际或地区性的工程业界的规范标准进行工作，更能通过简单的自定义或扩充，以满足实际工作中不同项目的需求，让建筑师能拥有进行项目设计、文件管理及展现设计所需的所有工具。目前在一些大型复杂的建筑项目、基础设施和工业项目中应用广泛。

（3）ArchiCAD 是 GraphiSoft 公司的产品，其基于全三维的模型设计，拥有强大的平、立、剖面施工图设计、参数计算等自动生成功能，以及便捷的方案演示和图形渲染，为建筑师提供了一个无与伦比的"所见即所得"的图形设计工具。它的工作流也和其他软件一样具有高度集中性，能够自动建立和解析虚拟建筑的各项数据信息。

ArehiCAD 的架构标准具有开放性，并符合 IFC 标准，能够连接不同软件并协调配合开展工作。采用 ArchiCAD 的项目实施计划能够综合使用虚拟建筑的各项数据，而且在施工的各个环节进行广泛利用。ArchiCAD 作为产品不断应用到市场中，并走向国际，在 BIM 建筑模型软件中处于核心地位，具有高度的市场影响性。

（4）Digital Project 是 Gery Technology 公司在 CATIA 基础上开发的一个面向工程建设行业的应用软件（二次开发软件），它能够设计任何几何造型的模型，且支持导入特制的复杂参数模型构件，如支持基于规则的设计复核的 Knowledge Expert 构件；根据所需功能要求优化参数设计的 Project Engineering Optimizer 构件；跟踪管理模型的 Project Manager 构件。另外，Digital Project 软件支持强大的应用程序接口；对于建立了本国建筑业建设工程项目编码体系的许多发达国家，如美国、加拿大等，可以将建设工程项目编码如美国所采用的 Uniformat 和 Masterformat 体系导入 Digital Project 软件，以方便工程预算。

（三）BIM 建模软件的选择

BIM 应用过程中伴随着多种不同的软件，但是 BIM 建模软件是最基本的起关键作用的软件。通常情况下采用项目型 BIM 以及企业型 BIM 都会首选建模软件，因为建模软件在 BIM 实施过程中发挥着信息资源和应用条件的重大影响性。需要声明的是，BIM 建模软件的选择会随着不同情况下的项目技术需求和实施环境以及专业服务程度的不同而有较大的差异。但是软件开发使用具有成本高、专业性高、客观影响大的特点，所以需要通过科学的方式和流程合理选择使用软件，确保能够适应项目以及企业的发展需求。对具体建模软件进行分析和评估，一般经过初选、测试及评价、审核批准及正式引用等阶段。

# 第三节　工程建设中应用 BIM 软件分析

## 一、招标投标阶段的 BIM 工具软件应用

（一）算量软件

招标投标阶段的 BIM 工具软件主要是各个专业的算量软件。基于

BIM 技术的算量软件是在中国最早得到规模化应用的 BIM 应用软件，也是最成熟的 BIM 应用软件之一。算量工作是招标投标阶段最重要的工作之一，对建筑工程建设的投资方及承包方均具有重大意义。在算量软件出现之前，预算员按照当地计价规则进行手工列项，并依据图纸进行工程量统计及计算，工作量很大。人们总结出分区域、分层、分段、分构件类型、分轴线号等多种统计方法，但工程量统计依然是效率低下，并且容易发生错误。

基于 BIM 技术的算量软件能够自动按照各地清单、定额规则，利用三维图形技术，进行工程量自动统计、扣减计算，并进行报表统计的阶段，大幅度提高了预算员的工作效率。

按照技术实现方式区分，基于 BIM 技术的算量软件分为两类：基于独立图形平台的和基于 BIM 基础软件进行二次开发的。这两类软件的操作习惯有较大的区别，但都具有以下特征：

（1）基于三维模型进行工程量计算。在算量软件发展的前期。曾经出现基于平面及高度的 2.5 维计算方式，目前已经逐步被三维技算方式替代。值得注意的是，为了快速建立三维模型，并且与之前的用户习惯保持一致，多数算量软件依然以平面为主要视图进行模型的构建，但使用三维的图形算法，这样可以处理复杂的三维构件的计算。

（2）支持按计算规则自动算量。其他的 BIM 应用软件，包括基于 BIM 技术的设计软件，往往也具备简单的汇总、统计功能，基于 BIM 技术的算量软件与其他 BIM 应用软件的主要区别在于是否可以自动处理工程量计算规则。计算规则即各地清单、定额规范中规定的工程量统计规则，比如小于一定规格的墙洞将不列入墙工程量统计，也包括墙、梁、柱等各种不同构件之间的重叠部分的工程量如何进行扣减及归类，全国各地、甚至各个企业均有可能采取不同的规则。计算规则的处理是算量工作中最为烦琐及复杂的内容，目前专业的算量软件一般都比较好地自动处理了计算规则，并且大多内置了各种计算规则库。同时，算量软件一般还提供工程量计算结果的计算表达式反查、与模型对应确认等专业功能，让用户复核计算规则的处理结果，这也是基础的 BIM 应用软件不能提供的。

（3）支持三维模型数据交换标准。算量软件以前只作为一个独立的应用，包含建立三维模型、进行工程量统计、输出报表的完整的应用。随着 BIM 技术的日益普及，算量软件导入上游的设计软件建立的三维模型、将所建立三维模型及工程量信息输出到施工阶段的应用软件，进行信息共享以减少重复工作，已经逐步成为人们对算量软件的一个基本要求。

以某软件为例，算量软件主要功能如下：

（1）设置工程基本信息及计算规则。计算规则设置分梁、墙、板、柱等建筑构件进行设置。算量软件都内置了全国各地的清单及定额规则库，用户一般情况下可以直接选择地区进行设置规则。

（2）建立三维模型。建立三维模型包括手工建模、CAD 识别建模、从 BIM 设计模型导入等多种模式。

（3）进行工程量统计及报表输出。目前多数的算量软件已经实现自动工程量统计，并且预设了报表模板，用户只需要按照模板输出报表。

目前国内招标投标阶段的 BIM 应用软件主要包括广联达、鲁班、神机妙算、清华斯维尔等公司的产品，见表 5-1。

表 5-1　国内招投标阶段的常用 BIM 应用软件

| 序号 | 名称 | 说明 | 软件产品 |
|---|---|---|---|
| 1 | 土建算量软件 | 统计工程项目的混凝土、模板、砌体、门窗的建筑及结构部分的工程量 | 广联达土建算量 GCL<br>鲁班土建算量 LubanAR<br>斯维尔三维算量 THS_ 3DA<br>神机妙算算量<br>筑业四维算量等 |
| 2 | 钢筋算量软件 | 由于钢筋算量的特殊性，钢筋算量一般单独统计。国内的钢筋算量软件普遍支持平法表达，能够快速建立钢筋模型 | 广联达钢筋算量 GGJ<br>鲁班钢筋算量 LubanST<br>斯维尔三维算量 THS3DA<br>筑业四维算量<br>神机妙算算量钢筋模块等 |

| 序号 | 名称 | 说明 | 软件产品 |
|---|---|---|---|
| 3 | 安装算量软件 | 统计工程项目的机电工程量 | 广联达安装算量 GQI<br>鲁班安装算量 LubanMEP<br>斯维尔安装算量 THS3DM<br>神机妙算算量安装版等 |
| 4 | 精装算量软件 | 统计工程项目室内装修，包括墙面、地面、天花等装饰的精细计量 | 广联达精装算量 GDQ<br>筑业四维算量等 |
| 5 | 钢构算量软件 | 统计钢结构部分的工程量 | 鲁班钢结构算量 YC<br>广联达钢结构算量<br>京蓝钢结构算量等 |

（二）造价软件

国内主流的造价类软件主要分为计价和算量两类软件，其中计价类的软件主要有广联达、鲁班、斯维尔、神机妙算和品茗等公司的产品，由于计价类软件需要遵循各地的定额规范，鲜有国外软件竞争。而国内算量软件大部分为基于自主开发平台，如广联达算量、斯维尔算量；有的基于 AutoCAD 平台，如鲁班算量、神机妙算算量。这些软件均基于三维技术，可以自动处理算量规则，但在与设计类软件及其他类软件的数据接口方面普遍处于起步阶段，大多数属于准 BIM 应用软件范畴。

**二、深化设计阶段的 BIM 工具软件应用**

深化设计需要在施工期间，以专业设计部门设计完成的施工图纸为参考依据，开展详尽化的设计活动。由于 BIM 技术在对虚拟空间进行描述表达时具有直观性，可以保障项目整体设计的细节的准确完美展现，基于 BIM 技术的深化设计软件得到越来越多的应用，也是 BIM 技术应用最成功的领域之一。基于 BIM 技术的深化，设计软件包括机电深化设计、钢构深化设计、模板脚手架深化设计、幕墙深化设计、碰撞检查等软件。

（一）机电深化设计软件

机电深化设计分为各个节点的具体图纸安装、支吊架的策划、建筑设施的基本构成图设计、预留孔图纸设计、预埋件的放置点和构成设计等内容，它是为了确保达到施工目标基于机电施工图开展的二次加工设计。国内外常用 Mechanical Electrical & Plumbing（MEP），即机械、电气、管道，作为机电专业的简称。

机电深化主要包括专业深化设计与建模、管线综合、多方案比较、设备机房深化设计、预留预埋设计、综合支吊架设计、设备参数复核计算等。

机电深化设计的难点在于复杂的空间关系，特别是地下室、机房及周边的管线密集区域的处理尤其困难。传统的二维设计在处理这些问题时严重依赖于工程师的空间想象能力和经验，经常由于设计不到位、管线发生碰撞而导致施工返工，造成人力物力的浪费、工程质量的降低及工期的拖延。

基于 BIM 技术的机电深化设计软件的主要特征包括以下方面：

（1）基于三维图形技术。很多机电深化设计软件，包括 AutoCAD MEP、MagiCAD 等，为了兼顾用户过去的使用习惯，同时具有二维及三维的建模能力，但内部完全应用三维图形技术。

（2）可以建立机电包括通风空调、给水排水、电气、消防等多个专业管线、通头、末端等构件。多数机电深化软件，如 AutoCAD MEP、MagiCAD 都内置支持参数化方式建立常见机电构件；Revit MEP 还提供了族库等功能，供用户扩展系统内置构件库，能够处理内置构件库不能满足的构件形式。

（3）设备库的维护。常见的机电设备种类繁多，具有庞大的数量，对机电设备进行选择，并确定其规格、型号、性能参数，是机电深化设计的重要内容之一。优秀的机电深化软件往往提供可扩展的机电设备库，并允许用户对机电设备库进行维护。

（4）支持三维数据交换标准。机电深化设计软件需要从建筑设计软件导入建筑模型以辅助建模；同时，还需要将深化设计结果导出到模型浏览、碰撞检查等其他 BIM 应用软件中。

（5）内置支持碰撞检查功能。建筑项目设计过程中，大部分冲突及碰撞发生在机电专业。越来越多的机电深化设计软件内置支持碰撞检查功能，将管线综合的碰撞检查、整改及优化的整个流程在同一个机电深化设计软件中实现，使得用户的工作流程更加流畅。

（6）绘制出图。国内目前的设计依据还是二维图纸，深化设计的结果必须表达为二维图纸，现场施工工人也习惯于参考图纸进行施工，因此，深化设计软件需要提供绘制二维图纸的功能。

（7）机电设计校验计算。机电深化设计过程中，往往需要合理调整建筑设施的具体位置、整个系统的线路、管道的位置和长度以及风管的安装位置，容易造成施工过程中的电气线路、管道管路、风管风量等阻力损耗变化。机电深化设计软件需要开发应用校对检验计算模块，对建筑设施的能力进行测量核算，确定是否满足需求，遇到不一致情况时，合理调节原有设计模型中的各项规格参数信息。比如，管道施工中管道长度与水泵的扬程相一致、空调安装工程中风机风量的计算选择、建筑电气中电缆截面积的选择等。

目前国内应用的基于 BIM 技术的机电深化设计软件主要包括国外的 MagiCAD、Revit MEP、AutoCAD MEP 以及国内的天正、鸿业、理正、PKPM。

这些软件均基于三维技术，其中 MagiCAD、Revit MEP、AutoCAD MEP 等软件支持 IFC 文件的导入、导出，支持模型与其他专业以及其他软件进行数据交换，而天正、理正、鸿业、PKPM 设备软件等软件在支持 IFC 数据标准和模型数据交换能力方面有待进一步加强。

（二）钢构深化设计软件

钢结构深化设计的目的主要体现在以下方面：

（1）材料优化。通过深化设计计算杆件的实际应力比，对原设计截面进行改进，以降低结构的整体用钢量。

（2）确保安全。通过深化设计对结构的整体安全性和重要节点的受力进行验算，确保所有的杆件和节点满足设计要求，确保结构使用安全。

（3）构造优化。通过深化设计对杆件和节点进行构造的施工优化，使杆件和节点在实际的加工制作和安装过程中变得更加合理，提高加工效率和加工安装精度。

（4）通过深化设计，对栓接接缝处连接板进行优化、归类、统一，减少品种、规格，使杆件和节点进行归类编号，形成流水加工，大大提高加工进度。

钢结构深化设计因为其突出的空间几何造型特性，平面设计软件很难满足要求，BIM 应用软件出现后，在钢结构深化设计领域得到快速的应用。

基于 BIM 技术的钢构深化设计软件的主要特征包括以下方面：

（1）基于三维图形技术。因为钢结构的构件具有显著的空间布置特点，钢构深化设计软件需要基于三维图形进行建模及计算。并且，与其他基于平面视图建模的基于 BIM 技术的设计软件不同，多数钢结构都基于空间进行建模。

（2）支持参数化建模，可以用参数化方式建立钢构的杆件、节点、螺栓。如杆件截面形态包括工字形、L 形、口字形等多种形状，用户只需要选择截面形态，并且设置截面长、宽等参数信息就可以确定构件的几何形状，而不需要处理杆件的每个零件。

（3）支持节点库。节点的设计是钢结构设计中比较烦琐的过程。优秀的钢构设计软件，如 Tekla，内置支持常见的节点连接方式，用户只需要选择需要连接的杆件，并设置节点连接的方式及参数，系统就可以自动建立节点板、螺栓，大量节省用户的建模时间。

（4）支持三维数据交换标准。钢构机电深化设计软件与建筑设计导入其他专业模型以辅助建模；同时，还需要将深化设计结果导出到模型浏览、碰撞检测等其他 BIM 应用软件中。

（5）绘制出图。国内目前设计依据还是二维图纸，钢结构深化设计的结果必须表达为二维图纸，现场施工工人也习惯于参考图纸进行施工。因此，深化设计软件需要提供绘制二维图纸功能。

目前常用钢结构深化设计软件多为国外软件，国内软件很少。

以 Tekla 为例，钢结构深化设计的主要步骤如下：

（1）确定结构整体定位轴线。建立结构的所有重要定位轴线，帮助后续的构件建模进行快速定位。同工程所有的深化设计必须使用同一个定位轴线。

（2）建立构件模型。每个构件在截面库中选取钢柱或钢梁截面，进行柱、梁等构件的建模。

（3）进行节点设计。钢梁及钢柱创建好后，在节点库中选择钢结构常用节点，采用软件参数化节点能快速、准确建立构件节点。当节点库中无该节点类型，而在该工程中又存在大量的该类型节点，可在软件中创建人工智能参数化节点，以达到设计要求。

（4）进行构件编号。软件可以自动根据预先给定的构件编号规则，按照构件的不同截面类型对各构件及节点进行整体编号命名及组合，相同构件及板件所命名称相同。

（5）出构件深化图纸。软件能根据所建的三维实体模型导出图纸，图纸与三维模型保持一致，当模型中构件有所变更时，图纸将自动进行调整，保证了图纸的正确性。

（三）幕墙深化设计软件

幕墙深化设计主要是对建筑的幕墙进行细化补充设计及优化设计，如幕墙收口部位的设计、预埋件的设计、材料用量优化、局部的不安全及不合理做法的优化等。幕墙设计非常烦琐，深化设计人员对基于 BIM 技术的设计软件呼声很高，市场需求较大。

（四）碰撞检查软件

碰撞检查，也叫多专业协同、模型检测，是一个多专业协同检查过程，将不同专业的模型集成在同一平台中并进行专业之间的碰撞检查及协调。碰撞检查主要发生在机电的各个专业之间，机电与结构的预留预埋、机电与幕墙、机电与钢筋之间的碰撞也是碰撞检查的重点及难点内容。在传统的碰撞检查中，用户将多个专业的平面图纸叠加，并绘制负责部位的剖面图，判断是否发生碰撞。这种方式效率低下，很难进行完整的检查，往往在设计中遗留大量的多专业碰撞及冲突，是造成工程施工过程中返工的主要因素之一。基于 BIM 技术的碰撞检查具有显著的空间能力，可以大幅度提升工作的效率，是 BIM 技术应用中的成功应用点之一。

基于 BIM 技术的碰撞检查软件具有以下主要特征：

（1）基于三维图形技术。碰撞检查软件基于三维图形技术，能够应对二维技术难以处理的空间维度冲突，这是显著提升碰撞检查效率的主要原因。

（2）支持三维模型的导入。碰撞检查软件自身并不建立模型，需要从其他三维设计软件，如 Revit、ArchiCAD、MagiCAD、Tekla、Bentley 等建模软件导入三维模型。因此，广泛支持三维数据交换格式是碰撞检查软件的关键能力。

（3）支持不同的碰撞检查规则，比如同文件的模型是否参加碰撞，参与碰撞的构件的类型等。碰撞检查规则可以帮助用户精细控制碰撞检查的范围。

（4）具有高效的模型浏览效率。碰撞检查软件集成了各个专业的模型，比单专业的设计软件需要支持的模型更多，对模型的显示效率及功能要求更高。

（5）具有与设计软件交互能力。碰撞检查的结果如何返回到设计软件中，帮助用户快速定位发生碰撞的问题并进行修改，是用户关注的焦点问题。目前碰撞检查软件与设计软件的互动分为两种方式：①通过软件之间的通信，在同一台计算机上的碰撞检查软件与设计软件进行直接通信，在设计软件中定位发生碰撞的构件；②通过碰撞结果文件。碰撞检测的结果导出为结果文件，在设计软件中可以加载该结果文件，定位发生碰撞的构件。目前常见碰撞检查软件包括 Autodesk 的 Navisworks、美国天宝公司的 Tekla BIMsight、芬兰的 Solibri 等。国内软件包括广联达公司的 BIM 审图软件及鲁班 BIM 解决方案中的碰撞检查模块等。目前多数的机电深化设计软件也包含了碰撞检查模块，比如 MagiCAD、Revit MEP 等。

碰撞检查软件除了判断实体之间的碰撞（也被称作"硬碰撞"），也有部分软件进行了模型是否符合规范、是否符合施工要求的检测（也被称为"软碰撞"），芬兰的 Solibri 软件在软碰撞方面功能丰富，Solibri 提供了缺陷检测、建筑与结构的一致性检测、部分建筑规范，如无障碍规范的检测等。目前，软碰撞检查还不如硬碰撞检查成熟，却是将来发展的重点。

（五）施工阶段的 BIM 工具软件应用

1. 施工阶段用于技术的 BIM 工具软件应用

施工阶段的 BIM 工具软件是新兴的领域，主要包括施工场地、模板及脚手架建模软件、钢筋翻样、变更计量、5D 管理等软件。

（1）施工场地布置软件。施工场地布置是施工组织设计的重要内容，在工程红线内，通过合理划分施工区域，减少各项施工的相互干扰，使得场地布置紧凑合理，运输更加方便，能够满足安全防火、防盗的要求。

基于 BIM 技术的施工场地布置是基于 BIM 技术提供内置的构件库进行管理，用户可以用这些构件进行快速建模，并且可以进行分析及用料统计。基于 BIM 技术的施工场地布置软件具有以下特征：①基于三维建模技术；②提供内置的、可扩展的构件库。基于 BIM 技术的施工场地布置软件提供施工现场的场地、道路、料场、施工机械等内置的构件库，用户可以和工程实体设计软件一样，使用这些构件库在场地上布置并设置参数，快速建立模型；③支持三维数据交换标准。场地布置可以通过三维数据交换导入拟建工程实体，也可以将场地布置模型导出到后续的 BIM 工具软件中。

目前国内已经发布的三维场地布置软件包括广联达三维场地布置软件、PKPM 场地布置软件等。

下面以一个三维场地布置软件为例，施工现场的布置软件主要操作流程如下：①导入二维场地布置图。本步骤为可选步骤，导入场地布置图可以快速精准地定位构件，大幅度提高工作效率；②利用内置构件库快速生成三维现场布置模型。内置的场地布置模型包括场地、道路、施工机械布置、临水临电布置；③进行合理性检查，包括塔吊冲突分析、违规提醒等；④输出临时设施工程量统计。通过软件可以快速统计施工场地中临时设施工程量，并输出。

（2）模板脚手架设计软件。模板脚手架的设计是施工项目重要的周转性施工措施。因为模板脚手架设计的细节繁多，一般施工单位难以进行精细设计。基于 BIM 技术的模板脚手架软件在三维图形技术基础上，进行模板脚手架高效设计及验算，提供准确用量统计，与传统方式相比，大幅度提高了工作效率。

基于 BIM 技术的模板脚手架软件具有以下特征：①基于三维建模技术；②支持三维数据交换标准。工程实体模型需要通过三维数据交换标准从其他设计软件导入；③支持模板、脚手架自动排布；④支持模板、脚手架的自动验算及自动材料统计。

目前常见的模板脚手架软件包括广联达模板脚手架软件、PKPM 模板脚手架软件、筑业脚手架、模板施工安全设施计算软件、恒智天成安全设施软件等。

（3）5D 施工管理软件。基于 BIM 技术的 5D 施工管理软件需要支持场地、施工措施、施工机械的建模及布置。主要具有如下特征：①支持施工流水段及工作面的划分。工程项目比较复杂。为了保证有效利用劳动力，施工现场往往划分为多个流水段或施工段，以确保有充足的施工工作面，使得施工劳动力能充分展开。支持流水段划分是基于 BIM 技术的 5D 施工管理软件的关键能力；②支持进度与模型的关联。基于 BIM 技术的 5D 施工管理软件需要将工程项目实体模型与施工计划进行关联，以及不同时间节点施工模型的布置情况；③可以进行施工模拟。基于 BIM 技术的 5D 施工管理软件可以对施工过程进行模拟，让用户在施工之前能够发现问题，并进行施工方案的优化。施工模拟包括：随着时间增长对实体工程的进展情况的模拟，对不同时间节点（工况）大型施工措施及场地的布置情况的模拟，不同时间段流水段及工作面的安排的模拟，以及对各个时间阶段，如每月、每周的施工内容、施工计划、资金、劳动力及物资需求的分析；④支持施工过程结果跟踪和记录，如施工进度、施工日报、质量、安全情况记录。目前基于 BIM 技术的 5D 施工管理主流软件主要包括：德国 RIB 公司的 iTWO 软件、美国 Vico 软件公司的 Vico 软件、英国 Sychro 软件、广联达 BIM 5D 软件等，详见表 5－2。

表 5 - 2　常用的基于 BIM 技术的 5D 施工管理软件表

| 序号 | 软件名称 | 说明 |
|------|---------|------|
| 1 | 广联达 BIM 5D 软件 | 具有流水段划分、浏览任意时间点施工工况，提供各个施工期间的施工模型、进度计划、资源消耗量等功能；支持建造过程模拟，包括资金及主要资源模拟；可以跟踪过程进度、质量、安全问题记录。支持 Revit 等软件 |
| 2 | RIB iTWO | 旨在建立 BIM 工具软件与管理软件 ERP 之间的桥梁，融基于 BIM 技术的算量、计价、施工过程成本管理为一体。支持 Revit 等建模工具 |
| 3 | Vico 办公室套装 | 具有流水段划分、流线图进度管理等特色功能；支持 Revit、ArchiCAD、MagiCAD、Tekla 等软件 |
| 4 | 易达 5D BIM 软件 | 可以按照进度浏览构件的基础属性、工程量等信息。支持 IFC 标准 |

以下为利用 5D 施工管理软件进行工程管理的一般流程：①设置工程基本信息，包括楼层标高、机电系统设置等；②导入所建立的三维工程实体模型；③将实体模型与进度计划进行关联；④软件机械的布置、大型设施的布置；⑤为现场施工输出每月、每周的施工计划、施工内容、所需的人工、材料、机械需求，指导每个阶段的施工准备工作；⑥记录实际施工进度记录、质量、安全问题；⑦在项目周例会上进行进度偏差分析，并确定调整措施；⑧持续执行直到项目结束。

（4）钢筋翻样软件。钢筋翻样软件是利用 BIM 技术，利用平法对钢筋进行精细布置及优化，帮助用户进行翻样的软件，能够显著提高翻样人员的工作效率，逐步得到推广应用。

基于 BIM 技术的钢筋翻样软件主要特征如下：①支持建立钢筋结构模型，或者通过三维数据交换标准导入结构模型。钢筋翻样是在结构模型的基础上进行钢筋的详细设计，结构模型可以从其他软件，包括结构设计软件，或者算量模型导入。部分钢筋翻样软件也可以从 CAD 图纸直接识别建模；②支持钢筋平法。钢筋平法已经在国内设计领域得到广泛的应用，能够大幅度地简化设计结果的表达。钢筋翻样软件支持钢筋平法，工程翻样人员可以高效地输入钢筋信息；③支持钢筋优化断料。钢筋翻样需要考虑如何合理利用钢筋原材料，减少钢筋的废料、余料，降低损耗。钢筋翻样软件通过设置模数、提供多套原材料长度自动优化方案，最终达到废料、余料最少，从而节省钢筋的目的；④支持料表输出。钢筋翻样工程普遍接受钢筋料表，作为钢筋加工的依据。钢筋翻样软件支持料单输出、生成钢筋需求计划等。

当前基于 BIM 技术钢筋翻样软件主要包括广联达施工翻样软件（GFY）、鲁班钢筋软件（下料版）等。也有用户通用平台 Revit、Tekla 土建模块等国外软件进行翻样。

基于 BlM 技术的变更计量软件包括以下特征：①支持三维模型数据交换标准。变更计量软件可以导入其他 BIM 应用软件模型，特别是基于 BIM 技术的算量软件建立的算量模型。理论上，BIM 模型可以使用不同的软件建立，但多数情况下由同一软件公司的算量软件建立；②支持变更工程量自动统计。变更工程量计算可以细化到单构件，由用户根据施工进展情况判断变更工程量如何进行统计，包括对已经施工部分、已经下料部分、未施工部分的变更分别进行处理；③支持变更清单汇总统计。变更计量软件需要支持按照清单的口径进行变更清单的汇总输出，也可以直接输出工程量到计价软件中进行处理，形成变更清单。

2. 施工阶段用于管理的 BIM 工具软件应用

（1）BIM 平台软件。BIM 平台软件是最近出现的一个概念，基于网络及数据库技术，将不同的 BIM 工具软件连接到一起，以满足用户对于协同工作的需求。从技术角度上讲，BIM 平台软件是一个将模型数据存储于统一的数据库中，并且为不同的应用软件提供访问接口，从而实现不同的软件协同工作。从某种意义上讲，BIM 平台软件是在后台进行服务的软件，与一般终端用户并不一定直接交互。

BIM 平台软件的特性包括：①支持工程项目模型文件管理，包括模型文件上传、下载、用户及权限管理；有的 BIM 平台软件支持将一个项目分成多个子项目，整个项目的每个专业或部分都属于其中的子项目，子项目包含相应的用户和授权；另一方面，BIM 平台软件可以将所有的子项目无缝集成到主项目中；②支持模型数据的签入签出及版本管理，不同专业模型数据在每次更新后，能立即合并到主项目中。软件能检测到模型数据的更新，并进行版本管理。"签出"功能可以跟踪哪个用户正在模型的哪个部分工作，如果此时其他用户上传了更新的数据，系统会自动发出警告。也就是说，软件支持协同工作；③支持模型文件的在线浏览功能。这个特性不是必需的，但多数模型服务器软件均会提供模型在线浏览功能；④支持模型数据的远程网络访问。BIM 工具软件可以通过数据接口来访问 BIM 平台软件中的数据，进行查询、修改、增加等操作。BIM 平台软件为数据的在线访问提供权限控制。

BIM 平台软件支持的文件格式包括：①内部私有格式，如各家厂商均支持通过内部私有格式，将文件存储到 BIM 平台软件，如 Autodesk 公司的 Revit 软件等存储到 BIM 360 以及 Vualt 软件中；②公开格式，包括 IFC、IFCXML、CityGML、Collada 等。常见的 BIM 平台软件包括 Autodesk BIM 360、Vuah、Buzzsaw；Bentley 公司的 ProjectWise；Grahpic Soft 公司的 BIM Server 等，这些软件一般用于本公司内部的软件之间的数据交互及协同工作。另外，一些开源组织也开发了开放的基于 IFC 标准进行数据交换的 BIM Server。

（2）BIM 应用软件的数据交换。BIM 技术应用涉及专业软件工具，不同软件工具之间的数据交换对于减少客户重复建模的工作量，对减少错误、提高效率有重大意义，也是 BIM 技术应用成功的最关键要求之一。

按照数据交换格式的公开与否，BIM 应用软件数据交换方式可以分为两种：①基于公开的国际标准的数据交换方式。这种方式适用于所有的支持公开标准的软件之间，包括不同专业、不同阶段的不同软件，适用性最广，也是最推荐的方式。当时，由于公开数据标准自身的完善程度、不同厂商对于标准的支持力度不同，基于国际标准的数据交换往往取决于采用的标准及厂商的支持程度，支持及响应时间往往比较长。公有的 BIM 数据交换格式包括 IFC、COBIE 等多种格式。②基于私有文件格式的数据交换方式。这种方式只能支持同一公司内部 BIM 应用软件之间的数据交换。在目前 BIM 应用软件专业性强、无法做到一家软件公司提供完整解决方案的情况下，基于私有文件格式的数据交换往往只能在个别软件之间进行。私有文件格式的数据交换式是公有文件格式数据交换的补充，发生在公有文件格式不能满足要求而又需要快速推进业务的情况下。私有公司的文件格式例子包括 Autodesk 公司的 DWG、NWC，广联达公司的 GFC、IGMS 等。

常见的公有 BIM 数据交换格式包括：①IFC（Industry Foundation Classes）标准是 IAI（International Alliance of Interoperability，国际协作联盟）组织制定的面向建筑工程领域，公开和开放的数据交换标准。可以很好地用于异质系统交换和共享数据。IFC 标准也是当前建筑业公认的国际标准，在全球得到了广泛应用和支持。目前，多数 BIM 应用软件支持 IFC 格式。IFC 标准的变种包括 IFCXML 等格式。②COBIE（Construction Operations Building Information Exchange）是一个施工交付到运维的文件格式。在 2011 年 12 月，成为美国建筑科学院的标准（NBIMS—US）。COBIE 格式包括设备列表、软件数据列表、软件保证单、维修计划等在内的资产运营和维护所需的关键信息，它采用几种具体文件格式，包括 Excel、IFC、IF-CXML 作为具体承载数据的标准。在 2013 年，Building SMART 组织也发布了一个轻量级的 XML 格式来支持 COBIE，即 COBieLite 标准。

（3）BIM 应用软件与管理系统的集成。BIM 应用软件为项目管理系统提供有效的数据支撑，解决了项目管理系统数据来源不准确、不及时的问题。BIM 技术应用于项目管理系统框架，框架分基础层、服务层、应用层和表现层。应用层包括进度管理、合同管理、成本管理、图纸管理、变更管理等应用。

1）基于 BIM 技术的进度管理。传统的项目计划管理一般是计划人员编制工序及计划后，生产部门根据计划执行，而其他各部门（技术、商务、工程、物资、质量、安全等）则根据计划自行展开相关配套工作。各工作相对孤立，步调不一致，前后关系不直观，信息传递效率极低，协调工作量大。基于 BIM 技术的进度管理软件，为进度管理提供人、材、机消耗量的估算，为物料准备以及劳动力估算提供了充足的依据；同时可以提前查看各任务项所对应的模型，便于项目人员准确、形象地了解施工内容，便于施工交底。另外，利用 BIM 技术应用的配套工作与工序级计划任务的关联，可以实现项目各个部门各项进度相关配套工作的全面推进，提高进度执行的效率，加大进度执行的力度，及时发现并提醒滞后环节，及时制定对应的措施，实时调整；

2）基于 BIM 技术的图纸管理。传统的项目图纸管理采用简单的管理模式，由技术人员对项目进行定期的图纸交底。当前大型项目建筑设计日趋复杂，而设计工期紧、业主方因进度要求，客观上采用了边施工边变更的方式。当传统的项目图纸管理模式遇到了海量变更时，立即暴露出低效率、高出错率的弊病。

BIM 应用软件图纸管理实现对多专业海量图纸的清晰管理，实现了相关人员任意时间均可获得所需的全部图纸信息的目标。基于 BIM 技术的图纸管理具有如下特点：

①图纸信息与模型信息一一对应。这表现在任意一次图纸修改都对应模型修改，任意一种模型状态都能找到定义该状态的全部图纸信息；②软件内的图纸信息更新是最及时的。根据工作流程，施工单位收到设计图纸后，由模型维护组成员先录入图纸信息，并完成对模型的修改调整，再推送至其他部门，包括现场施工部门及分包队伍，用于指导施工，避免出现用错图、旧版图施工的情况；③系统中记录的全部图纸的更新替代关系明确。不同于简单的图纸版本替换，全部的图纸发放时间、录入时间都是记录在系统内的，必要时可供调用（如办理签证索赔等）；④图纸管理是面向全专业的。往往各专业图纸分布在不同的职能部门（技术部、机电部、钢构部），查阅图纸十分不便。该软件要求各专业都按统一的要求去录入图纸，并修改模型。在模型中可直观地显示各专业设计信息。

另外，传统的深化图纸报审依靠深化人员根据总进度计划，编制深化图纸报审计划。报审流程包括：专业分包深化设计—总包单位审核—设计单位审核—业主单位审核。深化图纸过多、审核流程长的特点易造成审批过程中积压、遗漏，最终影响现场施工进度。

BIM 应用软件中的深化图报审追踪功能实现了对深化图报审的实

时追踪。一份报审的深化图录入软件后，系统即开始对其进行追踪，确定其当期所在审批单位。当审批单位逾期未完成审批时，系统即对管理人员推送提醒。另外，深化图报审计划与软件的进度计划管理模块联动，根据总体进度计划的调整而调整，当系统统计发现深化图报审及审批速度严重滞后于现场工程进度需求时，会向管理人员报警，提醒管理人员采取措施，避免现场施工进度受此影响。

3）基于 BIM 技术的变更管理。传统情况下，当设计变更发生时，设计变更指令分别下发到各部门，各部门根据各自职责分工孤立展开相关工作，对变更内容的理解容易产生偏差，对内容的阅读会产生疏漏，影响现场施工、商务索赔等工作。而且各部门的工作主要通过会议进行协调和沟通，信息传递的效率较低。利用 BIM 技术软件，将变更录入模型，首先直观地形成变更前后的模型对比，并快速生成工程量变化信息。通过模型，变更内容准确快速地传达至各个领导和部门，实现了变更内容的快速传递，避免了内容理解的偏差。根据模型中的变更提醒，现场生产部门、技术部、商务部等各部迅速展开方案编制、材料申请、商务索赔等一系列的工作，并且通过系统实现实时的信息共享，极大地提高变更相关工作的实施效率和信息传递的效率。

4）基于 BIM 技术的合同管理。以往合同查询复杂，需从头逐条查询，防止疏漏，要求每位工作人员都熟读合同。合同查询的困难也导致非商务类工作人员在工作中干脆不使用合同，甚至违反合同条款，导致总承包方的利益受损。现在基于 BIM 技术的合同号管理，通过将合同条款、招标文件、回标答疑及澄清、工料规范、图纸设计说明等相关内容进行拆分、归集，便于从线到面全面查询及风险管控（便于施工部门、技术部门、商务部门、安全部门、质量部门、管理部门清晰掌握合同约定范围、约定标准、工作界面及责任划分等）。

## 第四节　其他常用 BIM 软件的类型

随着 BIM 应用在国内的迅速发展，BIM 相关软件也得到了较快的发展，表 5 - 3 介绍了当前其他一些 BIM 软件的情况。

表 5－3　其他常用 BIM 软件

| 勘察设计 BIM 应用内容 | 勘察设计 BIM 应用价值分析 |
| --- | --- |
| 设计方案论证 | 设计方案比选与优化，提出性能、品质最优的方案 |
| 设计建模 | 三维模型展示与漫游体验，很直观。建筑、结构、机电各专业协同建模参数化；建模技术实现一处修改，相关联内容智能变更，避免错、漏、碰、缺发生 |
| 能耗分析 | 通过 IFC 或 gbXML 格式输出能耗分析模型<br>对建筑能耗进行计算、评估，进而开展能耗性能优化；能耗分析结果存储在 BIM 模型或信息管理平台中，便于后续应用 |
| 结构分析 | 通过 IFC 或 Structure Model Center 数据计算模型开展抗震、抗风、抗火等结构性能设计；结构计算结果存储在 BIM 模型或信息管理平台中，便于后续使用 |
| 光照分析 | 建筑、小区日照性能分析室内光源、采光、景观可视度；分析光照计算结果存储在 BIM 模型或信息管理平台中，便于后续使用 |
| 设备分析 | 管道、通风、负荷等电机设计中的计算分析模型输出冷、热负荷；计算分析舒适度、模拟气流组织、模拟设备分析结果存储在 BIM 模型或信息管理平台中，便于后续使用 |
| 绿色评估 | 通过 IFC 或 gbXML 格式输出绿色评估模型<br>建筑绿色性能分析，其中包括：规则设计方案分析与优化；节能设计与数据分析；建筑遮阳与太阳能利用；建筑采光与照明分析；建筑室内自然通风分析；建筑室外绿化环境分析；建筑声环境分析；建筑小区雨水采集和利用<br>绿色分析，结果存储在 BIM 模型或信息管理平台中，便于后续使用 |

续表

| 勘察设计 BIM 应用内容 | 勘察设计 BIM 应用价值分析 |
|---|---|
| 工程量统计 | BIM 模型输出土建、设备统计报表<br>输出工程量统计，与概预算专业软件集成计算<br>概预算分析结果存储在 BIM 模型或信息管理平台中，便于后续使用 |
| 其他性能分析 | 建筑表面参数化设计<br>建筑曲面幕墙参数化分析、优化与统计 |
| 管线综合 | 各专业模型碰撞检测，提前发现错、漏、碰、缺等问题，减少施工中的返工和浪费 |
| 规范验证 | BIM 模型与规范、经验相结合，实现智能化的设计，减少错误，提高设计便利性和效率 |
| 设计文件编辑 | 从 BIM 模型中出版二维图纸、计算书、统计表单，特别是详图和表达，可以提高施工图的出图效率，并能有效减少二维施工图中的错误 |

一开始应先为办公室开发一套涉及 CAD 图层和打图规则的标准。BIM 标准要比图层结构复杂且全面得多。这些标准要覆盖开发和管理项目信息的每个角落。

在单一的项目中，会涉及多方/多项目利益干系人，利用 BIM 标准可以减少信息流失，使信息交换更加流畅。很重要的一点是，应当根据利益干系人的要求或当地法律法规，使所有项目利益干系人都使用同一套 BIM 标准。信息（包括 2D 和 3D）的种类和数量标准化将能更好地管理模型大小，使模型随时随地可用。

在网上可以找到好几种 BIM 标准和指南文件。整个团队应当使用同一套特定的、相关的标准，或者根据项目要求开发一套。

为项目而开发一套特定 BIM 标准，要考虑清楚模型的最终用途目标，这样做是为了避免建模工作半途而废和事后大量的模型清理工作。为一个 BIM 模型的所有方面做涵盖项目生命周期的标准化是很复杂的。全项目团队都应参与这项工作，并帮助定义其工作范围内的标准。

根据 BIM 目标来编纂 BIM 标准是一种理想情况。一个典型的项目生命周期会用到如下关键 BIM 标准：

（1）BIM 设计标准。

（2）协作标准。

（3）算量标准。

（4）施工计划标准。

（5）施工文档标准。

（6）FM 管理标准。

## 第一节　BIM 项目标准分析

### 一、建模标准

在为项目的设计阶段开发 BIM 标准的同时，理解正在开发的模型的最终目的是很重要的。

BIM 建模标准在此阶段需要考虑如下方面。

（一）BIM 建模软件

作为定义建模标准的第一步，理解 BIM 的用途和确定恰当的软件是至关重要的。理想情况是各类别的模型都用同一系列同一版本的软件开发，以便于协作。然而，当如上所述无法实现时，应保证 BIM 建模工具的交互操作功能可以实现所有建模工具之间的数据转换，这也将为接下来的 BIM 工作带来便利，如模型协调、算量等。

（二）BIM 模型细节等级矩阵（LOD Matrix）

在此阶段第一件需要标准化的事便是模型的开发细节等级。LOD 矩阵应清楚地记录 BIM 模型中所有构件所需要包含的 3D 和 2D 信息范围。需要包含的参数和信息应当用 LOD 矩阵组织好。

（三）文件分解结构

虽然概念上的 BIM 是一个统一的三维环境，但通常不会把整个项目建成一个单一的文件。为了能够更好地管理文件，也为了能够更好地做小范围的协同调整，一个良好的文件分解结构是必需的。所以，通常把每个类别或行业的模型建成一个单独的文件。然后，根据项目的范围，模型可以进一步分解为中等模块组合模型（Parcel），如核心筒模型、地下室模型等。

（四）文件和构件命名

当项目涉及多行业多模型时，命名规则是非常重要的。定义恰当的前缀来代表项目和恰当的后缀来代表行业是一个不错的方法。例如：项目—代码—中等模块组合—名字—专业代码。

（五）项目专有标准

在所有专业中把一些特定的事项进行标准化是很关键的。这些事项包括：

（1）项目名称和代码。

（2）地点和坐标系统。

（3）测量和单位系统。

（4）项目统一标高和轴网。

## 二、协作标准

使用 BIM 工作流协同各方，需要团队在早期就遵守一系列既定标准。

假定模型是使用合适的 BIM 建模标准开发的（如前所述），那么使用针对 BIM 协作的标准将使该流程变得快速、有效。

### （一）协作软件

BIM 协作所要求的软件功能与建模所需的非常不同。所选软件应该有能力与建模工具无缝交流，如果有一个链接来进行实时更新的话就很理想了。第一步要做的是确定合适的协作软件来把各行业模型集成到一个三维 BIM 模型中，并发现和记录各种项目中的设计问题。

### （二）模型转换标准

BIM 设计协作是一个不断循环的迭代过程，需要反复进行协同检查。定义和记录转换协同 BIM 模型的过程和格式将有助于避免每次迭代时产生混淆。

### （三）文件共享标准

向所有项目利益干系人公开分享信息是成功实施 BIM 项目的关键步骤。一个提高合作效率的办法是组织一个分配了合理权限的云端文件夹结构（如 FTP 等），为所有团队成员在项目期间共享模型。同时，模型共享频率应保持良好的记录，保证所有团队成员同时使用统一且正确的模型版本。

### （四）满足进度要求

BIM 协作是一项真实的合作，需要团队成员们面对面或在网上"聚在一起"来开展协作。通常项目协作会议可以每两星期举行一次，保证能够在早期发现重大问题。如果能够提前一天把模型开放给与会者，则可以帮助团队准备所需的文件。

（五）问题事项优先级/碰撞检测

每个项目在早期协调工作中都会发现一些问题（碰撞冲突），这些问题可能逐渐变得严重而难以管理。一个记录问题优先级的碰撞检测矩阵，能够有效地把该项工作分解成几个工作流程，并避免冲突越来越多而产生涟漪扩散效应。常见的处理方法是识别那些尺寸比较大的和灵活性比较低的建筑构件之间的冲突相关性的问题事项，如结构构件与重力管道进行碰撞冲突等。

（六）问题事项的记录文档和后续跟进

在不同的会议上记录下发现的各种问题是很重要的工作。这将帮助团队理解已有的进度和监控每个单独问题事项的状态（问题已解决、待解决等），也帮助各方面负责人员来相应的定义后续工作。

## 三、算量

对业主来说，在项目早期就有每个设计阶段对应的准确工程量来进行项目预算是一个巨大的优势。

（一）算量阶段

把 BIM 模型集成到算量工作中，可以分为以下两个阶段：

（1）概念设计算量。概念设计阶段的算量是一个对 BIM 模型中包含的部件在数量、长度、面积、体积等方面的简单计算。大多数 BIM 建模软件工具自带算量功能来帮助准确计量模型中的三维部件。

然而，要成功地使用 BIM 模型算量，模型需要按照特定的建模规则来开发。在该阶段模型文件内部有设定的算量模板的话将能够保证该工作的效率。

（2）设计算量。当设计进入设计深化和招标阶段时，造价所需的信息细节同样增加了。本阶段的算量需要更详细，并用特定的格式记录下来。

（二）细度等级矩阵（LOD 矩阵）

算量模型除了结构符合特定标准，还需要携带算量专有的信息来保证无缝的信息流通。在开始建模前，达到构件级的信息需求应在 LOD 矩阵中进行标准化。

（三）算量软件

常用的 BIM 建模软件无法完成项目所需的详细算量工作。对于算量软件来说，除了能够从建模软件中导入三维模型，还需要有特定的功能来帮助准确地量化三维模型和以造价所需的格式来组织信息。

（四）信息共享标准

从模型到工程量清单的准确信息共享定义了造价的准确程度。信息共享标准应基于当地特定的工程量计算规则制定。拥有 BIM 模型和算量工具的双向集成，将保证工程量准确并根据 BIM 模型更新，反之亦然。

（五）工程量清单（Bill of Quantity，BOQ）模板

造价界标准方法涉及把工程量针对造价所需信息按照一个特定的格式记录下来。传统的工程量清单模板是手动更新的。然而，将工程量清单模板在早期就标准化非常重要，这样可以帮助设计团队按照既定目标工作。

**四、施工计划**

通过集成 BIM 模型于项目进度计划中来把施工任务排序有许多好处。然而要能成功地开展施工进度计划工作、发现和解决制订进度计划时的所有问题，需要大量的耐心。

假定模型需要开发到能够算量的程度（如前所述），使该集成过程能够更顺利，那么有助于这项工作标准化的关键问题如下。

（一）施工模拟软件

要能够模拟建筑构件级的施工进度，所用软件应该有特定的基本功能。除了要有针对建模工具的交互操作性来准备集成的 BIM 模型外，该软件还应有能力无缝地集成模型构件和传统项目进度计划，如微软 Project 等软件。

选择合适的软件和在流程一开始就把模型转换步骤标准化是很重要的。

（二）项目进度数据包

根据现场工作开发初步项目计划的一个标准步骤应该保证其与BIM 建模的层级分解结构一致。这将保证模拟软件能自动辨识模型的建筑构件对象，并获取来自项目进度数据包的时间参数。然而，如果在建模阶段无法取得该信息，那么在后来的 BIM 模型中应重新组织，

从而满足项目进度数据包的要求。

该工作所需的一些其他重要标准与协作流程类似，有如下内容：

（1）BIM 建模标准。

（2）文件共享标准。

（3）进度计划协调会。

（4）问题事项（Issue）优先级/碰撞检查矩阵。

（5）问题事项的文档记录和跟进流程。

## 五、施工文档

在 BIM 流程中，施工文档（Documentation）涉及使用模型开发二维图纸，所以所有 BIM 工具都应有生成类似传统图纸的功能。

### （一）二维图档

与传统工作流程类似，一个典型的项目在各阶段都需要许多二维图纸，一些关键图纸类型如下。

（1）设计图。

（2）招标图（Tender Drawings）。

（3）协调过的机电图（Coordinated Service Drawings）。

（4）预制加工图（Fabrication Drawings）。

### （二）施工文档标准

然而，为了维护一致性，各行业都应标准化以下事项：

（1）序号。

（2）线类型。

（3）命名。

（4）尺寸标准设置。

（5）比例尺。

（6）箭头类型。

（7）图纸大小。

（8）填充样式。

（9）图纸列表。

（10）图例说明。

（11）标准细节。

（12）房间空间命名规则。

（13）计量体系。

（14）剖面线和符号。

（15）细度等级。

（16）立面图标记。

（17）针对所有比例车的线宽和线色标准。

（18）图签栏。

（19）线色标准。

（20）打图标准。

## 六、模板

在模板文件中就包含有某些 BIM 标准的做法可使工作流程更加有效率，并有助于一个组织的多个项目的信息的一致性。项目全生命周期的各项 BIM 相关工序都可通过使用适当的模板文件而获益。

（一）BIM 建模模板

参照如下标准对各专业提前建立项目模板文件有助于保持项目团队所期望达到的信息一致性目标。下面列出需包含进建模模板的一些关键问题：

（1）项目信息。

（2）项目所在地点及指北针。

（3）单位及计量体系。

（4）模型构件对象库及其命名。

（5）空间命名规范。

（6）符号及标注样式。

（7）线宽、填充及其他样式。

（8）概念设计阶段工程量清单相关表格。

（二）管综协调模板

使用 BIM 进行多专业协调，要求把项目中各专业模型整合到一个三维环境中。在多专业协调工作过程中，该模板应考虑的因素如下：

（1）不同专业所使用的颜色。

（2）碰撞检查矩阵模板。

（3）碰撞问题报告模板。

（三）工程量清单模板

BIM 模型的模板文件通常包含概念设计阶段工程量清单相关表格。而对详细的工程量提取工作来说，将标准的 BOQ 表单样式包含进所选定的算量软件模板文件是十分重要的。

（四）施工模拟模板

施工模拟模板要求项目初始工期计划的制订达到一定的详细程度，从而能有效地将时间参数与 BIM 模型元素相映射。标准化的进度模板对这个工作过程是必需的。

# 第二节　BIM 项目决策分析

## 一、项目 BIM 实施目标的制定

BIM 实施目标即在建设项目中将要实施的主要价值和相应的 BIM 应用（任务）。这些 BIM 目标是为了推动规划、设计、施工和运营这些建设项目而制定的具体的、可衡量的目标。以某一项目 BIM 实施目标为例，如图 6-1 所示。

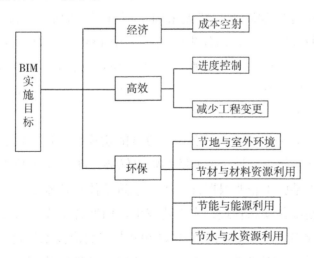

**图 6-1　某项目 BIM 实施目标图**

BIM 目标包括以下两类：

第一类目标是针对项目制定的。为了能缩短工期和提高现场生产效率，以及为了提升工厂制造的质量和为项目运营获取重要信息等制定的目标称为项目目标。项目目标又可细分为以下两类：

（1）涉及项目整体表现的目标，例如缩短项目工期、降低工程造价、提升项目质量等。其中，为了得到一个高效率的能源设计而制作的能量模型，或者为了得到一个高质量的安装设计而制作的 3D 协调系统，以及为了改善运营模型的建立质量而开发的一个精确的记录模型等，都是为了提升项目质量而制定的目标。

（2）涉及具体任务效率的目标，例如为了提高绘制施工图的效率则使用 BIM 模型；为了能加快工程预算的速度则使用自动工程量统计；为了在物业运营系统中能够减少输入信息的时间等而制定的目标，都是为了提高具体任务的效率。

第二类目标是针对公司制定的。通过业主对样板项目的描述，交换设计、施工、运营之间的信息，设计机构利用数字化设计工具获得高效的设计经验等，称为公司目标。

企业在应用 BIM 技术进行项目管理时，需明确自身在管理过程中的需求，并结合 BIM 本身特点来确定项目管理的服务目标。在定义 BIM 目标的过程中可以用优先级表示某个 BIM 目标对该建设项目设计、施工、运营成功的重要性，对每个 BIM 目标提出相应的 BIM 应用。BIM 目标可对应于某一个或多个 BIM 应用，以某一建设项目定义 BIM 目标为例：

为完成 BIM 应用目标，各企业应紧随建筑行业技术发展步伐，结合自身在建筑施工领域全产业链的资源优势，确立 BIM 技术应用的战略思想。如某施工企业根据其"提升建筑整体建造水平，实现建筑全生命周期精细化动态管理，实现建筑生命周期各阶段参与方效益最大化"的 BIM 应用目标，确立了"以 BIM 技术解决技术问题为先导、通过 BIM 技术实现流程再造为核心，全面提升精细化管理，促进企业发展"的 BIM 技术应用战略思想。

公司如若没有服务目标盲从发展 BIM 技术，可能会出现在弱势技术领域过度投入，而产生不必要的资源浪费，只有结合自身建立有切实意义的服务目标，才能有效提升技术实力。

**二、项目 BIM 技术路线的制定**

项目 BIM 技术路线是指对要达到项目目标准备采取的技术手段、具体步骤及解决关键性问题的方法等在内的研究途径。合理的技术路线可保证顺利地实现既定目标。技术路线的选择重点在其合理性，而不是复杂性，其核心内容是选择 BIM 软件。首先需要明确 BIM 应用需要实现的业务目标和具体内容，然后通过选择相应的 BIM 技术路线，来确定使用什么 BIM 软件。

为了能顺利完成相应的 BIM 应用内容，应该根据 BIM 应用的主要业务目标和项目以及团队和企业的实际情况，选择"合适"的软件来确定技术路线。通过对项目特点、主要业务目标、团队能力、已有软硬件情况、专业和参与方配合等各种因素的综合分析，以最终的结论判定该软件是否适合此项目。而 BIM 软件的实际现状是，适合总体的软件不一定同时适合每一位项目成员。所以，选择 BIM 软件时，只能根据不同的专业选择使用不同的软件，或者因为业务目标的不同，同一个专业也选择使用不同的软件。像 Building SMART International 等世界级的同行业组织，现在正努力提高 BIM 的整体应用能力，使不同的软件相互之间的信息水平也能有所提高。

在 BIM 软件应用中，以施工企业的土建安装和商务成本控制这两个典型的部门为例，技术路线主要分为以下四种：

（一）技术路线 1

技术路线 1，即商务部门根据 CAD 施工图利用广联达、鲁班及斯维尔等算量软件建模，从而计算工程量及成本估算。而技术部门根据 CAD 施工图利用 Revit、Tekla 等建模，从而进一步进行深化设计、施工过程模拟、施工进度管理及施工质量管理等。

虽然技术路线 1 适用于商务和技术两方面，但是，因为技术模型和算量模型之间的信息没有达到互用的成熟程度，更不可能普及应用，由于业务上的不同，同一个项目的技术部门和商务部门仍需创建两次模型，这也是技术路线 1 的不足。

（二）技术路线 2

技术路线 2，即商务部门根据 CAD 施工图利用广联达、鲁班及斯维尔等算量软件建模，从而计算工程量及成本估算。而技术部门根据建立的模型再利用 Revit、Tekla 等建模，从而进一步进行深化设计、施工过程模拟、施工进度管理及施工质量管理等。

技术路线 2 与技术路线 1 的共同点是：技术和商务为了实现各自的业务目标，使用了不同的模型和不同的软件，但是可以减少两者之间的重复信息，而且建立两个模型时，可以避免重复的工作。

（三）技术路线 3

技术路线 3，即技术部门根据 CAD 施工图利用 Revit、Tekla 等建模，从而进一步进行深化设计、施工过程模拟、施工进度管理及施工质量管理等，商务部门根据技术部门所建的模型进行工程量计算及成本估算。

技术路线 3 中"从土建、机电、钢构等技术模型完成算量和预算"的做法已经有 Innovaya 等成功先例。

（四）技术路线 4

技术路线 4，即商务部门根据 CAD 施工图利用广联达、鲁班及斯维尔等算量软件建模，从而计算工程量及成本估算。而技术部门根据商务部门建立的模型进行深化设计、施工过程模拟、施工进度管理及施工质量管理等。

### 三、项目 BIM 实施保障措施

（一）建立系统运行保障体系

建立系统运行保障体系主要包括组建系统人员配置保障体系、编制 BIM 系统运行工作计划、建立系统运行例会制度和建立系统运行检查机制等方面。从而保障项目 BIM 在实施阶段中整个项目系统能够高效准确运行，以实现项目实施目标。

1. 组建系统人员配置保障体系

（1）按 BIM 组织架构表成立总包 BIM 系统执行小组，由 BIM 系统总监全权负责。经业主审核批准，小组人员立刻进场，以最快速度投入系统的创建工作。

（2）成立 BIM 系统领导小组，小组成员由总包项目总经理、项目总工、设计及 BIM 系统总监、土建总监、钢结构总监、机电总监、装饰总监、幕墙总监组成，定期沟通及时解决相关问题。

（3）总包各职能部门设专人对口 BIM 系统执行小组，根据团队需要及时提供现场进展信息。

（4）成立 BIM 系统总分包联合团队，各分包派固定的专业人员参加，如果因故需要更换，必须有很好的交接，保持其工作的连续性。

2. 编制 BIM 系统运行工作计划

编制 BIM 系统运行工作计划主要体现在以下两个方面：

（1）各分包单位、供应单位根据总工期以及深化设计出图要求，编制 BIM 系统建模以及分阶段 BIM 模型数据提交计划、四维进度模型提交计划等，由总包 BIM 系统执行小组审核，审核通过后由总包 BIM 系统执行小组正式发文，各分包单位参照执行。

（2）根据各分包单位的计划，编制各专业碰撞检测计划、修改后重新提交计划。

3. 建立系统运行例会制度

建立系统运行例会制度主要体现在以下三个方面：

（1）BIM 系统联合团队成员，每周召开一次专题会议，汇报工作进展情况、遇到的困难以及需要总包协调的问题。

（2）总包 BIM 系统执行小组，每周内部召开一次工作碰头会，针对本周本条线工作进展情况和遇到的问题，制定下周工作目标。

（3）BIM 系统联合团队成员，必须参加每周的工程例会和设计协调会，及时了解设计和工程进展情况。

4. 建立系统运行检查机制

建立系统运行检查机制主要体现在以下几个方面：

（1）BIM 系统是一个庞大的操作运行系统，需要各方协同参与。由于参与的人员多且复杂，需要建立健全一定的检查制度来保证体系的正常运作。

（2）对各分包单位，每 2 周进行一次系统执行情况飞行检查，了解 BIM 系统执行的真实情况、过程控制情况和变更修改情况。

（3）对各分包单位使用的 BIM 模型和软件进行有效性检查，确保模型和工作同步进行。

（二）建立模型维护与应用保障体系

建立模型维护与应用保障体系主要包括建立模型应用机制、确定模型应用计划和实施全过程规划等方面，从而保障从模型创建到模型应用的全过程信息无损化传递和应用。

1. 建立模型维护与应用机制

建立模型维护与应用机制主要体现在以下八个方面：

（1）督促各分包在施工过程中维护和应用 BIM 模型，按要求及时更新和深化 BIM 模型，并提交相应的 BIM 应用成果。如在机电管线综合设计的过程中，对综合后的管线进行碰撞校验，并生成检验报告。设计人员根据报告所显示的碰撞点与碰撞量调整管线布局，经过若干个检测与调整的循环后，可以获得一个较为精确管线综合平衡设计。

（2）在得到管线布局最佳状态的三维模型后，按要求分别导出管线综合图、综合剖面图、支架布置图以及各专业平面图，并生成机电设备及材料量化表。

（3）在管线综合过程中建立精确的 BIM 模型，还可以采用相关软件制作管道预制加工图，从而大大提高本项目的管道加工预制化、安装工程的集成化程度，进一步提高施工质量，加快施工进度。

（4）运用相关进度模拟软件建立四维进度模型，在相应部位施工前 1 个月内进行施工模拟，及时优化工期计划，指导施工实施。同时，按业主所要求的时间节点提交与施工进度相一致的 BIM 模型。

（5）在相应部位施工前的 1 个月内，根据施工进度及时更新和集成 BIM 模型，进行碰撞检测，提供包括具体碰撞位置的检测报告。设计人员根据报告很快找到碰撞点所在位置并进行逐一调整，为了避免在调整过程中有新的碰撞点产生，检测和调整会进行多次循环，直至碰撞报告显示零碰撞点。

（6）对于施工变更引起的模型修改，在收到各方确认的变更单后的 14 天内完成。

（7）在出具完工证明以前，向业主提交真实准确的竣工 BIM 模型，BIM 应用资料和设备信息等，确保业主和物业管理公司在运营阶段具备充足的信息。

（8）集成和验证最终的 BIM 竣工模型，按要求提供给业主。

2. 确定 BIM 模型的应用计划

确定 BIM 模型的应用计划主要体现在以下七个方面：

（1）根据施工进度和深化设计及时更新和集成 BIM 模型，进行碰撞检测，提供具体碰撞的检测报告，并提供相应的解决方案，及时协调解决碰撞问题。

（2）基于 BIM 模型，探讨短期及中期之施工方案。

（3）基于 BIM 模型，准备机电综合管道图（CSD）及综合结构留洞图（CBWD）等施工深化图纸，及时发现管线与管线之间、管线与建筑、结构之间的碰撞点。

（4）基于 BIM 模型，及时提供能快速浏览的如 DWF 等格式的模型和图片，以便各方查看和审阅。

（5）在相应部位施工前的 1 个月内，施工进度表进行 4D 施工模拟，提供图片和动画视频等文件，协调施工各方优化时间安排。

（6）应用网上文件管理协同平台，确保项目信息及时有效地传递。

（7）将视频监视系统与网上文件管理平台整合，实现施工现场的实时监控和管理。

3. 实施全过程规划

为了在项目期间最有效地利用协同项目管理与 BIM 计划，先投入时间对项目各阶段中团队各利益相关方之间的协作方式进行规划：

①对项目实施流程进行确定，确保每项目任务能按照相应计划顺利完成；②确保各人员团队在项目实施过程中能够明确各自相应的任务及要求；③对整个项目实施时间进度进行规划，在此基础上确定每个阶段的时间进度，以保障项目如期完成。

## 第三节　BIM 项目实施策略分析

### 一、BIM 实施模式

根据对部分大型项目的具体应用和中国建筑业协会工程建设质量管理分会等机构进行的调研，目前国内 BIM 组织实施模式大略可归纳为 4 类：设计主导管理模式、咨询辅助管理模式、业主自主管理模式、施工主导管理模式。

（一）设计主导管理模式

设计主导管理模式是由业主委托其他的设计单位来建立 BIM 设计模型，把拟建项目所需的 BIM 应用要求约定在双方的 BIM 合同中，在项目实施过程中，由该设计单位负责 BIM 技术指导和更新与维护模型信息，以及 BIM 模型的应用管理等，施工单位在设计模型上建立施工模型。设计方驱动模式应用最早、也较为广泛。尤其是大型复杂的建设项目，各设计单位为了能赢得设计的招标，会采用 3D 技术把有关建筑的设计方案更好地展示给大家。但在施工及运维阶段，设计方的驱动力下降，对施工过程中以及施工结束后业主关注的运维等应用考虑较少，导致业主后期施工管理和运营成本较高。

（二）咨询辅助管理模式

最初的 BIM 咨询模式就是：业主与设计单位签订设计合同的同时，与 BIM 咨询公司也签订 BIM 咨询服务合同，BIM 咨询公司根据设计单位提供的设计资料建立三维模型，为了能减少工程的变更次数，通过检查设计碰撞，及时地将检查结果反馈给业主。有些设计企业也在推进应用 BIM 技术辅助设计，由 BIM 咨询单位作为 BIM 总控单位进行协调设计和施工模拟，并且，为了保证运营阶段的效益最大化，BIM 咨询公司需要持续地培训和指导业主方在后期对项目的运营和管理。

以模型的应用为基础，像模拟施工、能效仿真等是此管理模式的重点，而且有利于业主方择优选择设计单位并进行优化设计，利于降低工程造价。缺点是业主方前期合同管理工作量大，参建各方关系复杂，组织协调难度较大。

（三）业主自主管理模式

在业主自主管理的模式下，初期建设单位主要将 BIM 技术集中用于建设项目的勘察、设计以及项目沟通、展示与推广。随着对 BIM 技术认识的深入，BIM 的应用已开始扩展至项目招标投标、施工、物业管理等阶段。

业主自主模式，是由业主方为主导，通过组建属于自己的 BIM 团队，参与并实施 BIM 的具体应用。由于该模式需要高技术的 BIM 人员和高质量的软硬件设备，所以前期组建团队的过程中会花费较高的成本，同时会遇到不少的困难。在实施应用时，要求 BIM 团队人员具备较强的沟通协调能力和软件操作能力，这都考验着业主方的经济和技术实力。

（四）施工主导管理模式

在 BIM 技术逐渐走向成熟的过程中，施工方主导模式成为比较流行的一种模式，而大型承建商是最为常见的应用方。承建商的主要目的是利用 BIM 技术来辅助投标和辅助施工管理过程。

在激烈的竞争环境中，为了能提高自身的竞争力并赢得建设项目的投标，承建商会把自己的施工方案中的优势和可行性，利用 BIM 技术和模拟技术展示出来。除此以外，因为实施大型复杂的建筑工程时，其施工工序相对复杂很多，所以，为了能顺利进行施工并减少返工的情况，在正式施工之前，承建商会利用 BIM 技术模拟和分析施工方案，通过与分包商的协作和沟通，找到最合理的施工方案。

在建设项目的招投标阶段和施工阶段，此种应用模式发挥了巨大的作用，但是，在工程项目投标或施工结束以后，BIM 应用的驱动力会被施工方降低，对于适用于整个生命周期管理的 BIM 技术来说，其 BIM 信息没有很好的传递，施工过程中产生的信息将会丢失，失去了 BIM 技术应用本身的意义。

综上所述，从项目 BIM 应用实施的初始成本、协调难度、应用扩展性、对运营的支持程度以及对业主要求等 5 个角度来分别考察四种模式的特点。

在工程项目参与各方中，业主处于主导地位。在 BIM 实施应用的过程中，业主是最大的受益者，因此业主实施 BIM 的能力和水平将直接影响到 BIM 实施的效果。业主应当根据项目目标和自身特点选择合适的 BIM 实施模式，以保证实施效果，真正发挥 BIM 信息集成的作用，切实提高工程建设行业的管理水平。

## 二、BIM 组织架构——最好有图示表达

BIM 组织架构的建立即 BIM 团队的构建，是项目目标能否实现的重要影响因素，是项目准确高效运转的基础。故企业在项目实施阶段前期应根据 BIM 技术的特点结合项目本生特征依次从领导层、管理层再到作业层分梯组建项目级 BIM 团队，从而更好地实现 BIM 项目从上而下的传达和执行，如图 6-2 所示。

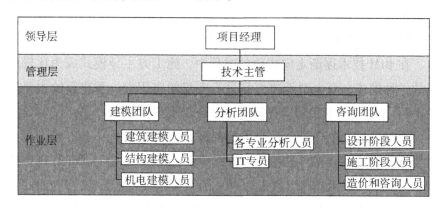

图 6-2 BIM 组织架构

领导层主要设置项目经理，其主要负责该项目的对外沟通协调，包括与甲方互动沟通、与项目其他参与方协调等。同时负责该项目的对内整体把控，包括实施目标、技术路线、资源配置、人员组织调整、项目进度和项目完成质量等方面的控制。故对该岗位人员的工程经验及领导能力等素质要求较高。

管理层主要设置技术主管，其主要负责将 BIM 项目经理的项目任务安排落实到 BIM 操作人员，同时对 BIM 项目在各阶段实施过程中进行技术指导及监督。故对该岗位人员的 BIM 技术能力和工程能力要求较高。

作业层主要设置建模团队、分析团队和咨询团队。其中建模团队由各专业建模人员组成，包括建筑建模、结构建模和机电建模等，主要负责在项目前期根据项目要求创建 BIM 模型；分析团队主要有各专业分析人员和 IT 专员，各专业分析人员主要负责根据项目需求对建模团队所建模型进行相应的分析处理，IT 专员主要负责数据维护和管理；咨询团队主要由工程各阶段参与人员组成，包括设计阶段、施工阶段和造价咨询等，其主要职责是为建模团队和分析团队提供工程咨询，以准确满足项目需求。

因不同企业和项目具有各自不同的性质，在项目实施过程中具有不同的路程或特点，故在 BIM 团队组建时企业可根据自身特点和项目实际需求设置符合具体情况的 BIM 组织架构。

下面介绍某施工企业项目的 BIM 团队组建，可作为施工项目的 BIM 团队组建的参考。该项目选择的 BIM 工作模式为在项目部组建自己的 BIM 团队，在团队成立前期进行项目管理人员、技术人员 BIM 基础知识培训工作。团队由项目经理牵头，团队成员由项目部各专业技术部门、生产、质量、预算、安全和专业分包单位组成，共同落实 BIM 应用与管理的相关工作。其中 BIM 实施团队具体人员、职责及 BIM 能力要求见表 6－1。

表 6－1　实施团队表

| 团队角色 | BIM 工作及责任 | BIM 能力要求 |
|---|---|---|
| 项目经理 | 监督、检查项目执行进展 | 基本应用 |
| BIM 小组组长 | 制定 BIM 实施方案并监督、组织、跟踪 | 基本应用 |
| 项目副经理 | 制定 BIM 培训方案并负责内部培训考核、评审 | 基本应用 |
| 测量负责人 | 采集及复核测量数据，为每周 BIM 竣工模型提供准确数据基础；利用 BIM 模型导出测量数据，指导现场测量作业 | 熟练运用 |
| 技术管理部 | 利用 BIM 模型优化施工方案，编制三维技术交底 | 熟练运用 |

| 团队角色 | BIM 工作及责任 | BIM 能力要求 |
|---|---|---|
| 深化设计部 | 运用 BIM 技术展开各专业深化设计，进行碰撞检测并充分沟通、解决、记录；图纸及变更管理 | 精通 |
| 机电安装部 | 优化机电专业工序穿插及配合 | 熟练运用 |
| BIM 工作室 | 预算及施工 BIM 模型建立、维护、共享、管理；各专业协调、配合；提交阶段竣工模型，与各方沟通；建立、维护、每周更新和传送问题解决记录（IRL） | 精通 |
| 施工管理部 | 利用 BIM 模型优化资源配置 | 熟练运用 |
| 商务合约管理部 | 确定预算 BIM 模型建立的标准。利用 BIM 模型对内、对外的商务管控及内部成本控制，三算对比 | 熟练运用 |
| 物资设备管理部 | 利用 BIM 模型生成清单，审批、上报准确的材料计划 | 熟练运用 |
| 安全环境管理部 | 通过 BIM 可视化展开安全教育、危险源识别及预防预控，指定针对性应急措施 | 基本运用 |
| 质量管理部 | 通过 BIM 进行质量技术交底，优化检验批划分、验收与交接计划 | 熟练运用 |

## 三、技术资源配置

（一）软件配置

1. 软件选择

项目 BIM 在各阶段实施过程中应用点众多，应用形式丰富。故在项目实施前应根据各应用内容及结合企业自身情况，合理选择 BIM 软件。

根据应用内容的不同，BIM 软件主要可分为模型创建软件、模型应用软件和协同平台软件。

模型创建软件主要有 BIM 概念设计软件和 BIM 核心建模软件等；

模型应用软件主要包括 BIM 分析软件、BIM 检查软件、BIM 深化设计软件、BIM 算量软件、BIM 发布审核软件、BIM 施工管理软件、BIM 运维管理软件等；协同平台软件主要包括各参与方协同软件、各阶段协同平台软件等。

其中各类型软件下又存在各种不同公司软件可供选择，如 BIM 核心建模软件主要有 Revit Architecture、Bentley Architecture、CATIA 和 ArchiCAD 等。因此在项目 BIM 实施软件选择时，应首先了解各软件的特点及操作要求，在此基础上根据项目特点、企业条件和应用要求等因素选择合适的 BIM 软件。

2. 软件版本升级

为了保证数据传递的通畅性，在项目 BIM 实施阶段软件资源配置时，应根据甲方具体要求或与项目各参与方进行协同合理选择软件版本，对不符合要求的版本软件进行相应的升级，从而避免各软件之间的兼容问题及接口问题，以保证项目实施过程中 BIM 模型和数据能够实现各参与方之间的精准传递，实现项目全生命周期各阶段的数据共享和协同。

3. 软件自主开发

因各项目具有各自不同的特征，且项目各阶段应用内容复杂，形式丰富，市场现有的 BIM 软件或 BIM 产品可能不能完全满足项目的所有需求。故在企业条件允许的情况下，可根据具体需求自主研发相应的实用性软件，也可委托软件开发公司开发符合其要求的软件产品，从而实现软件与项目实施的紧密配合。如某施工企业根据项目施工特色自主研发了用于指导施工过程的软件平台，在工作协同、综合管理方面，通过自主研发的施工总包 BIM 协同平台，来满足工程建设各阶段需求。

（二）硬件配置

BIM 模型携带的信息数据庞大，因此，在 BIM 实施硬件配置上应具有严格的要求，根据不同用途和方向并结合项目需求和成本控制，对硬件配置进行分级设置，即最大程度保证了硬件设备在 BIM 实施过程中的正常运转，最大的限度地有效控制成本。

另外项目实施过程中，BIM 模型信息和数据具有动态性和可共享性，因此在保障硬件配置满足要求的基础上还应根据工程实际情况搭建 BIM Server 系统，方便现场管理人员和 BIM 中心团队进行模型的共享和信息传递。通过在项目部和 BIM 中心各搭建服务器，以 BIM 中心的服务器作为主服务器，通过广域网将两台服务器进行互联，然后分别给项目部和 BIM 中心建立模型的计算机进行授权，就可以随时将自己修改的模型上传到服务器，实现模型的异地共享，确保模型的实时更新。

以下从模型信息创建、数据存储管理和数据信息共享这三个阶段对硬件资源配置要求做出简要介绍。

1. 模型信息创建

模型信息创建阶段是 BIM 技术应用的初始阶段，主要指的是 BIM 工程师根据设计要求在计算机上采用相应软件建立 BIM 模型，同时将项目相关信息数据录入相应模型及构件。故在此阶段对操作计算机的硬件要求较高。

关于各个软件对硬件的要求，软件厂商一般会有推荐的硬件配置要求，但从项目应用 BIM 的角度出发，需要考虑的不仅是单个软件产品的配置要求，还需要考虑项目的大小、复杂程度，BIM 的应用目标，团队应用程度，工作方式等。

2. 信息数据存储管理

在模型数据创建完成后，BIM 中心和项目部应配置相应设备，将项目各专业模型及信息进行管理及存储，同时也包括对项目实施各阶段不断录入的数据进行保存。具体配置可参考如下：

（1）配置多台 UPS：如几台 6kVA。

（2）配置多台图形工作站。

（3）配置多台 NAS 存储：项目部配置多台 10TB NAS 存储，公司 BIM 中心配置多台 10TB NAS 存储。

3. 数据传递与共享

BIM 技术的应用是对模型信息的动态协同管理和应用，故需在项目部与公司 BIM 中心之间建立相应的网络系统，从而实现数据信息共享。

**四、软件培训**

BIM 软件培训应遵循以下原则：

（一）培训对象

应选择具有建筑工程或相关专业大专以上学历、具备建筑信息化基础知识、掌握相关软件基础应用的设计、施工、房地产开发公司技术和管理人员。

（二）培训方式

主要培训方式如下。

1. 授课培训

授课培训即脱产集中学习的方式，授课地点统一安排在多媒体计算机房，每次培训人数不宜超过 30 人，为学员配备计算机，在集中授课时，配有助教随时辅导学员上机操作。技术部负责制订培训计划、跟踪培训实施、定期汇报培训实施状况，并最终给予考核成绩，以确保培训得以顺利实施，达到对培训质量的要求。授课培训可分为外聘讲师培训和内聘讲师培训。

2. 网络视频培训

网络视频培训是现代企业培训中不可或缺的一部分，成为现代化培训中非常重要、有效的手段，它将文字、声音、图像以及静态和动态巧妙结合，激发员工的学习兴趣，提高员工的思考和思维能力。培训课件内容丰富，从 BIM 软件的简单入门操作到高级技巧运用，从土建、钢筋到电气、消防、暖通专业，样样俱全，并包含大量的工程实例。

3. 借助专业团队培养人才

运用 BIM 技术之初，管理人员在面对新技术时可能会比较困惑，缺乏对 BIM 的整体了解和把握。引进工程顾问专业团队，实现工程顾问一对一辅导、分专业培训，可帮助学员明确方向，避免不必要的错误。

4. 结合实战培养人才

实战是培养人才的最好方式，通过实际项目的运作来检验学习成果。选择难度适中的 BIM 项目，让学员参与到项目的应用中，将前期所学的知识技能运用到实际工程中，同时发现自身不足之处或存在的知识盲区，通过学习知识实际运用—运用反馈—再学习的培训模式，使学员在实战中迅速成长，同时也为学员初步积累了 BIM 运用经验。

（三）培训主题

应普及 BIM 的基础概念，从项目实例中剖析 BIM 的重要性，深度分析 BIM 的发展前景与趋势，多方位展示 BIM 在实际项目操作与各个方面的联系；围绕市场主要 BIM 应用软件进行培训，同时要对学员进行测试，随时将理论学习与项目实战相结合，并要对学员的培训状况及时反馈。

## 五、数据准备

数据准备即 BIM 数据库的建立及提取。BIM 数据库是管理每个具体项目海量数据创建、承载、管理、共享支撑的平台。企业将每个工程项目 BIM 模型集成在一个数据库中，即形成了企业级的 BIM 数据库。BIM 技术能自动计算工程实物量，因此 BIM 数据库也包含量的数据。BIM 数据库可承载工程全生命周期几乎所有的工程信息，并且能建立起 4D（3D 实体＋1D 时间）关联关系数据库。这些数据库信息在建筑全过程中动态变化调整，并可以及时准确地调用系统数据库中包含的相关数据，加快决策进度、提高决策质量，从而提高项目质量，降低项目成本，增加项目利润。建立 BIM 数据库对整个工程项目有着重要的意义。

## 六、项目管理应用

由于施工项目有施工总承包、专业施工承包、劳务施工承包等多种形式，其项目管理的任务和工作重点也会有很大的差别。BIM 在项目管理中按不同工作阶段、内容、对象和目标可以分很多类别。

该施工项目中的 BIM 应用主要可分为十一大模块，分别为投标应用、深化设计、图纸和变更管理、施工工艺模拟优化、可视化交流、预制加工、施工和总承包管理、工程量应用、集成交付、信息化管理及其他应用。

表 6-2 BIM 应用清单表

| 模块 | 序号 | 应用点 |
|---|---|---|
| 模块一：<br>BIM 支持投标应用 | 1 | 技术标书精细化 |
| | 2 | 提高技术标书表现形式 |
| | 3 | 工程量计算及报价 |
| | 4 | 投标答辩和技术汇报 |
| | 5 | 投标演示视频制作 |
| 模块二：<br>基于 BIM 的深化设计 | 1 | 碰撞分析、管线综合 |
| | 2 | 巨型及异形构件钢筋复杂节点深化设计 |
| | 3 | 钢结构连接处钢筋节点深化设计研究 |
| | 4 | 机电穿结构预留洞口深化设计 |
| | 5 | 砌体工程深化设计 |
| | 6 | 样板展示楼层装饰装修深化设计 |
| | 7 | 综合空间优化 |
| | 8 | 幕墙优化 |
| 模块三：<br>BIM 支持图纸和变更管理 | 1 | 图纸检查 |
| | 2 | 空间协调和专业冲突检查 |
| | 3 | 设计变更评审与管理 |
| | 4 | BIM 模型出施工图 |
| | 5 | BIM 模型出工艺参考图 |

续表

| 模块 | 序号 | 应用点 |
|---|---|---|
| 模块四：<br>基于 BIM 的施工<br>工艺模拟优化 | 1 | 大体积混凝土浇筑施工模拟 |
| | 2 | 基坑内支撑拆除施工模拟及验算 |
| | 3 | 钢结构及机电工程大型构件吊装施工模拟 |
| | 4 | 大型垂直运输设备的安拆及爬升模拟与辅助计算 |
| | 5 | 施工现场安全防护设施施工模拟 |
| | 6 | 样板楼层工序优化及施工模拟 |
| | 7 | 设备安装模拟仿真演示 |
| | 8 | 4D 施工模拟 |
| | 9 | 基于 BIM 的测量技术 |
| | 10 | 模板、脚手架、高支模 BIM 应用 |
| | 11 | 装修阶段 BIM 技术应用 |
| 模块五：<br>基于 BIM 的可视化交流 | 1 | 作为相关方技术交流平台 |
| | 2 | 作为相关方管理工作平台 |
| | 3 | 基于 BIM 的会议（例会）组织 |
| 模块五：<br>基于 BIM 的可视化交流 | 4 | 漫游仿真展示 |
| | 5 | 基于三维可视化的技术交底 |
| 模块六：<br>BIM 支持预制加工 | 1 | 数字化加工 BIM 应用 |
| | 2 | 混凝土构件预制加工 |
| | 3 | 机电管道支架预制加工 |
| | 4 | 机电管线预制加工 |
| | 5 | 为构件预制加工提供模拟参数 |
| | 6 | 预制构件的运输和安排 |

续表

| 模块 | 序号 | 应用点 |
|---|---|---|
| 模块七：<br>基于 BIM 的施工和<br>总承包管理 | 1 | 施工进度三维可视化演示 |
| | 2 | 施工进度监控和优化 |
| | 3 | 施工资源管理 |
| | 4 | 施工工作面管理 |
| | 5 | 平面布置协调管理 |
| | 6 | 工程档案管理 |
| 模块七：<br>基于 BIM 的施工和<br>总承包管理 | 1 | 基于 BIM 技术的工程量测算 |
| | 2 | BIM 量与定额的对接应用 |
| | 3 | 通过 BIM 进行项目策划管理 |
| | 4 | 5D 分析 |
| 模块八：<br>基于 BIM 技术的<br>工程量应用 | 1 | 竣工验收管理 BIM 应用 |
| | 2 | 物业管理信息化 |
| | 3 | 设备设施运营和维护管理 |
| | 4 | 数字化交付 |
| 模块九：<br>竣工管理和<br>数字化集成交付 | 1 | 采购管理 BIM 应用 |
| | 2 | 造价管理 BIM 应用 |
| | 3 | BIM 数据库在生产和商务上的应用 |
| | 4 | 质量管理 BIM 应用 |
| 模块十：<br>基于 BIM 的管理信息化 | 1 | 安全管理 BIM 应用 |
| | 2 | 绿色施工 |
| 模块十：<br>基于 BIM 的管理信息化 | 3 | BIM 协同平台的应用 |
| | 4 | 基于 BIM 的管理流程再造 |
| 模块十一：其他应用 | 1 | 多维激光扫描与 BIM 技术结合应用 |
| | 2 | GIS + BIM 技术结合应用 |
| | 3 | 物联网技术与 BIM 技术结合应用 |

## 第四节 BIM 项目评价分析

### 一、项目总结

项目总结即在项目完成后对其进行一次全面系统的总检查、总评价、总分析、总研究，并分析其中不足，得出经验。项目总结主要体现在以下两个方面。

（一）项目重点、难点总结

项目重点、难点是项目能否实施完成，项目完成能否达到预期目标的重要因素，同时也是整个项目包括各阶段中投入工作量较大且容易出错的地方。故在项目总结阶段对工作难点、重点进行分析总结很有必要。

（二）存在的问题

存在的问题分为可避免的和不可避免的。其中可避免的问题主要是由技术方法不合理引起的。比如软件选择不合理、BIM 实施流程制定不合理、项目 BIM 技术路线不合理等。对于此类问题，可通过调整及完善技术或方法解决此项目中不合理的地方。故对此类问题的总结有利于企业在技术及方法方面的积累，可对今后相关项目提供详细的参考经验，以避免相似问题再次出现。不可避免的问题主要是人员及环境等主观因素引起的，比如工作人员个人因素的影响及环境天气不可预见性的影响等。对于此类问题的总结，可为相似项目在项目决策阶段提供参考，对于可能会出现的问题可提前做出准备及相应措施，以最大程度地降低由此带来的损失。

（三）项目评价

项目评价是指在 BIM 项目已经完成并运行一段时间后，对项目的目的、执行过程、效益、作用和影响进行系统、客观地评价的一种技术经济活动。项目评价主要分为以下三部分。

1. 项目完成情况

项目完成情况即对项目 BIM 应用内容完成情况的评价。主要体现在是否完成设计项目及是否完成合同约定。完成设计项目情况指是否完成项目各部分内容。以某体育中心 BIM 应用项目为例，其项目各部分包括建筑方案、结构找形、结构设计、深化设计、仿真分析、施工模拟、运维管理等。完成合同约定情况指是否按照合同要求按时、按质、按量完成项目，并交付相应文件资料。合同约定主要有总承包合同约定、分包合同约定、专业承包合同约定等。以某国际会展中心 BIM 项目分包合同为例，其合同中约定在指定日期内乙方须完成建筑模型建立、结构模型建立、机电管道模型建立、结构部分施工过程动画模拟，并对甲方交付模型文件及动画文件。

2. 项目成果评价

成果分析即对项目 BIM 是否达到实施目标做出分析评价。以某体育中心 BIM 项目为例，其在项目决策阶段制定的 BIM 实施目标是实现建筑性能化分析、结构参数化设计、建造可视化模拟、施工信息化管理、安全动态化监测、运营精细化服务，故在项目竣工完成后可从以上 6 个方面对项目成果进行评价，以检验项目完成是否达到应用目标。

3. 项目意义

项目意义评价是对 BIM 项目的效益及影响作用做出客观分析评价，包括经济效益、环境效益、社会效益等。项目意义评价有利于对项目 BIM 形成更全面、更长远的认识。以某政务中心 BIM 项目为例，可从项目意义方面对其评价如下：该项目积累了高层结构建模、深化设计、施工模拟、平台开发及总承包管理的宝贵经验，所创建的企业级 BIM 标准为相关企业 BIM 应用标准的编制提供了依据，所开发的基于 BIM 技术的施工项目管理平台可作为类似项目平台研究及开发的样板，对以后 BIM 技术在施工中的深入应用具有参考价值。同时 BIM 技术的应用大大提高了施工管理的效率，与传统管理方式相比，该项目节省大量人力、物料及时间，具有显著的经济效益。

通过从以上三个方面对项目进行评价，确定项目目标是否达到，项目或规划是否合理有效，项目的主要效益指标是否实现，总结经验教训，并通过及时有效的信息反馈，为未来项目的决策和提高投资决策管理水平提出建议，同时也为被评项目实施运营中出现的问题提出改进建议，从而达到提高投资效益的目的。

## 二、项目各阶段的 BIM 应用

（一）方案策划阶段

方案策划指的是在确定建设意图之后，项目管理者需要通过收集各类项目资料，对各类情况进行调查，研究项目的组织、管理、经济和技术等，进而得出科学、合理的项目方案，为项目建设指明正确的方向和目标。

在方案策划阶段，信息是否准确、信息量是否充足成为管理者能否做出正确决策的关键。BIM 技术的引入，使方案阶段所遇到的问题得到了有效的解决。其在方案策划阶段的应用内容主要包括现状建模、成本核算、场地分析和总体规划。

1. 现状建模

利用 BIM 技术可为管理者提供概要的现状模型，以方便建设项目方案的分析、模拟，从而为整个项目的建设降低成本、缩短工期并提高质量。例如在对周边环境进行建模（包括周边道路、已建和规划的建筑物、园林景观等）之后，将项目的概要模型放入环境模型中，以便于对项目进行场地分析和性能分析等工作。

2. 成本核算

项目成本核算是通过一定的方式方法对项目施工过程中发生的各种费用成本进行逐一统计考核的一种科学管理活动。

目前，市场上主流的工程量计算软件在逼真性及效率方面还存在一些不足，如用户需要将施工蓝图通过数据形式重新输入计算机，相当于人工在计算机上重新绘制一遍工程图纸。这种做法不仅增加了前期工作量，而且没有共享设计过程中的产品设计信息。

利用 BIM 技术提供的参数更改技术能够将针对建筑设计或文档任何部分所做的更改自动反映到其他位置，从而可以帮助工程师提高工作效率、协同效率以及工作质量。BIM 技术具有强大的信息集成能力和三维可视化图形展示能力，利用 BIM 技术建立起的三维模型可以极尽全面地加入工程建设的所有信息。根据模型能够自动生成符合国家工程量清单计价规范标准的工程量清单及报表，快速统计和查询各专业工程量，对材料计划、使用做精细化控制，避免材料浪费，如利用

BIM 信息化特征可以准确提取整个项目中防火门数量、不同样式、材料的安装日期、出厂型号、尺寸大小等，甚至可以统计防火门的把手等细节。同时，基于 BIM 技术生成的工程量不是简单的长度和面积的统计，专业的 BIM 造价软件可以进行精确的 3D 布尔运算和实体减扣，从而获得更符合实际的工程量数据，并且可以自动形成电子文档进行交换、共享、远程传递和永久存档。准确率和速度上都较传统统计方法有很大的提高，有效降低了造价工程师的工作强度，提高了工作效率。

3. 场地分析

场地分析是对建筑物的定位、建筑物的空间方位及外观、建筑物和周边环境的关系、建筑物将来的车流、物流、人流等各方面的因素进行集成数据分析的综合。在方案策划阶段，建筑物所在地的物理条件，如地形、地貌、温度、气候、植被及其覆盖情况都会给建筑物建造时的绿化、景观、环境、配套设施等带来很大的影响，同时对建筑物完成之后的交通情况的影响也不小，以往的场地分析法有很多不周全的方面，如受主观因素的影响太大，定量分析不全面，很多数据信息处理不了等。BIM 和 GIS 的结合就很好地解决了这些问题，它们可以对场地进行模拟和分析，从而得出比较精准的分析数据，这些数据被设计师们采用之后，不论是在场地的规划方面，还是交通线路的布置方面，以及建筑的规划和安排等，都可以制定出最优化的决策。利用相关软件对场地地形条件和日照阴影情况进行模拟分析，帮助管理者更好地把握项目的决策。

4. 优化总体规划

以 BIM 为基础所建立的模型，设计师们运用这个模型可以对项目做出最优化、最适宜的规划，通过一系列的分析之后可以得出很多的数据，设计师利用这些数据便可以制订出最终的方案。例如，在可行性研究阶段，管理者需要确定建设项目方案在满足类型、质量、功能等要求下是否具有技术与经济可行性，而 BIM 能够帮助提高技术经济可行性论证结果的准确性和可靠性。

（二）招标投标阶段

建筑信息模型（BIM）的运用也大大提高了招投标方面的效率，

一方面使得管理的程度更加精细，另一方面管理的水平也大大提高。运用这个模型，招标单位在招投标的过程中就可以制订非常精确的工程清单，这类清单内容完整，计算的速度很快，而且计算的数据也非常精准，误算和漏项的情况基本上就不存在了，有效地避免了很多因工程量不准确而引起的一些不必要的矛盾。而投标单位也可以利用这个模型在短时间内掌握到准确的工程量信息，通过比较招标文件的工程量信息，从而制订出最佳的投标方案。

总而言之，在招标和投标的过程中运用 BIM，双方的效率和质量都可以得到很大程度的提高，工程清单的准确性和全面性也能够得到充分的保障，对于投标方来说，报价更加合理、更加科学；而对于招投标双方来说，在管理方面更加精细，这用有利于提高管理的效率，规避了很多风险，使整个招标、投标的市场朝着更加标准和规范的方向发展。

（三）设计阶段

在建筑的整个过程中，设计是重中之重，这一环节对于建筑的成本，维护、运行的成本起着很大的作用，同时也直接关系到工程建设过程中的资金投入、工程的质量以及进度，还有就是工程完成之后所能产生的经济效益，使用的效果等方面。整个设计的过程可以分为三个阶段，第一个是制订方案，第二个是初步设计，最后一个就是设计施工图。第二个阶段过渡到第三个阶段实际上也是一个转变的过程，建筑的产品由粗糙变得越来越具体，越来越细致，在这个转变的过程中，需要从方方面面都对设计进行一些非常必要的管理，如产品的质量、功能、成本以及设计标准、规程等都要进行管理和控制。

BIM 技术在设计阶段的应用主要体现在以下方面。

1. 可视化设计交流

可视化设计中的效果图、三维设计、动态展示，这三种应用方式在设计的过程中出现的频率都很高。

（1）三维设计。三维设计的基础是二维设计和平面设计，它同时又是新的虚拟化、数字化、智能化的设计的基础。基于三维设计建立起来的新的设计平台所设计出来的产品效果更具形象立体的感觉，这是一种最新兴起的设计手段。

现阶段，我国建筑行业最终的设计效果图都是以二维图纸的形式展现出来并交付给客户的，在对具体的施工过程进行组织和管理的过程中，都是按照生成二维图纸的思路来进行的。然而，二维设计技术对复杂建筑几何形态的表达效率较低。而且，为了照顾兼容和应付各种错漏问题，二维设计往往在结构和表现都处理得非常复杂，效率较低。

（2）BIM 最大的特点就是将设计中的一些元素都进行了参数化的处理，这样设计师工作起来减去了很多烦琐的环节，减少了很多的工作量，但是在工作的效率上却提高了，三维设计中的形体表现技术依然被沿用，BIM 技术使设计进入到一个崭新的领域。通过信息的集成，也使得三维设计的设计成品（三维模型）具备更多的可供读取的信息。对于后期的生产（建筑的施工阶段）提供更大的支持。

（3）二维在几何的表达方面存在很大的难度，而三维则完全没有这方面的困扰，不管建筑物的造型如何复杂，三维绘画都可以非常精准地表现出来。在传统三维模型的基础上把另外一些信息融入进去，如力学性能参数、物理特性、材料特性、价格、设计属性、制造厂家的信息，就变成了 BIM 模型了。这种模型借助于图形运算的手段，再结合专业的出图规则便可生成二维的图纸，还有一些其他文档也可以生成，如各类统计表，在建筑能耗、日照、结构、照明、声学、客流、物流等多个方面的分析活动中都可以运用 BIM 模型。

2. 效果图及动画展示

BIM 软件在 Modeling（建模）、Animation（动画）、Render（渲染）等方面都具有非常强大的功能，一些不具体但是非常专业的二维建筑在 BIM 模型的作用下变成通俗易懂、立体感强的模型，即使不了解建筑的认识也可以了解到建筑的一些信息，进而对建筑的功能性可以做出更为精准的判断。

BIM 技术和虚拟现实技术结合起来便可以非常逼真地将建筑物模拟出来，连同建筑物周围的环境也可以一同模拟。还可以生成与真实场景及其接近的效果图，不仅可以根据自己的思路去对这些虚拟的房间进行装饰，还可以使自己处于房间内的任何一个位置，以便观察装饰的效果，而且不限次数。这样就使设计者各设计意图能够更加直观、真实、详尽地展现出来，对于外行的开发商和业主来说，可以很真切地感受建筑，对于施工单位来说，在施工的过程中有很立体、很详细而且很直观的依据。

除此之外，如果必须对设计的方案进行更改时，在 BIM 的作用下，可以非常简便地更改，而且像匹配的动画和效果图也会及时地得到更新。在 BIM 模式下形成的设计方案还可以进行演练，这样，不论是开发单位、设计单位，还是业主，都可以对场地、建筑的功能进行分析推测，也可以对各方面的成本进行估算，这样对于建筑物或者建筑过程中有可能会产生或者已经存在的一些失当和缺陷进行及时的弥补和更正。

（1）设计分析。在最初的设计过程中，设计分析占据了很大的比重。正常的情况下，当正式进入到初步设计的过程之后，由于设计分析又分为能耗、光照、结构、安全疏散等多种专业，而这些专业都有属于其自身的设计分析工作。进行这些设计分析的目的就是为了保障工程的安全、在确保建造要求的前提下节约成本、降低能耗、确保设计的方案是可实施的等。设计分析曾经是整个设计的主体，但是在BIM 出现之后，在 BIM 技术的支撑下，设计分析变得更加便捷、周到、精准，如安全疏散分析，特别是针对大型的公共场所，在 BIM 出现之前基本是没有的，但是在 BIM 出现之后，一些设计单位便慢慢地把这项分析纳入了设计分析之中。

（2）结构分析。在运用计算机对结构进行分析的时候，分析的过程依次是前处理—内力分析—后处理，这里的前处理是指在人的作用下将建筑的结构参数，如材料参数、结构简图、荷载以及其他参数输入到计算机内部的一个过程，这个过程在结构分析的过程中是非常重要的一个环节，所以在时间方面会耗费比较多；而第二个步骤内力分析相对就简单很多，它是由分析软件自动进行分析的，分析的效果由结构分析软件和计算机硬件共同决定，计算机分析之后得到的结果显示的是构件在每一种工作情况下所对应的内力的数值和位移的数值；

最后一个步骤也就是后处理过程就是一个比较构件的内力和材料的抗力的一个过程，比较之后会生成相对应的安全提示，或者是根据一定的计算公式计算出钢筋配置的数据，而这些计算出来的数据是必须符合内力承载要求的，这个过程与第二个过程类似，都是通过计算机软件来实现的，没有太多的人为因素。但是BIM出现之后，就连第一个步骤也实现了自动化执行；BIM模型首先把构件关联关系由真实简化为分析所需，将结构构件的属性区分开来，这些过程都是自动进行的，BIM还会把非结构构件变成载荷附加在结构构件之上，这样，在BIM的作用下，结构分析的前处理也实现了自动化。

（3）节能分析。降低建筑物内部和外部之间的能量交换效率，提高耗电设备（如照明、取暖、降温、其他设备）的效率，从而降低它们的总能耗，这两点都能实现节能的目的，这两点也是目前节能设计的两种主要的方式。

建设项目的景观可视度、日照、风环境、热环境、声环境等性能指标在开发前期就已经基本确定，但是由于缺少合适的技术手段，一般项目很难有时间和费用对上述各种性能指标进行多方案分析模拟，BIM技术为建筑性能分析的普及应用提供了可能性。基于BIM的建筑性能化分析包含室外风环境模拟、自然采光模拟、室内自然通风模拟、小区热环境模拟分析和建筑环境噪声模拟分析。

（4）安全疏散分析。在对一些规模较大的建筑特别是公共设施进行设计时，将空间内的人员全部疏散所耗费的时间是防火设计的一项重点内容。而疏散的时间与空间大小、结构、人员的数量、年龄组成等都有很大的关系，无法用统一的方法或者公式来进行计算，需要采用一定模型进行模拟之后才能得出比较准确的数据。因为涉及人员的行为因素，所以在模拟疏散的过程，以及计算疏散的时间时，需要有一个非常接近现实环境的模拟空间来进行支撑，BIM模型的出现就正好能够提供这种支撑，到目前为止，有很多大规模的建筑设计中都用到了基于BIM的安全疏散分析。就是用动画的方式来模拟的办公大楼的安全疏散分析情况，动画中所观察到的是很多层楼的疏散状况，楼梯之间的封闭墙并没有展现出来，这种安全疏散分析模拟实际上也是采用可视化的方式来表达设计分析的结果，只是还可以对这种可视化的设计进行交流、沟通和修改，这种表现方式对于设计分析来说是非常理想的。

3. 协同设计与冲突检查

在传统的设计项目中，每一个专业的设计者只会负责分内的设计工作，如果需要对整个设计项目进行协调，就只能以召开专门的协调会议，或者是查阅彼此的设计资料的方式来实现。这些方式不但烦琐，而且不及时，因为各专业之间协调不到位而出现问题的情况在工程项目中出现的频率比较高，而且影响也比较差。这种协调不足造成了在施工过程中冲突不断、变更不断的常见现象。

而 BIM 的出现在很大程度上缓解了这类问题出现的情况，它主要是通过协同设计和冲突检查的方式实现的。协同设计就是在设计工作进行的过程中，及时地协调各专业之间的冲突，及时地消除这些矛盾，从而有效地避免专业冲突大量出现的情况；而冲突检查就是就三维模型进行实时检查，一旦发现冲突，及时地进行修订。到现在为止，冲突检查变成了 BIM 的名片，大量的事实表明，冲突检查的效果是非常好的。

（1）协同设计。传统意义上的协同设计很大程度上是指基于网络的一种设计沟通交流手段，以及设计流程的组织管理形式，包括通过 CAD 文件、视频会议、通过建立网络资源库、借助网络管理软件等。

基于 BIM 技术的协同设计是指建立统一的设计标准，包括图层、颜色、线型、打印样式等，在此基础上，所有设计人员在一个统一的平台上进行设计，从而减少现行各专业之间（以及专业内部）由于沟通不畅或沟通不及时导致的错、漏、碰、缺，真正实现所有图纸信息元的单一性，实现一处修改其他自动修改，提升设计效率和设计质量。协同设计工作是以一种协作的方式，使成本可以降低，可以更快地完成设计，同时也对设计项目的规范化管理起到重要作用。

协同设计由流程、协作和管理三类模块构成。设计、校审和管理等不同角色人员利用该平台中的相关功能实现各自工作。

（2）碰撞检测。二维图纸不能用于空间表达，使得图纸中存在许多意想不到的碰撞盲区。并且，目前的设计方式多为"隔断式"设计，各专业分工作业，依赖人工协调项目内容和分段，这也导致设计往往存在专业间碰撞。同时，在机电设备和管道线路的安装方面还存在软碰撞的问题（实际设备、管线间不存在实际的碰撞，但在安装方面会造成安装人员、机具不能到达安装位置的问题）。

在 BIM 的作用下，不属于同一个专业的两个模型可以合成两个相互关联的模型，然后在具有冲突检查功能的软件作用下，可以将两个构件之间有可能存在冲突的地方找出来，然后就这些点发出警报，人工便可以对这些可疑点进行辨别。一般来说，在初步设计的后期便会开始进行冲突检查，伴随着设计工作的深入，软件一直都在进行着"检查—确认—修复—更改"的循环模式，当设计中所有的冲突无一遗留地检查出来，而且所有的冲突都得到了修复，也就是当检查冲突时，结果显示为 0 的时候，这时的设计协调率是百分之百。一般情况下，由于不同专业是分别设计、分别建模的，任何两个专业之间都可能产生冲突，因此冲突检查的工作将覆盖任何两个专业之间的冲突关系，如：①建筑与结构专业，标高、剪力墙、柱等位置不一致，或梁与门冲突；②结构与设备专业，设备管道与梁柱冲突；③设备内部各专业，各专业与管线冲突；④设备与室内装修，管线末端与室内吊顶冲突。冲突检查过程是需要计划与组织管理的过程，冲突检查人员也被称作"BIM 协调工程师"，他们将负责对检查结果进行记录、提交、跟踪提醒与覆盖确认。

4. 设计阶段造价控制

对于控制整个建筑的造价来说，设计阶段是非常重要的，方案如何设计，直接决定了工程的造价，从理论方面来讲，对于建设项目而言，在进行概算和估算时就基本上确定了设计阶段的造价控制，设计估算和设计概算分别发生在方案的设计和初步设计的阶段，而事实是，设计估算和设计概算并没有被绝大多数的工程所重视，他们在施工的时候才对造价进行控制，为时已晚，他们已经错过了控制造价最好的机会。运用 BIM 来对设计阶段的造价进行控制的操作性是很强的。因为 BIM 模型中包含了所有的与建筑有关的空间及其构件的几何参数、材料的属性，这些信息都可以被输入到工程量统计软件中，这些信息经过自动分析后会生成一些列的构件工程量，这些工程量与特定的规则是一致的。在设计阶段造价控制中应用 BIM 模型，在计算工程量时再也不必要建立专门的模型了，还可以将设计所对应的造价及时地体现出来，参照这些，设计专业便可对建筑项目进行适量地限额设计和优化设计，实现对造价控制的实时性。

5. 施工图生成

施工图是设计成果最直接也是最重要的表现方式，它是一份图纸，含有非常多的技术参数以及标注数据，我国目前的施工主力仍然是人工，在此条件下，平面的施工图还是具有很重要的地位，短时间内是无法被取代的，但是 CAD 制图有着非常突出的弊端，那就是图纸完成后，如果需要对某个部位进行更改，那么与这个部位有关的图纸都会需要更新，比如，建筑物中的某一根柱子的断面尺寸需要发生改变，那么与该柱子有关的平面图、布置图、柱配筋图、建筑详图等都需要逐一进行修改，这种烦琐的修改流程很容易疏忽掉某些图纸，对设计的质量会造成一定的影响。

BIM 模型是一个三维的模型，它可以将建筑的构件和空间完整地描述出来，二维图纸在 BIM 模式下生成的方式是非常理想的。从理论上来讲，由于 BIM 的数据源是唯一的，那么不论工程设计中的任何一个部分被修改，BIM 中都可以表现出来，而且与修改数据相关的二维图纸都会自动更新，二维图纸的自动更新避免了设计者在修改图纸上耗费大量的时间，同时还有效地避免了漏改的情况，提高可设计的效率。按照设计的目的来进行施工的过程就是施工阶段，施工阶段是建设工程中最核心的一个环节，耗费的时间最多，同时要切实确保达到工程的各项指标。在规定的时间内按照工程项目的质量标准要求完成建设的任务是施工阶段最主要的任务。

（四）预制加工管理

BIM 技术在预制加工管理方面的应用主要体现在钢筋准确下料、构件详细信息查询及出具构件加工详图上，具体内容如下：①钢筋准确下料。在以往工程中，由于工作面大、现场工人多，工程交底困难而导致的质量问题非常常见，而通过 BIM 技术能够优化断料组合加工表，将损耗减至最低。某工程通过建立钢筋 BIM 模型，出具钢筋排列图来进行钢筋准确下料；②构件详细信息查询。检查和验收信息将被完整地保存在 BIM 模型中，相关单位可快捷地对任意构件进行信息查询和统计分析，在保证施工质量的同时，能使质量信息在运维期有据可循。某工程利用 BIM 模型查询构件详细信息；③构件加工详图。BIM 模型可以完成构件加工、制作图纸的深化设计。利用如 Tekla Structures 等深化设计软件真实模拟，进行结构深化设计，通过软件自带功能将所有加工详图（包括布置图、构件图、零件图等）利用三视图原理进行投影、剖面，生成深化图纸，图纸上的所有尺寸，包括杆件长度、断面尺寸、杆件相交角度均是在杆件模型上直接投影产生的，通过深化设计产生的加工数据清单，直接导入精密数控加工设备进行加工。保证了构件加工的精密性及安装精度。

1. 虚拟施工管理

在 BIM 的支撑下，将施工的计划和模拟与施工现场的监控综合起来，对整个施工进行仿真预演，这样就可以预先看见施工的过程和施工的效果，对于不合理、不完善的地方可以在真正施工之前进行修改，避免了因返工所造成的返工和管理的费用支出，同时还减少了风险，使管理者对施工过程的管控力度加强。

在虚拟施工管理中的专项施工、关键工艺、场地布置、施工模拟（包括钢结构和土建主体）、装修效果等方面的模拟过程中都需要用到 BIM 技术，下面将分别对其详细介绍。

（1）场地布置方案。运用 BIM 技术所建立的模型和一些临时的设施，可以对施工的场地进行合理地分配，如仓库、加工区、生活区、塔吊、停车场等区域的规划，使得现场平面布置和场地划分的问题都得到了有效的解决，业主还可以和设计单位就模拟出来的可视的场地布置进行交流沟通，对于不合适的地方进行修改，这样有利于优化施工场地，确定一套最适合的施工方案。基于 BIM 的施工场地布置方案规划。

（2）专项施工方案。专项施工方案的编制过程中融入 BIM 技术，即使是一些非常复杂的工序，也可以非常直观地对其进行分析，变复杂为简单、透明，将方案中编制的施工情况进行预演，可以将事先隐藏在施工现场的一些消防和安全方面的隐患，还有就是一些可能引发危险的点排查出来，合理而有效地安排施工的工序，可以满足专项施工方案的合理性和专项性。

（3）关键工艺展示。基于 BIM 技术，能够提前对重要部位的安装进行动态展示，提供施工方案讨论和技术交流的虚拟现实信息，从而帮助施工人员选择合理的安装方案，同时可视化的动态展示有利于安装人员之间的沟通及协调。

（4）装修效果模拟。针对工程技术重难点、样板间、精装修等，完成对窗帘盒、吊顶、木门、地面砖等基础模型的搭建，并基于 BIM 模型，对施工工序的搭接、新型、复杂施工工艺进行模拟，对灯光环境等进行分析，综合考虑相关影响因素，利用三维效果预演的方式有效解决各方协同管理的难题。

2. 施工进度管理

因为传统的进度管理方法有很多的漏洞，这样使得在管理的过程中经常会发生事故，比如运用 CAD 设计出来的图形立体感太差，空间想象能力弱一点的人就会有很大的障碍，在各个专业进行沟通时，会存在很大的困难，网络计划也会非常的不具体而让人难于理解，执行起来的难度也会很大。运用 BIM 技术，就可以完全避免二维的这些不足点，可以有效地降低对于一些因图纸变更和返工所造成的损失，精简了各种计划编制的流程，从而提高了效率，简化了准备竣工资料的流程，从而加快了进度，大幅度提高了项目中各个专业配合的效率。

工程项目进度管理中的应用主要体现在以下五个方面。

（1）BIM 施工进度模拟。将 BIM 技术应用于施工进度计划之中，这样 3D 的空间信息和时间集成到一个模型之中，这个模型是 4D 的，通过这个 4D 的模型，施工的过程可以被完整地、直观且准确地表达出来，最新的施工进度也可以被实时的跟踪，对于一些对施工进度可能造成影响的因素分析、各专业之间的冲突协调、各项措施的制定都非常有帮助，最终使得施工的周期缩短，建造的成本降低，同时建造的质量大大提高。

通过 4D 施工进度模拟，能够完成以下内容：基于 BIM 模型，对工程重点和难点的部位进行分析，制定切实可行的对策；依据模型，确定方案，排定计划，划分流水段；BIM 施工进度编制用季度卡来编制计划；将周和月结合在一起，假设后期需要任何时间段的计划，只需在这个计划中过滤一下即可自动生成；做到对现场的施工进度进行每日管理。某工程链接施工进度计划的 4D 施工进度模拟，在该 4D 施工进度模型中可以看出指定某一天某一刻的施工进度情况，并与施工现场进行对比，对施工进度进行调控。

（2）BIM 施工安全与冲突分析系统。BIM 施工安全与冲突分析系统应用主要体现在以下方面，如图6-3所示。

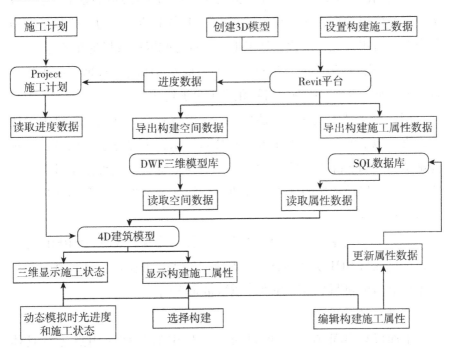

**图6-3　基于 BIM 的项目进行控制流程图**

1）时变结构和支撑体系的安全分析通过模型数据转换机制，自动由 4D 施工信息模型生成结构分析模型，进行施工期时变结构与支撑体系任意时间点的力学分析计算和安全性能评估。

2）施工过程进度/资源/成本的冲突分析通过动态展现各施工段的实际进度与计划的对比关系，实现进度偏差和冲突分析及预警；指定任意日期，自动计算所需人力、材料、机械、成本，进行资源对比分析和预警；根据清单计价和实际进度计算实际费用，动态分析任意时间点的成本及其影响关系。

3）在施工现场，场地碰撞检测利用 4D 时空模型和碰撞检测算法，通过动态碰撞来检测和分析构件与管线、设施与结构的质量和关系。

（3）BIM 建筑施工优化系统。BIM 建筑施工优化系统应用主要体现在以下方面：

1）优化 BIM 和离散事件模拟的施工。为了比选出优秀的施工方案，需要模拟计算各项工序，通过对比工序工期、人力、机械、场地等资源的占用情况，来优化施工工期、资源配置以及场地布置等。

2）优化 4D 施工的模拟过程。通过收集 4D 施工管理与施工优化进行的数据，来使 4D 施工可视化模拟更加优化。

（4）三维技术交底及安装指导。三维技术交底即通过三维模型让工人直观地了解自己的工作范围及技术要求，主要方法有两种：一种是虚拟施工和实际工程照片对比；另一种是将整个三维模型进行打印输出，用于指导现场的施工，方便现场的施工管理人员拿图纸进行施工指导和现场管理。

（5）移动终端现场管理。采用无线移动终端、WED 及 RFID 等技术，全过程与 BIM 模型集成，实现数据库化、可视化管理，避免任何一个环节出现问题给施工和进度质量带来影响。

3. 施工质量管理

下面仅对 BIM 在工程项目质量管理中的关键应用点进行具体介绍。

（1）建模前期协同设计。建模前期协同设计即在建模前期，在严格要求净高的区域里，建筑专业和结构专业的设计人员应该提前告知机电专业的相关人员，吊顶高度及结构梁高度大致是多少，当遇到空间狭小、管线复杂的区域时，各专业人员要提前协调确定局部的二维剖面图。在建模前期，部分潜在的管线碰撞等问题能得到有效解决，并提前预知潜在的质量问题，这是建模前期协同设计的根本目的。

（2）碰撞检测。碰撞检测即基于 BIM 可视化技术，施工设计人员在建造之前就可以优化净空和管线排布方案，通过检查项目的碰撞试验，来消除硬碰撞、软碰撞的情况，在建筑施工阶段，尽量避免发生错误和返工事件，以此优化工程设计。利用碰撞优化后的三维方案，施工人员不仅可以施工交底和施工模拟，而且可以提高施工质量，与业主进行良好的沟通。

4. 施工安全管理

下面将对 BIM 技术在工程项目安全管理中的具体应用进行介绍。

（1）施工准备阶段安全控制。在开始施工之前，为了尽可能地避免发生安全事故，首先会利用 BIM 对于实践相关的工作进行安全分析，具体包括：在施工准备阶段，利用 4D 模拟与管理跟安全表现参数有关的计算，排除建筑安全风险；把施工空间利用 BIM 虚拟环境进行划分，以及利用 BIM 和相关信息技术对工程进行安全规划，排除虚拟环境中发现的潜在的安全隐患；有限元分析平台与 BIM 模型进行结合后，通过力学计算保障施工安全；利用 BIM 模型寻找施工过程可能出现的重大危险源，自动识别水平洞口的危险源等。

（2）施工过程仿真模拟。仿真分析技术能够模拟建筑结构在施工过程中不同时段的力学性能和变形状态，为结构安全施工提供保障。以 BIM 模型为基础，结合先进的时变结构分析方法，并且附加上材料属性、边界条件和荷载条件，开发出相应的有限元软件接口，把 BIM、4D 技术和时变结构分析方法进行有机结合，通过有效地传递三维模型，实现对施工过程结构的安全分析，尽早地发现施工过程中可能存在的潜伏危险，为避免发生安全事故，对安全维护措施的编制和执行提出明确的指导。

（3）模型试验。通过 BIM 技术建立试验模型，来验证施工方案的合理性与施工技术的安全可靠性，以此展示那些为体系复杂和施工难度大的结构所设计的施工方案，并提供试验模型的基础信息。

（4）施工动态监测。为了能及时了解到施工过程中结构的受力情况和运行状态，对施工过程中的重要部位和关键工序，进行实时施工监测。

（5）防坠落管理。坠落危险源包括尚未建造的楼梯井和天窗等，通过在 BIM 模型中的危险源存在部位建立坠落防护栏杆构件模型，研究人员能够清楚地识别多个坠落风险；且可以向承包商提供完整，详细的信息，包括安装或拆卸栏杆的地点和日期等。

（6）塔吊安全管理。在整体 BIM 施工模型中布置不同型号的塔吊，能够确保其同电源线和附近建筑物的安全距离，确定哪些员工在哪些时候会使用塔吊。在整体施工模型中，用不同颜色的色块来表明塔吊的回转半径和影响区域，并进行碰撞检测来生成塔吊回转半径计划内的任何非钢安装活动的安全分析报告。

（7）灾害应急管理。BIM 能够模拟人员疏散时间、疏散距离、有毒气体扩散时间、建筑材料耐燃烧极限、消防作业面等，主要表现为：4D 模拟、3D 漫游和 3D 渲染能够标识各种危险，且在 BIM 中生成的 3D 动画、渲染能够用来同工人沟通应急预案。

5. 施工成本管理

下面将对 BIM 技术在工程项目成本控制中的应用进行介绍。

（1）快速精确的成本核算。利用 BIM 技术建立的模型，不仅包含二维图纸中所有位置长度等信息，并包含了二维图纸中不包含的材料等信息，计算机通过识别模型中的不同构件及模型的几何物理信息（时间维度、空间维度等），汇总统计了各种构件的数量。BIM 的算量方法简化了人工算量的工作幅度，也有效地避免了人为原因造成的计算错误，减少了人力的工作量，也节约了大量的工作时间，快速有效地组建了一个强大的工程信息数据库。

（2）预算工程量动态查询与统计。基于 BIM 技术，模型可直接生成所需材料的名称、数量和尺寸等信息，而且这些信息将始终与设计保持一致，在设计出现变更时，该变更将自动反映到所有相关的材料明细表中，造成预算工程量动态查询与统计价工程师使用的所有构件信息也会随之变化。在基本信息模型的基础上增加工程预算信息，即形成了具有资源和成本信息的预算信息模型。

（3）限额领料与进度款支付管理。为了能同时管理多专业和多系统数据，利用 BIM 软件管理整个项目数据时，采用系统分类和构件类型等方式，规定了视图显示和材料统计的方式方法。

例如，给水排水、电气、暖通专业可以根据设备的型号、外观及各种参数分别显示设备，方便计算材料用量。

6. 物料管理

具体表现如下：

（1）安装材料 BIM 模型数据库。项目部拿到机电安装各专业施工蓝图后，由 BIM 项目经理组织各专业机电 BIM 工程师进行三维建模，并将各专业模型组合到一起，形成安装材料 BIM 模型数据库，该数据库是以创建的 BIM 机电模型和全过程造价数据为基础的，把原来分散在安装各专业人员手中的工程信息模型汇总到一起，形成一个汇总的项目级基础数据库。

（2）安装材料分类控制。材料的合理分类是材料管理的一项重要基础工作，安装材料 BIM 模型数据库的最大优势是包含材料的全部属性信息。在进行数据建模时，各专业建模人员对施工所使用的各种材料属性，按其需用量的大小、占用资金多少及重要程度进行"星级"分类，根据安装工程材料的特点科学合理地控制。

（3）物资材料管理。运用 BIM 模型，结合施工程序及工程形象进度周密安排材料采购计划，不仅能保证工期与施工的连续性，而且能用好用活流动资金、降低库存、减少材料二次搬运。

（五）竣工交付阶段

竣工验收与移交是建设阶段的最后一道工序，目前在竣工阶段主要存在着以下问题：首先，验收人员验收工程的时候只是关注工程质量，而忽略了对工程使用功能的验收；其次，验收过程中没有把控好项目的整体效果，例如管线的整体排布是否符合设计和施工规范的要求，以及整体是否美观，后期的检修工作是否便利等问题，直观效果上没有足够的依据；另外，竣工后的现场情况很难通过图纸反映出来，在后期的运营管理中，可能会遇到各种不可知的问题。

因为 BIM 模型有完整的数据支撑，而且具有可视化的功能，通过与现场实际建成的建筑的对比，以上问题就可以迎刃而解。BIM 技术在竣工阶段的具体应用如下。

1. 检查结算依据

竣工结算的依据一般包含以下几个方面：

（1）《建设工程工程量清单计价规范》GB505002008。

（2）施工合同（工程合同）。

（3）工程竣工图纸及资料。

（4）双方确认的工程量。

（5）双方确认追加（减）的工程价款。

（6）双方确认的索赔、现场签证事项及价款。

（7）投标文件。

（8）招标文件。

（9）其他依据。

2. 核对工程数量

在结算阶段，核对工程量是最主要、最核心、最敏感的工作，其主要工程数量核对形式依据先后顺序分为四种。

（1）分区核对。分区核对处于核对数据的第一阶段，主要用于总量比对，一般预算员、BIM 工程师按照项目施工段的划分将主要工程量分区列出，形成对比分析表。

（2）分部分项清单工程量核对。分部分项清单工程量核对是在分区核对完成以后，确保主要工程量数据在总量上差异较小的前提下进行的。通过 BIM 软件的"反查"定位功能，对所对应的区域构件进行综合分析，确定项目最终划分，从而得出较合理的分部分项子目。而且通过对比分析表亦可以对漏项进行对比检查。

（3）BIM 模型综合应用查漏。由于目前缺少对专业与专业之间的相互影响的考虑，将对实际结算工程量造成的一定偏差，或者由于相关工作人专业知识的局限性，从而造成结算数据的偏差。

因为预算员没有足够的计算能力和施工经验，导致的施工过程中的经济损失等问题，通过综合应用各专业的 BIM 模型，都得到了有效的解决。

（4）大数据核对。大数据核对是在前三个阶段完成后的最后一道核对程序。对项目的高层管理人员依据一份大数据对比分析报告，可对项目结算报告做出分析，得出初步结论。BIM 完成后，可直接在云服务器上自动检索高度相似的工程进行云指标对比，查找漏项和偏差较大的项目。

3. 其他方面

BIM 在竣工阶段的应用，除工程数量核对以外，还主要包括以下方面：

（1）根据设计和施工阶段的 BIM 模型，验收人员在验收工程的过程中，不仅可以掌握工程的整体情况，而且可以对建筑、结构、水、电、暖等细节方面的设计情况进行验收，在把控整体质量和使用功能的同时，也细致地检查了工程的局部情况。

（2）在验收过程中，遇到的管线位置是否满足设计要求、是否有利于后期检修等问题，通过 BIM 模型与现场实际施工情况进行校核，可以得到有效的解决。

（3）在搭建竣工模型时，可以把项目的建筑设计和经济作用以及管理方式等信息融合到一起，运维管理单位在今后的使用过程中，可以快速地检索到建设项目的各类信息，保证可以顺利开展运维管理工作。

4. 运维阶段

目前，传统的运营管理阶段存在的问题主要有：一是目前竣工图纸、材料设备信息、合同信息、管理信息分离，设备信息往往以不同格式和形式存在于不同位置，信息的凌乱造成运营管理的难度；二是设备管理维护没有科学的计划性，仅仅是根据经验不定期进行维护保养，难以避免设备故障的发生带来的损失，处于被动的管理维护；三是资产运营缺少合理的工具支撑，没有对资产进行统筹管理统计，造成很多资产的闲置浪费。

BIM 技术可以保证建筑产品的信息创建便捷、信息存储高效、信息错误率低、信息传递过程高精度等，解决传统运营管理过程中最严重的两大问题：数据之间的"信息孤岛"和运营阶段与前期的"信息断流"问题，整合设计阶段和施工阶段的关联基础数据，形成完整的信息数据库，能够方便运维信息的管理、修改、查询和调用，同时结合可视化技术，使得项目的运维管理更具操作性和可控性。

## 第五节　BIM 项目管理实施分析

### 一、技术管理实施分析

在 3D 模型环境中，通过软件自动侦测和人工观察可以比传统的 2D 环境更容易发现不同设计专业之间的冲突，由此将大大减少工程建设项目在多方配合、快速建设的前提下可能带入施工阶段的设计风险。同时在建模过程中，还会发现各种图纸表达的错误，并及时反馈提示修改。

在建模过程中，总承包方按需要及时发出"信息请求（RFI）""澄清请求（RFC）"和"关注点（AOC）"等查询文件，向顾问方或相关专业分包制定协调记录文件，详细记录协调内容及跟进记录；对 BIM 模型中各专业的构件进行碰撞检查；定时组织设计协调会议处理碰撞及设计协调问题。会议相隔不长于 2 周直至所有碰撞问题予以解决；碰撞报告于协调会议前 3 天发出给相关单位做会议准备，并做好会议纪要。BIM 团队成员负责在专业软件配合下进行各专业之间的碰撞检查，并编制碰撞检测报告，提交例会进行讨论解决，如图 6 - 4 所示。

### 二、变更管理实施分析

利用 BIM 模型管理变更，做适当的模型设置演示变更对周期和造价的影响；变更指令做出的改动，提供模型对比展示原有及更新版本的区别及工料算量。

对于变更的修改，按施工顺序对变更进行落实，并按阶段或施工区域、或专业进行集中落实，并做好变更修改记录单，以便 BIM 模型整体管理。

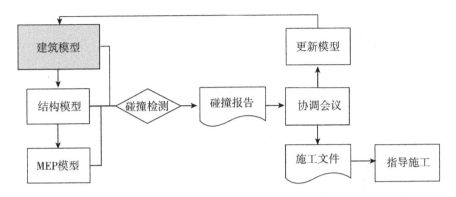

**图 6-4 碰撞检测工作流程**

对于变更的下发，由总包集中收集，按周期下发到 BIM 团队，修改模型。BIM 团队在收到变更时，根据实际变更量，即时落实到 BIM 模型上，以便模型实时反映现场。当设计图纸有问题或者需要对局部进行调整时，采用 BIM 进行 3D 变更设计，并导出 2D 施工图，形成变更洽谈单，提交设计院审核。

施工过程中，对施工图的设计变更、洽商在拟定阶段，由 BIM 团队根据拟变更图纸进行建模预检，提交拟工程变更预检报告，经业主方、设计单位、监理单位进行拟工程变更会审，会审通过后再下发正式变更文件和图纸。设计变更工作流程如图 6-5 所示。

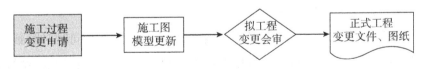

**图 6-5 设计变更工作流程**

在施工阶段，BIM 团队负责依据已签认的设计变更、洽商类文件和图纸，对施工图模型进行同步更新；同时，BIM 团队负责根据工程的实际进展，完善模型在施工过程中尚未精确完善的信息，以保证模型的最新状态与最新的设计文件和施工的实际情况一致。变更协同工作流程如图 6-6 所示。

**三、生产管理实施分析**

**（一）施工现场管理**

运用 BIM 技术，使所有构件三维可视化，能准确定位预埋件及预

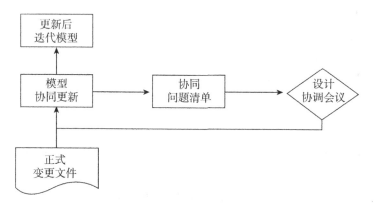

图 6-6　变更协同工作流程

留洞口的位置，而多专业之间进行协同更新工作的特点，在多次设计调整修改后，能及时进行相关预留预埋的调整，减少了拆改工作，为后期安装节省了大量时间。

（二）预制件加工管理

通过构件的 BIM 模型，结合数字化构件加工设备，实现预制、加工构件的数字化精确加工，保证相应部位的工程质量，并且大大减少传统的构件加工过程对工期带来的影响。钢结构构件、风管及水管等均可以采用 BIM 模型进行模拟。

（三）施工监督和验收

运用云系统平台，将 BIM 数据移到现场指导施工，同时对隐蔽工程进行监督。相反，将现场数据上传到平台，建立远程质量验收系统，远程即可完成相关验收工作，方便了超高层建筑施工。

（四）现场平面管理

分阶段建立（基础施工阶段、主体施工阶段、外立面及装修施工阶段），内容包括办公及生活区临建、临水、临电、库房、材料堆放区、材料临时加工场地、施工机械布置、运输道路、绿化区、停车位。通过模拟，可以更加直观、准确地掌握现场施工平面布置情况。同时可以提高施工场地的利用率，达到节地的目的。

（五）机械设备管理

结合 Navisworks 4D 模拟施工，能够合理地安排各阶段需要投入的机械设备、设备安装位置；并能为机械设备管理提供直观的沟通平台。

### 四、安全管理实施分析

（一）预警机制

基于 BIM 的工作方式并通过 3D 模型的碰撞检测，提前发现问题并予以解决，将施工中可能出现的碰撞问题扼杀在施工准备阶段，减少了潜在的经济损失。

（二）安全维护临边防护

运用 BIM 技术可提前进行危险源识别，通过三维可视化清楚识别电梯井、楼梯井和临边等多个坠落风险点，及时提醒相关人员进行防护栏的安装，并进行直观的安全交底工作。BIM 模型中的安全防护措施如图 6-7 所示。

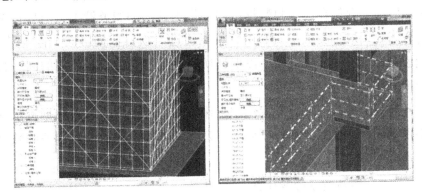

图 6-7　BIM 模型中的安全防护措施

### 五、BIM 保证措施实施分析

（一）实施管理原则

1. 针对性原则

BIM 实施须极具针对性，完全针对本项目的相应 BIM 实施内容。

2. 整体性原则

BIM 实施须与本项目的整体实施计划相结合，BIM 实施应成为整个项目实施的有机组成部分，每一项 BIM 实施内容，与其前置、后置任务都应有着必然的关联。

### 3. 非关键线路原则

在项目整体实施过程中，尽可能使 BIM 实施内容不处在关键线路上，从而使 BIM 的实施不会延长总进度计划，建议按专业、按区段进行流水作业。

### 4. 动态管理原则

在整个项目的 BIM 实施过程中，应以半个月为周期进行及时更新，以保证 BIM 实施的有效性、及时性和透明性，并且始终处于招标人的控制之下。

### （二）与项目各参与方的沟通协调措施

本项目各参与方的协同工作层面上，将充分利用"项目数据协同工作工具"来进行多方协调工作，将各种项目所需的数据、文档、图纸、资料等存储在"项目数据协同工作工具"的服务器上，当项目参与方需要调取各类数据资料时，可以通过"项目数据协同工作工具"调取最新版本的数据资料，以保证所有项目参与方都是使用的同一套数据。

此外，通过"项目数据协同工作工具"也能有效解决数据资料安全性的问题，保证只有被授权的项目参与方才能获得与其相关的数据资料。

### （三）实施质量管控体系

本项目的实施质量控制遵循 GB/T19001：2008-ISO9001：2008 标准，根据质量管理体系的要求，建立、实施并保持质量管理体系。确保有能力稳定地提供满足顾客和适用法律法规要求的产品；通过质量管理体系的有效运行，包括持续改进体系的过程以及保证符合顾客与适用法律法规的要求，不断提高顾客满意度。

按照 GB/T19001：2008-ISO9001：2008 标准规定，对质量管理体系进行策划并按要求建立质量管理体系，形成文件，加以实施和保持，并持续改进。

公司质量管理体系文件包括：质量管理手册（含质量方针、目标）、程序文件、工作文件、质量记录。

建筑信息模型（BIM）服务应用质量管理体系时，主要考虑以下

因素:

(1) 识别 BIM 服务质量管理体系所需的过程及其应用。

(2) 确定这些过程的顺序和相互作用。

(3) 确定为确保这些过程的有效运作和控制所需的准则和方法。

(4) 确保可以获得必要的资源和信息,以支持这些过程的运作和监视。

(5) 测量、监视和分析这些过程。

(6) 实施必要的措施,以实现对这些过程所策划的结果,以及对这些过程的持续改进。质量管理体系过程文件包括:文件和资料控制;质量记录控制、管理职责规定及管理评审控制;资源管理;产品实现过程控制(包括 BIM 顾客要求的识别和评审与沟通;BIM 服务过程控制;产品标识和可追溯性控制;顾客财产管理、服务交付和交付后服务控制等);顾客满意度测量与控制;内部审查、服务监视和测量;不合格控制;数据分析;持续改进及纠正和预防措施控制。

(四) 质量保证体系

BIM 的应用涉及不同单位,为了保证 BIM 工作的顺利开展,专业 BIM 团队在项目实施过程中,将会紧密与相关单位进行合作。为了保证质量体系有效执行,制定如下措施。

1. 组织体系保证

建立健全各级组织,分工负责,做到以预防为主,预防与检查相结合,形成一个有明确任务、职责、权限、互相协调和互相促进的有机整体。成立质量控制小组,设置组长、总协调员、质量专员等角色,并将各参建单位的关键人员纳入质量保证体系,对外发布质量保证小组名单。

2. 设置质量控制目标

从模型、应用、输出报告等方面制定质量目标,并为各项目标设置合理评估标准。

3. 制订质量控制计划

将质量审查计划与工作计划紧密结合,保证质量控制的时效性,

4. 做好质量培训

制订质量培训计划，对项目参建单位进行 BIM 质量保证和质量控制方面的集中培训。

5. 思想保证体系

用全面质量管理的思想、观点和方法，使全体人员真正树立起强烈的质量意识。

（五）内部质量管控措施

针对业主项目的管理特点，制定了严格的质量保证措施：

1. 资源配备充足

为应对本项目设计的特点，不但为各个专业配备了具有丰富 BIM 实施经验的工程师，还配备了具有项目经验的设计师作为后盾，为 BIM 设计优化提供经验支持，保证审核质量和审核成果的有效性和设计优化建议的针对性、科学性。

2. 科学的工作流程

为了保证工作的有序，设计了严格的工作流程，保证各个环节顺利衔接，各级实施人员职责分明，可有力保障审核程序落地。

3. 多级审核制度

为了保证审查质量，制定了专业工程师、专业负责人、项目负责人多级审核制度，并由资深设计师提供专家支持，多层次保障审核工作的执行效果。

4. 规范的工作模板

为了使各方提交的成果规范统一，为各方制定统一的工作模板，如模型审核记录表、模型问题协调会模板、碰撞检查报告模板、管线综合模板等，保证过程资料记录全面，保证提交业主的成果规范。

5. 纠偏改善措施

通过项目执行过程中的阶段总结，按照戴明质量环（PDCA）循环规律，不断提高服务质量，及时纠正和改进过程中出现的问题。

**六、案例分析——济南钢铁多项目管理实施战略的案例研究**

（一）案例背景

齐南钢铁（以下简称济钢）始建于 1958 年，50 多年来济钢依靠技术创新和管理创新，已逐步发展成为一业为主、多种经营、跨地区、跨行业、跨国家，集工业、贸易、科研、开发于一体，具有较强市场竞争力，中国十大钢铁企业集团、国家确定的512家重点企业集团之一。济钢目前资产总额422亿元。产品以中板、中厚板、热轧薄板、冷轧薄板为主。2007年生产钢1212万t、钢材1147万t；实现销售收入509.7亿元、利税60.9亿元、利润30.1亿元；出口创汇8.1亿美元，进出口贸易总额17.2亿美元。

2013年在国家政策鼓励、市场需求快速增长、行业技术水平提高的情况下，济钢集团结合自身技术水平和内部资源储备，于2013年确定以"调整结构、增大产能、提高质量"为核心的"板材精品基地"战略：2013—2020年，加快技术改造和结构调整，实现工艺装备大型化、紧凑化、自动化和产品结构由普碳钢材为主向品种钢材为主的置换转变，建成国内一流、国际先进的板材精品基地。在战略的实施过程中，济钢创新性地采取多项目管理的模式，取得显著成效，已于2017年提前完成战略目标，跻身先进钢铁企业之列。

（二）基于多项目管理的纵向战略制定与实施

1. 战略目标制确定

2013年正处于中国经济快速增长的时期，国内基础设施的建设规模不断扩大，房地产等行业快速发展，带动了钢材消费量的快速增长。根据当时中国钢铁协会及国际咨询公司的调研资料，2013年我国钢材表观消费总量为24973万t，2015年我国钢材表观消费总量为29200万t，计划2020年该消费量将达到35000万t。而相对于其他钢材，板带材和薄板带材呈逐年上升趋势，生产能力却提升很慢，产生了较大的缺口。同时，济钢所处的山东省是我国的经济大省，GDP值占全国的10.6%，也是热轧薄板、冷轧薄板、彩涂镀锌板等高附加值板材的消耗大省，但就冷轧板带生产而言，在当时的山东省还处于空白，其他几类高附加值板材的生产规模也十分有限。济钢清醒地意识到，发展板带产品（冷热轧薄板、涂层板及宽厚板）有较大的市场空间。结合对外部竞争环境及内部资源的分析，济钢处于SWOT矩阵（图6-8）中的OS象限，选择增长型战略是必然的。济钢于2013年确定以"调整结构、增大产能、提高质量"为核心的"板材精品基地"战略。

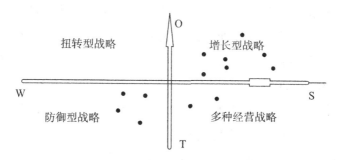

**图 6-8　针对 2013 年济钢内外环境的 SWOT 分析**

面对严峻的竞争和广阔的市场，济钢最终确定了以"求精"来"做强"的重大战略调整，但以怎样的手段和方法才能确保战略目标的实现（如何使企业战略落地）成为了摆在济钢人面前的又一个问题。实施板材精品基地战略，要求在尽量短的时间内扩大生产规模，增加产品品种，提高产品质量，进而提高企业效益。钢铁行业属于生产工艺复杂、流程长的行业，必须兼顾整个系统的整体配套，如果仅想通过单个项目的实施来解决，有一定的局限性，因此往往都是在同一时期同时开展多个项目的施工。这些项目虽然不同，但是它们之间却有着密切的联系。同时，企业的资源是有限的，需求的不断增加就要求企业必须提高管理水平，合理配置资源。基于"板材精品基地"战略的实施需要引进的先进技术与传统技术的融合；新上生产线与固有生产线的配合；企业人员、资金以及其他资源的整合的现状，以及济钢生产管理过程中的经验和失败的教训，管理层意识到，需要重新调整组织结构，并对组织内的多个项目进行统一协调和管理，实现组织整体效益最大化，进而实现组织的战略目标，并最终决定采取多项目管理的模式来确保战略的实施。

2. 战略的实施

战略的有效实施需要组织机构的保障，当济钢确定采用多项目管理的思想来实施其"板材精品基地"战略时，面临的一个重要问题就是采用什么样的组织模式来作为支持战略的多项目管理组织保障，从而既保证多项目与组织战略的一致性，又可以有效地解决跨部门协作问题。在原有的组织模式管理下，一个项目从项目立项、前期准备、图纸设计、施工建设，到最终交付使用，其流程要经过公司上下十几个相关部门。随着公司规模的扩大，管理层次的增多，信息传导与沟通的成本急剧上升，信息常常在传递过程中失真，从而导致了企业效率低、成本高、浪费大、决策迟缓等缺陷。此外济钢的这种职能导向型项目组织模式容易造成企业核心流程不明确，导致高层领导者将过多的精力放在次要流程上，而忽视了整个组织的合作。在新的战略规划下，济钢须同时开展几十个项目，各项目之间存在着极大的依存关系。单纯的职能制模式已不适应多项目的管理过程。组织结构的改革得到了集团领导的高度重视，授意发展规划部对同行业的其他重点企业的组织模式进行调研比较，总结出了其特点：充分考虑多项目的特点，围绕项目来组织资源以实现其目标，使得新的组织结构设计符合多项目管理组织结构扁平化；权力分配合理；可正确处理不同项目间的利益分配等。项目管理办公室（PMO）的增设主要是为了实现三方面目标：把多项目与企业战略连接起来，取得高级管理者的支持，确保项目符合组织战略目标；提高项目收益，优化项目组合，为资源配置提供方法和全面管理，加强整体和资源的管理；加强多项目活动的监管，加强组织战略目标和多项目计划的沟通，在所有的项目阶段加强团队协作精神，缩短项目完成时间，降低项目风险。经过分析，按照发展规划部原有的职责，可增加部分职能，使其成为项目管理中心，担当项目管理办公室（PMO）的角色。在"板材精品基地"战略实施过程中，由李长顺担任总体项目的项目经理，根据各子项目的需求以及人力资源的状况，确定项目经理，由各部门派出指定的人员作为项目组成员。发展规划部作为项目立项、监控、协调的中心，负责处理战略、业务以及项目控制事宜，考察项目规划是否与战略一致，监控项目实施是否保证符合战略要求。同时，李长顺总经理和各项目经理负责业务管理、项目监控、项目协调等日常性工作。济钢的每个子项目作为一个完整的管理流程，采用项目经理负责制，摆脱了职能导向的影响。

在基于多项目管理的战略实施过程中，随着企业战略和规划的拟定，适合多项目管理的组织机构的设立，济钢面临着大批项目的筛选，项目组合方案的确定。在单个项目的管理中，"怎样做好这个项目"可能是问题的关键，而在多项目管理中，"怎样实现各个项目对目标贡献最大"是关键的问题。多项目选择的重点是确保如下目标的实现：与战略相符合；多项目组合必须符合企业的技术要求；经济指标评价良好。

多项目的最主要特征是项目之间在经济和技术上存在着复杂的相关作用。这种相关作用的表现形式及产生原因是多种多样的，主要有以下几种表现形式：因资金、能源、材料等的限制而引起的项目之间的互补性，项目之间在生产运行上的相关作用而引起的项目之间的互补性，或项目之间技术上的匹配性所导致的项目之间的依存关系。而济钢所需选择的多项目恰恰是最后一种情况。济钢以往的项目选择以财务型收益为主要评价指标，过于注重企业的短期收益，忽视了所选项目与企业长期发展战略的联系。新设计的多项目选择过程包括战略和战略目标的确定、项目提议、单个项目选择、项目优先级排序和确定战略项目五个阶段。最优项目组合选择和评价是多项目选择的核心阶段。为了保证项目、资源分配与企业战略三者的一致性，企业采用打分模型（Scoring Model）来进行筛选。企业采用的主要评分标准及其权重是通过德尔菲法，利用先前积累的专家库，聘请集团内部专业人士、同行以及专业咨询公司、设计院，经过多轮回馈制定出来的。最重要的是符合了战略服从和经济回报两重标准。评分标准主要有以下四个方面：

（1）战略一致性。主要是评价项目与企业发展战略目标的一致性，评价项目是否对企业的发展起到支持作用。这是最重要的评分标准，其权重为 0.40。

（2）项目的收益。该标准是为了保证所选的项目对企业的回报，粗略估算项目投资回报情况，进入项目组合后，还要进一步详细测算。项目的收益是根据项目的 NPV 值以及项目的成本来确定的，其权重为 0.30。

（3）技术可行性。主要是对项目的技术风险进行评价，对于钢铁企业来说，技术可行性是相当重要的，因此，其权重为 0.20。

（4）项目风险。权重为 0.10。由于打分模型将战略服从作为打分的重要标准，所以利用打分模型选择出的项目组合是一个与组织战略相联系的组合。可以保证选择出来的多项目是符合战略的。按照以上程序，同时根据济钢的战略内容和战略目标，对公司的储备项目进行了综合打分（以项目最理想的状态为基准和标杆）。根据评价的结果，虽然小型板材和中板生产在当时的竞争条件下仍能取得不错的项目收益，但由于与公司整体战略不一致而被淘汰。最终确定的济钢"板材精品基地"战略项目是在 3~5 年内形成两条紧凑、连续、高质、高效的现代化生产线（500 万 t）。

钢铁企业的生产工艺流程复杂，要想完成"板材精品基地"战略的目标，必须对每一道工序进行全方位的设计和考虑，达到质量保证、能力匹配。济钢多年的生产经验表明：配料、烧结球团、炼铁、炼钢、轧钢作为一个连续完整的生产工序系统，最终产品的价值是由各个工序不断积累形成的。作为以转炉生产为核心的钢铁企业，炼铁、炼钢、轧钢是创造价值的核心环节。经过多项目组合的技术分析、经济分析，济钢确定了以宽厚板生产线和薄板生产线两条线为基础的多项目组合，包括：3 座 $1750m^3$ 高炉、3 座 120t 转炉、3 座板坯连铸机及炉外精炼、中厚板三期工程、1700mm 中薄板坯连铸连轧工程、冷轧工程、冷连轧工程。项目可行性研究中预计，通过上述项目的实施，济钢可以在减少污染、降低能耗的同时，保证总体装备水平、产能和产品档次的提高，能够满足预期用户的需求情况，从而增强市场竞争力，取得良好的经济效益与社会效益。

3. 战略实施控制

多项目管理的核心问题在于如何实现有限资源的最佳配置，以避免多个项目之间为得到有限的关键资源而发生冲突和争论等。在进行多项目的资源配置管理过程中，济钢以 PMO 为主开展三方面的工作：识别各个项目的资源需求，分析企业的资源约束，制订多项目的资源计划。对项目需求的准确识别以及对资源及能力约束的准确掌握是制订资源计划的基础，而在这一过程中，资源计划是资源配置的中枢，它需要在符合企业战略的前提下，找出资源需求与资源约束的最佳平衡点，同时实现资源的优化配置。

在传统的管理模式下，组织资源、知识资源很难在项目之间得到共享，在多项目管理的环境中，同样存在诸多资源约束，例如资金、时间、人员等。从资金需求以及项目经济预测来看，固定资产投资127 亿元，流动资金和支付利息大约需要 40 亿元。当时济钢预测在2013—2015 年这三年的利润留成大约有 50 亿元，另外济钢在这三年的折旧大约为 30 亿元，自有资金并不足以建设项目，需要通过银行贷款。尤其是 2013 年济钢资金自筹和融资能力相对较弱，对项目建设形成了很大的约束。

人力资源方面，济钢虽然拥有自己的设计院，但资格等级是乙级，设计能力相对较弱，且在一定时期内同时开展多个项目的设计相对吃力；同时，济钢的施工部门冶建公司资质较低，可以开展部分基础项目的土建施工，但无力承担大型项目的设备安装和调试；济钢工程管理部同样缺乏管理大型项目的经验，集团内部拥有相关经验的项目经理和项目人员十分匮乏。时间方面，由于所选项目之间的技术匹配性和依存度很高，所以即使单个项目工期提前，可能并不能取得效益，甚至有可能由于赶工期造成其他资源的浪费。济钢发展规划部首先从设计院、财务处、预决算处、工程管理部以及相关分厂抽调有关人员组织计划小组，根据企业实际情况、战略和资金的筹集能力编排工作计划，并结合工作计划安排资金计划和人员分配计划。主要思路如下：

中厚板生产线包括的 1 号高炉、转炉、1 号连铸机、中厚板轧机改造是在原有设备的基础上进行进一步配套改造，所以安排先期施工，作为"板材精品基地"战略的一期工程。同时这三个项目固有资产投资 368521 万元，总投资为 475044 万元，当年济钢通过证监会核准上市，通过发行股票，可解决一定的融资问题。

薄板生产线作为二期工程，滞后于中厚板生产线一年半开工，此时中厚板生产线的主体工程已经基本竣工，部分项目已可以达产并产生经济效益，对资金的筹措会有一定的帮助，且先期达产的项目可以为二期开工的项目提供借鉴。因为高炉、转炉、板坯的型号都是一样的，可以节省订货费用，缩短施工工期。且项目管理人员由于有了一期项目的管理经验，可以借鉴一期项目施工中出现的问题，避免设计变更的增加。PMO 在战略实施中发挥统一控制、统一协调的作用，取得了很好的效果，仅以作为结构调整重点项目的 3 座 $1750m^3$ 高炉工程的建设为例，其建设周期不断缩短。1 号高炉建设工期 11 个月。2 号高炉克服老厂区用地紧张情况，采用超大跨度钢架结构设计、见缝插针的支架及通廊布置，将传统直线主皮带上料创新为垂直布置主皮带供料工艺，创新新式高炉煤气下降管设计等技术，将 2 号 $1750m^3$ 高炉超常规、紧凑布置在现有厂界内，仅占地 7.28 万 $m^2$（比常规节约 19.36 万 $m^2$），在狭小的空间仅用 10 个月时间就建成一座 $1750m^3$ 高炉；3 号高炉建设在总结了前两座高炉的基础上，仅用了 7 个月（213 天）的时间，比预定工期提前了一个月，与业内同类型高炉建设时间相比也缩短 3~5 个月，实现了速度和质量的同步提高，体现出改革管理方式取得的成效。

济钢"板材精品基地"战略依托多项目管理实施的成功经验，验证了多项目管理在多项目并行的战略管理环境中的适用性和有效性。传统的战略管理通常包括战略目标的制定、战略的选择、战略的实施控制及评价等环节，战略目标的制定是基于多项目管理进行战略实施的前提，通常包括设定企业宗旨和使命，分析外部竞争环境和内部资源情况，建立企业长期目标。基于多项目管理的战略管理最核心的环节就是要将作为组织实质领导核心的项目管理办公室引入组织的设计之中，在战略的实施过程中，将企业的战略目标逐步分解为项目组合目标、项目群目标以及单个项目甚至环节的目标，进而进行统一的战略实施控制和企业资源整合。企业在 PMO 的管理协调下，选择多项目方案，确定项目优先级，协调有限的资源在多项目之间达成最优的配置，最终实现企业的战略目标，如图 6-9 所示。

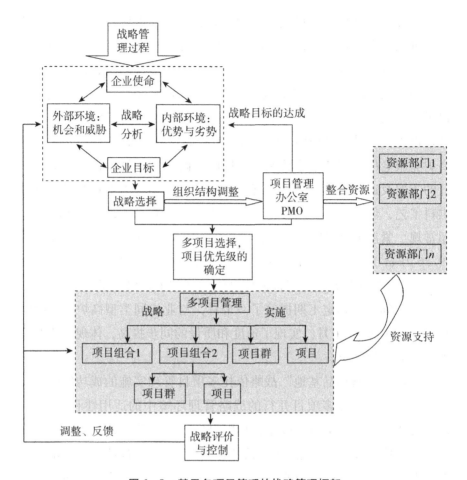

图 6-9　基于多项目管理的战略管理框架

# 第七章　BIM项目的应用实践

设计阶段的项目管理主要包含设计单位、业主单位等各参与方的组织、沟通和协调等管理工作。BIM技术慢慢地不断应用到我国的建筑行业当中，最先受到影响的是设计的过程，建筑的设计将在BIM的基础上得到新的开展。通过将BIM技术应用到设计阶段，能够将管理模式由原先的粗放化管理逐渐向精细化管理推进，项目的成本也将较以往大幅降低，建筑的工程质量以及工作效能可得到更好的保证。

## 第一节　BIM项目在设计阶段的应用

### 一、BIM技术应用清单

设计阶段是工程项目建设过程中非常重要的一个阶段，在这个阶段中将决策整个项目实施方案，确定整个项目信息的组成，对工程招标、设备采购、施工管理、运维等后续阶段具有决定性影响，此阶段一般分为方案设计、初步设计和施工图设计三个阶段。

在设计阶段项目管理工作中应用BIM技术的最终目的是提高项目设计自身的效率，提高设计质量，强化前期决策的及时性和准度，减少后续施工期间的沟通障碍和返工，保障建设周期，降低项目总投资。本阶段的参与方有设计单位、业主单位、供货方和施工单位等，其中以设计单位和业主单位为主要参与方。

设计单位在此阶段利用BIM的协同技术，可提高专业内和专业间的设计协同质量，减少错、漏、碰、缺，提高设计质量；利用BIM技术的参数化设计和性能模拟分析等各种功能，可提高建筑性能和设计质量，有助于及时优化设计方案、量化设计成果，实现绿色建筑设计；利用BIM技术的3D可视化技术，可提高和业主、供货方、施工等单位的沟通效率，帮助准确理解业主需求和开发意图，提前分析施工工艺和技术难度，降低图纸修改率，逐步消除设计变更，对于绿色施工的实现十分有利；有利于进行设计信息、设计合同以及设计安全方面的管理，将设计的成本、质量以及计划进度等更好地的控制到位。

业主单位在此阶段通过组织 BIM 技术应用，可以提前发现概念设计、方案设计中潜在的风险和问题，便于及时进行方案调整和决策；利用 BIM 技术与设计、施工单位进行快捷沟通，可提高沟通效率，减少沟通成本；利用 BIM 技术进行过程管理，监督设计过程，控制项目投资、控制设计进度、控制设计质量，更方便地对设计合同及工程信息进行管理，有效地组织和协调设计、施工以及政府等相关方。

BIM 技术在设计阶段的主要任务如下。

（一）进度控制

基于 BIM 技术的进度控制需在相关软件的基础上开发进度管理系统，该系统能够在编制、下达以及考评和执行等各个方面发挥作用，对于工程计划的实施以及管理有十分有益。而且，还能够将工程的进度进行模型化，以达到有效提升项目整体效能的目的。

（二）造价控制

由于传统的二维设计成果缺乏快速、准确量化和直观检验的手段，设计阶段透明度很低，难以进行工程造价的有效控制，而将造价控制的重点放在了施工阶段，错失了有利时机。

但是 BIM 技术主导下的造价层次把控就十分有利于具体的实施。这一方式可以不用进行工程量的建模，使程序大幅度便捷化，其还能够对工程当中的造价因素、质量因素以及设计的深度等进行及时的反馈。BIM 技术的应用是价值工程以及限额设计能够完美地应用到优化设计当中你前提和基础。

（三）安全管理

在设计计划时，必须要保证其是在相关法律以及工程建设标准的框架之内的，这有利于保障各项违法以及危害人身和工程安全的事故不会发生。随着技术的发展，BIM 模型可以集成这些法律、法规、规范和标准等信息，对不满足相关条款的设计进行及时提醒。设计阶段的安全管理主要包含以下几个方面：

（1）应树立安全意识，确保在相关法律以及工程建设标准范围内建立起各项安全保障措施。同时，还需要和业主一道积极配合消防等安全保障执法部门的检查，以此来确保安全。

（2）在施工当中有可能产生安全隐患的部位要设置安全标志和提示性标志，在总体的设计文件当中需要特别标注，同时，还要对安全事件的预防提出意见和建议。

（3）在施工使用新型结构以及新型工艺、材料或者是使用新型设备时，必须要将其使用的具体注意事项以及防范安全事故的建议标注在设计当中。

（四）质量控制

相比传统的二维设计和制图，BIM技术是基于三维设计的工具和方法，利用BIM技术可以很好地检验和提升设计质量：

（1）通过创建模型，可更好地表达设计意图，突出设计效果，满足业主需求。

（2）利用模型进行专业协同设计，可减少设计错误；通过碰撞检查，有效避免了空间障碍等类似问题。

（3）可视化的设计会审和专业协同，将使得基于三维模型的设计信息传递和交换更加直观、有效，有利于各方沟通和理解。

（五）信息管理

传统的设计信息管理方式是设计文件和设计模型的存档，由于涉及的单位和部门众多，这种方式有着明显的缺陷：

（1）由于文本信息较多，保存工作量大，导致经常出现信息缺失或者保存不全的情况。

（2）这种定时保存文本和模型的方式，不能够体现项目设计上的实时更新，存在一定的滞后性。

（3）这种保存方式阻碍了不同专业之间的交流，容易造成信息孤岛现象。

基于BIM的设计阶段信息管理具备以下优势：

（1）满足集成管理要求。BIM能够保留从项目开始的所有信息，如对象名称、结构类型、建筑材料、工程性能等设计信息，保证了信息的完备性。

（2）BIM 模型可以体现所有专业的即时更新，保证所有设计信息是最新的、最有效的，避免了因为信息不及时更新造成的返工等。比如，设计变更可以及时地体现在模型当中，所有专业都能够根据变更做出及时的调整。

（3）由于各个专业均是在同一个平台上操作，保证了信息的互通性，方便各个专业之间的沟通协调。

（4）满足全生命周期管理要求，BIM 模型可以保存设计开始到竣工，甚至运维的所有信息，以满足全生命周期各方对项目信息的需求。

（六）合同管理

利用 BIM 平台管理设计合同，理解 BIM 设计合同要求，明确 BIM 设计合同中方案设计的内容。

（七）组织与协调

在设计时，往往由于各专业设计师之间的沟通不到位而出现各种专业之间的碰撞问题，例如暖通等专业中的管道与结构设计的梁等构件冲突等。利用 BIM 协同、协作技术可以在项目各阶段协调好各专业和各参与方有条不紊地开展工作。BIM 在设计管理中的应用任务和各阶段具体应用点见表 7-1。

表 7-1　BIM 在设计管理中的任务和应用清单

| 设计阶段任务 | 应用点列表 | 各阶段的应用点 | |
| --- | --- | --- | --- |
| 1. 进度控制 | 1. 概念设计 | 方案设计阶段 | 应用点 1 |
| 2. 造价控制 | 2. 场地规划 | | 应用点 2 |
| 3. 安全管理 | 3. 方案比选 | | 应用点 3 |
| 4. 质量控制 | 4. 结构分析 | 初步设计阶段 | 应用点 4 |
| 5. 信息管理 | 5. 性能分析 | | 应用点 5 |
| 6. 合同管理 | 6. 工程算量 | | 应用点 6 |
| 7. 组织协调等 | 7. 协同设计与碰撞检查 | 施工图设计阶段 | 应用点 4 |
| | 8. 施工图纸生成 | | 应用点 6 |
| | 9. 出具三维渲染图 | | 应用点 7 |
| | | | 应用点 8 |
| | | | 应用点 9 |

## 二、BIM 技术在方案设计阶段的应用

方案设计阶段 BIM 应用主要包括利用 BIM 技术进行概念设计、场地规划和方案比选。

（一）概念设计

概念设计即是利用设计概念并以其为主线贯穿全部设计过程的设计方法。它是完整而全面的设计过程，通过设计概念将设计者繁复的感性思维上升到统一的理性思维从而完成整个设计。概念设计阶段是整个设计阶段的开始，设计成果是否合理、是否满足业主要求对整个项目的以下阶段实施具有关键性作用。

基于 BIM 技术的高度可视化、协同性和参数化的特性，建筑师在概念设计阶段可实现在设计思路上的快速精确表达的同时实现与各领域工程师无障碍信息交流与传递，从而实现设计初期的质量、信息管理的可视化和协同化。在业主要求或设计思路改变时，基于参数化操作可快速实现设计成果的更改，从而大大提高了方案阶段的设计进度。

BIM 技术在概念设计中的应用主要体现在空间形式思考、饰面装饰及材料运用、室内装饰色彩选择等方面。

1. 空间造型设计

空间造型设计即对建筑进行空间流线的概念化设计，比如说，一项设计的主题是通过海洋的氛围来达到一种流体的效果，那么在设计时就需要广泛采用各式曲线或者是波浪线等。当一项设计的结构造型较为复杂，则可以使用 BIM 系统，利用其数据信息实时变动的功能来进行复杂空间的设计以及调整等。这样就可以有针对性地进行设计工作，同时效果也十分不错。

下面以某体育馆概念设计为例，具体介绍 BIM 技术在概念设计阶段空间形体设计中的应用。

该体育馆的设计理念是"荷"，最终的设计目的是要体现出如荷叶一般的律动。我们要想将原本坚硬且规矩分明的结构转变为柔美且生动灵活的曲线美需要使用编制的理念，将其进行条理清晰的改变，最后才能够得到体育馆的正确结构。在概念设计初期，使用 Grasshopper 编写的脚本来生成整个罩棚的形体和结构，而后设计师通

过参数调节单元形体及整个罩棚的单元数量，快速、准确地生成一系列比选方案，使建筑师可以做出更准确的决定，从而实现柔美轻盈的设计概念，同时也能满足工业生产对标准化的要求。

2. 饰面装饰初步设计

饰面装饰设计来源于对设计概念以及概念发散所产生的形的分解，对材料的选择是影响能否准确有力地表达设计概念的重要因素。可以通过 BIM 技术来挑选模型的材质以及进行渲染的工作，更进一步地，还能够使得设计师身临其境进行设计内容的调整。

3. 室内装饰初步设计

基于 BIM 技术，可对建筑模型进行高度仿真性内部渲染，包括室内材质、颜色、质感甚至家具、设备的选择和布置，从而有利于建筑设计师更好地选择和优化室内装饰初步方案。

（二）场地规划

场地规划是指为了达到某种需求，人们对土地进行长时间的刻意的人工改造与利用。这其实是对所有和谐的适应关系的一种图示，即分区与建筑，分区与分区。所有这些土地利用都与场地地形适应。

基于 BIM 技术的场地规划实施管理流程和内容见表 7 - 2。

表 7 - 2　场地规划实施管理流程

| 步骤 | 流程 | 实施管理内容 |
|---|---|---|
| 1 | 数据准备 | ①地勘报告、工程水文资料、现有规划文件、建设地块信息；<br>②电子地图（周边地形、建筑属性、道路用地性质等信息）、GIS 数据 |
| 2 | 操作实施 | ①建立相应的场地模型，借助软件模拟分析场地数据，如坡度、方向、高程、纵横断面、填挖方、等高线等；<br>②根据场地分析结果，评估场地设计方案或工程设计方案的可行性，判断是否需要调整设计方案；模拟分析、设计方案调整是一个需多次推敲的过程，直到最终确定最佳场地设计方案或工程设计方案 |

续表

| 步骤 | 流程 | 实施管理内容 |
|---|---|---|
| 3 | 成果 | ①场地模型。模型应体现场地边界（如用地红线、高程、正北向）、地形表面、建筑地坪、场地道路等；②场地分析报告。报告应体现三维场地模型图像、场地分析结果，以及对场地设计方案或工程设计方案的场地分析数据对比 |

BIM 技术在场地规划中的应用主要包括场地分析和整体规划。

1. 场地分析

场地分析是对建筑物的定位、建筑物的空间方位及外观、建筑物和周边环境的关系、建筑物将来的车流、物流、人流等各方面的因素进行集成数据分析的综合。以往在场地分析当中总是有许多的问题，如信息处理量不够、不够客观以及定量分析较少等。而使用 BIM 和 GIS 的双重结合，这些问题都将得到完美解决。后期的设计工作也会得到更多的保障，诸多交通流线关系、场地上的规划以及建筑物之间的布局等都能更好地解决。利用相关软件对场地地形条件和日照阴影情况进行模拟分析，帮助管理者更好把握项目的决策。

2. 总体规划

方案设计阶段应用 BIM 技术进行设计方案比选，主要就是为了挑选出质量最高的方案，这样有利于设计阶段更好地进行。BIM 设计下的方案具体的实现过程是使用功能 BIM 系统来进行建筑物的设计模型制作，这一模型需要制作多个以供选择，且模型的形态是二维或者是三维的，这样能够达到更加高效的效果。

BIM 系统有诸多优点，主要体现在动画技术以及渲染和程序建模等方面。专业性较强的二维建筑模型通过 BIM 系统能够轻松地被转化为直观且通俗的三维模型，带给用户直观的感受，使得用户能够更加准确、直观地进行判断和决策。

基于 BIM 技术和虚拟现实技术对真实建筑及环境进行模拟，同时可出具高度仿真的效果图，设计者可以完全按照自己的构思去构建装饰"虚拟"的房间，并可以任意变换自己在房间中的位置，去观察设计的效果，直到满意为止。这样就使设计者各设计意图能够更加直观、真实、详尽地展现出来，既能为建筑的投资方提供直观的感受，也能为后面的施工提供很好的依据。

下面以某高铁站基于 BIM 技术的设计方案比选为例对其各主题方案对比情况做具体介绍。

在该项目设计方案比选过程中主要基于 BIM 技术对建筑整体造型进行仿真模拟和渲染，主要以效果图和三维动画的形式对方案进行展示。下面是该项目的三个不同主题方案。

方案一：金顶神韵

造型结构以武当山传统建筑为基础，通过现代建筑对古典建筑进行新的演绎。建筑整体由若干体量集聚而成，设计力图展现武当山古典建筑群规划严密、主次有序、建筑单体精巧玲珑的神韵，如图 7-1 所示。

图 7-1　方案一效果图

方案二：秀水

以山水为原形，建筑立面形成以候车大厅、售票厅、出站厅为辅佐的"三座山峰"。候车雨棚和玻璃连廊犹如灵动的江水围绕在山峦之间。整体建筑与周边山体环境交相呼应，如图 7-2 所示。

图 7-2　方案二效果图

方案三：汽车之魂

以该市著名工业产品——汽车为原型，以简洁抽象的手法再现工业汽车的流畅感和速度感。曲面屋顶酷似曲率自然流畅的车前盖。整体造型简洁、大气、现代、快速，彰显着"国际商用车之都"的恢宏大气，如图 7-3 所示。

图 7-3　方案三效果图

### 三、BIM 技术在初步设计阶段的应用

初步设计阶段 BIM 应用主要包括结构分析、性能分析和工程算量。

（一）结构分析

基于 BIM 技术的结构分析主要体现在：

（1）通过 IFC 或 Structure Model Center 数据计算模型。

（2）开展抗震、抗风、抗火等结构性能设计。

（3）结构计算结果存储在 BIM 模型或信息管理平台中，便于后续应用。

（二）性能分析

利用 BIM 技术，建筑师在设计过程中赋予所创建的虚拟建筑模型大量建筑信息（几何信息、材料性能、构件属性等）。只要将 BIM 模型导入相关性能分析软件，就可得到相应分析结果，使得原本 CAD 时代需要专业人士花费大量时间录入非常多专业数据的过程，如今可自动轻松完成，从而大大降低了工作周期，提高了设计质量，优化了为业主的服务。

性能分析主要包括以下几个方面：①能耗分析；②光照分析；③设备分析；④绿色评估。

在该楼的设计中，引入 BIM 技术，建立三维信息化模型。模型中可以承载非常多的与建筑相关的信息量，这些信息可以为建筑的各种性能方面的分析以及设计修改提供方便。举例来讲，BIM 模型可以体现一个建筑外围结构所具有的热感传递情况，根据这些热感传递数据可以分析得出整幢建筑能源消耗的大致情况，还可以依据建筑外围玻璃的透光率分析得知室内的采光情况，这样就能够准确分析并掌握一个建筑的绿色环保状况。这种分析结果还能很快地体现到对模型的修改中去，在建筑设计过程中根据分析结果对不合理的部分进行及时改进。

（三）工程算量

工程量的计算是工程造价中最琐碎、最复杂的部分。利用 BIM 技术辅助工程计算，能大大加快工程量计算的速度。利用 BIM 技术建立起的三维模型可以极尽全面地引入工程建设的所有信息。根据模型能够自动生成符合国家工程量清单计价规范标准的工程量清单及报表，快速统计和查询各专业工程量，对材料计划、使用做精细化控制，避免材料浪费，如利用 BIM 信息化特征可以准确提取整个项目中防火门数量的准确数字、防火门的不同样式、材料的安装日期、出厂型号、尺寸大小等，甚至可以统计防火门的把手等细节。

工程算量主要包括土石方工程、基础、混凝土构件、钢筋、墙体、门窗工程、装饰工程等内容的算量。

**四、BIM 技术在施工图设计阶段的应用**

建筑项目施工前期一个重要的时间节点就是施工图纸的设计阶段，这个阶段承载着一个建筑项目前期设计以及后期施工的桥梁作用。主要任务是将建筑项目的设计理念以及建成效果以图纸的方式呈现出来，作为项目施工时的标准和依据。

在设计施工图纸时引入 BIM 模型，可以大大提高设计的质量和效率。这种 BIM 设计中可以将建筑结构、采暖、给水排水、供电供气等各种专业的信息模型纳入其中。按照专业的施工以及设计方法，检测这些元素的设计是否合理，是否会产生冲突，通过专业化的检测不断完善施工图纸的计划方案。

施工图设计阶段 BIM 应用主要包括各协同设计与碰撞检查、结构分析、工程量计算、施工图出具、三维渲染图出具。其中结构分析和工程量计算是在初步设计的基础上进行进一步的深化，故在此节不再重复。

（一）协同设计与碰撞检查

在传统的设计项目中，设计内容通常会被按专业划分开来，不同专业的设计人员负责本专业的那部分内容，最后通过协调会的方式相互通报并讨论整个设计方案。由于设计中缺乏统一性，各部分设计人员难以对整个建筑方案进行通盘考虑，往往会出现各个设计细节间相互冲突的现象。这种协调不足造成了在施工过程中冲突不断、变更不断的常见现象。

BIM 技术的引入使建筑设计中的协调性大大提高。这种协调可以通过两种渠道来实现：一种是冲突检查，即在施工开始前先对 3D 模型的各种细节进行检查，查找是否存在设计上的冲突和不足，并及时对设计方案做出调整。这种检查体现了 BIM 技术在建筑设计中的重要作用，其效果十分明显，以至于已经成为了 BIM 的价值的同义词；另一种是在设计的整个过程中，及时、有效地在各专业设计方案和设计人员间进行协调，防止出现过多的冲突。

1. 协同设计

传统意义上的协同设计很大程度上是指基于网络的一种设计沟通交流手段，以及设计流程的组织管理形式。包括：通过 CAD 文件、视频会议、建立网络资源库、借助网络管理软件，等等。

基于 BIM 技术的协同设计是指建立统一的设计标准，包括图层、颜色、线型、打印样式等，在此基础上，所有设计专业及人员在一个统一的平台上进行设计，从而减少现行各专业之间（以及专业内部）由于沟通不畅或沟通不及时导致的错、漏、碰、缺，真正实现所有图纸信息元的单一性，实现一处修改其他自动修改，提升设计效率和设计质量。协同设计工作是以一种协作的方式，使成本可以降低，可以在更快地完成设计同时，也对设计项目的规范化管理起到重要作用。

协调设计包括管理、协作、流程三个模块。所有担负不同任务的工作人员都能够在这个平台上通过与自己对应的模块开展工作。

2. 碰撞检测

二维图纸不能用于空间表达，使得图纸中存在许多意想不到的碰撞盲区。并且，目前的设计方式多为"隔断式"设计，各专业分工作业，依赖人工协调项目内容和分段，这也导致设计往往存在专业间碰撞。同时，在机电设备和管道线路的安装方面还存在软碰撞的问题。

不同专业设计出来的模型可以通过 BIM 技术被合成为两个综合性的模型，BIM 软件的相关功能可以对这两个模型可能存在的空间上的冲突进行检查，一旦检查出可能存在的冲突点，软件就会报警示意，以供设计者重新对设计方案进行修改和调整。通常初步设计方案出炉后，这种专业的检查就将开始，检查—调整—更新的循环模式会持续到设计方案的检测结果为 100% 通过为止。这是因为整个建筑各环节的设计是按不同专业分别进行的，很容易造成不同设计方案间的冲突，因此，这种专业的冲突检查应当包括不同专业的所有设计方案。如：①建筑与结构专业，标高、剪力墙、柱等位置不一致，或梁与门冲突；

②结构与设备专业，设备管道与梁柱冲突；③设备内部各专业，各专业与管线冲突；④设备与室内装修，管线末端与室内吊顶冲突。冲突检查过程是需要计划与组织管理的过程，冲突检查人员也被称作"BIM 协调工程师"，他们将负责对检查结果进行记录、提交、跟踪提醒与覆盖确认。某工程碰撞检查如图 7－4 所示。

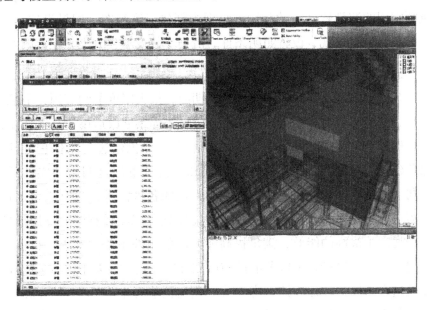

**图 7－4 碰撞检查**

（二）施工图纸生成

施工图是对设计成果最好，也是最直观的展示，这是一种包含有海量技术元素并且将这些元素进行标注的图纸。在传统的以人工为主的施工模式下，这种图纸具有无可替代的依据作用和参考价值。CAD技术被引入建筑设计领域后，设计人员的工作效率大为提高，但仍然存在着一些不足之处，比如当图纸初步设计完成后，这时如果需要对图纸中的部分元素进行修改时，那么与这部分元素相关的多张图纸都需要进行相应的修改，而这种修改目前还需要人工干预，软件还无法自动对图纸进行修改并自动出图。目前主流的一些设计软件也正在这方面进行着不懈的努力，我们相信今后这种功能会逐步完善起来。

（三）三维渲染图出具

三维渲染图同施工图纸一样，都是建筑方案设计阶段重要的展示成果，既可以向业主展示建筑设计的仿真效果，也可以供团队交流、讨论使用，同时三维渲染图也是现阶段建筑方案设计阶段需要交付的重要成果之一。Revit Architecture 软件自带的渲染引擎，可以生成建筑模型各角度的渲染图，同时 Revit Architecture 软件具有 3ds Max 软件的接口，支持三维模型导出。Revit Architecture 软件的渲染步骤与目前建筑师常用的渲染软件大致相同，分别为创建三维视图、配景设置、设置材质的渲染外观、设置照明条件、渲染参数设置、渲染并保存图像。

### 五、绿色建筑设计 BIM 应用

绿色建筑是指在建筑的全生命周期内，最大限度节约资源，节能、节地、节水、节材、保护环境和减少污染，提供健康适用、高效使用，与自然和谐共生的建筑。各国也竞相推出"绿色建筑"来保护地球。绿色建筑应该涵盖宜居、节能、环保和可持续发展这四大功能体系。宜居应该考虑满足人，人心、人性、人欲的各种需求，只有满足了这些需求才算是适合人居住的环境。节能应该考虑能耗和能效，用最低的能耗产生最高的能效，满足提高能源的使用效率条件要求。也就是说我们的一度电能在采取节能措施后充分发挥效率最大化。追求能效，就是这个意思。环保应该考虑充分利用清洁能源来降低化石能源的消耗，化石能源消耗越低，对环境破坏就越小，对环境的保护就会越好。可持续发展应该考虑我们选用的所有材料是否可以二次、三次再回收利用，充分发挥其能源本身的作用和价值，这也要满足集约节约的要求。满足子孙后代有充分的能源储备和良好生存环境的需求。要以人与自然和谐共处为最终目标，既充分利用自然环境中的优势资源，辅以人工的方法，为人类创造出一个优美、舒适、健康的生活居住环境，同时也要尽最大努力减少对自然资源的浪费，避免对自然环境造成破坏，促进人类社会与自然环境都沿着可持续的道路向前良性发展。

在绿色建筑不断发展的过程中，我们越来越多地要运用到信息技术。建筑信息模型（BIM）技术，就是绿色建筑在技术上的变革与创新。在 21 世纪第一个 10 年的发展以后，BIM 对于工程建设行业的从业者们来说早已不再是一个陌生的名词了。如何把 BIM 技术在建设项目的设计、施工、运营整个生命周期中较好地使用起来，提升项目质量、缩短项目实施周期和控制项目造价的课题，摆到了越来越多的从业者面前。

绿色建筑需要借助 BIM 技术来有效实现，采用 BIM 技术可以更好地实现绿色设计，BIM 技术为绿色建筑快速发展提供有效保障。在未来，如果利用 BIM 理念，使用 BIM 云技术、互联网等先进技术和方法，建筑从开始设计时就可以更加绿色。在设计阶段，进行土地规划设计时应用 BIM 技术，可以从设计源头就开始有效地进行"节地"，应用 BIM 协同管理、BIM 云技术等可以实现办公场所的"节地"；在对给排水设施进行设计时，通过 BIM 技术的支持，可以对给排水管道进行合理地布排，有意识地运用具有节水功能的材料等，这样可以从设计的源头上体现绿色节能的理念；在对供暖设施以及电气进行设计时，通过 BIM 技术的支持，可以对供暖管线、设施进行合理布局，从设计源头上体现节能环保的理念；在对建筑平面进行设计时和对窗口及墙面比例进行分配时，也可以运用 BIM 的设计来减少建筑内降温、供暖设施的运行率，体现节能环保的理念。BIM 设计技术的引入，可以使建筑设计中容易出现问题的环节大大减少，尽量避免工程开工后再进行反复的变更，以减少人力、物力方面的浪费，保证工程质量，提高施工效率，确保在绿色环保的前提下开展建设。

（一）绿色建筑评价与 BIM 应用

本节主要讲述 BIM 技术在绿色建筑评价体系中的应用方法。在新版《绿色建筑评价标准》（GB/T50378—2014）将标准适用范围由住宅建筑和公共建筑中的办公建筑、商场建筑和旅馆建筑，扩展至各类民用建筑。

BIM 在绿色建筑设计中的应用大致有两种途径：第一种，BIM 核心模型增加相应信息，在 BIM 模型创建完成后，通过统计功能判定是否达到绿色建筑评价相应条文要求；第二种，需要建筑第三方相关模拟分析软件进行相应计算分析，根据模拟分析的结果判定是否满足绿色建筑相关条文要求。简单来说，第一种途径为绿色建筑对 BIM 核心模型的信息要求，第二种为第三方模拟分析软件共享 BIM 核心模型，通过在核心模型中提取所需信息，进行专项计算分析。

（二）《绿色建筑评价标准》条文与 BIM 实现途径

通过增加 BIM 核心模型中各构件的信息属性值，通过统计功能，分析是否满足《绿色建筑评价标准》相应条文要求。通过增加各构件的相应属性，实时显示调整结果，辅助绿色建筑设计。通过梳理，在绿色建筑评价中，有 17 条可以采用 BIM 方式实现。

（三）基于 BIM 的 CFD 模拟分析

1. CFD 软件

（1）绿色建筑设计对 CFD 软件的要求。节能减排是我国一项基本国策，建筑用能在能耗中占有重要地位，绿色建筑涉及的技术范围更广，要求更高，所以，从中央政府到地方各级政府都在积极推广绿色建筑。全面推进建筑节能与推广绿色建筑已成为国家发展战略，一系列国家层面的重大决策和行动正在快速展开。住房和城乡建设部为贯彻执行节约资源和保护环境的国家技术经济政策，推进可持续发展，规范绿色建筑的评价，制定了《绿色建筑评价标准》。绿色建筑设计对 CFD 软件计算分析提出了一定要求。

CFD 软件应用与 BIM 前期，可以有效地优化建筑布局，对建筑运行能耗的降低，室内通风状况的改善均有较大帮助。

（2）常用 CFD 软件的评估。Fluent 软件是目前市场上最流行的 CFD 软件，它在美国的市场占有率达到 60%。在进行网上调查中发现，Fluent 在中国也是得到最广泛使用的 CFD 软件。其前处理软件主要有 Gambit 与 ICEM，ICEM 直接几何接口包括 CATIA、CADDS5、ICEM Surf/DDN、SolidWorks、Solid Edge、Pro/ENGINEER 和 Unigraphics。较为简单的建筑模型可以直接导入，当建筑模型较为复杂时，则需遵循从点、线、面的顺序建立建筑模型。设计人员在使用 CFD 软件进行图纸设计的过程中，大约有 80% 以上的时间将用来划分网格，决定一个设计人员工作效率的重要因素是其划分网格时是否熟练而且专业。Fluent 软件划分网格的方式是将非结构网格与适应性网格结合起来。非结构网格相比而言，在对各种外形复杂的网格进行划分时具有其独特的优势。而适应性网格则显得更灵活、更便捷，既可以方便对网格进行细化加工，又方便对网格进行粗化设定，可以适应计算机参数很大的变更和改动。Fluent 软件通常是通过两种渠道对网格进行划分：其一，是通过 Gambit 这个软件实现对网格的划分。其二，则是先利用其他的 CAD 软件进行造型，然后再将这些造型输入到 Gambit 中以自动生成网格。还有一些网格生成软件也可以被利用起来，由 Fluent 对这些软件生成的网格进行计算。Solid Edge、SolidWorks 这些软件都可以用于造型工作，Gridgen、ICEMCFD 这些软件也可以生成 Fluent 网格。各种形状的网格都可以由 Fluent 制作完成。

（3）BIM 模型与 CFD 软件的对接。从绿色建筑设计要求来看，热岛计算要求建立出整个建筑小区的道路、建筑外轮廓、水体、绿地等模型；室内自然通风计算及室外风场计算需建立出建筑的外轮廓及室内布局，从 BIM 应用系统中直接导出软件可接受格式的模型文件是比较好的选择。

综合各类软件，选用 Phoenics 作为与 BIM 应用配合完成绿色建筑设计的 CFD 软件，可以直接导入建筑模型，大大减少建筑模型建立的工作量，故本书建议选用 Phoenics 与 BIM 进行配合设计。

2. BIM 模型与 CFD 计算分析的配合

（1）BIM 模型配合 CFD 计算热岛强度。由协同设计平台导出建筑、河流、道理、绿地的模型文件，模型文件的导出可采取两种路径：直接导出 3DS 格式的模型文件；导出 CAD 格式的文件，再在 CAD 文件中建立三维模型，导出 STL 格式的模型文件。

（2）BIM 模型配合 CFD 计算室外风速。由协同设计平台导出建筑外表面的模型文件，模型文件的导出可采取两种路径：直接导出 3DS 格式的模型文件；导出 CAD 格式的文件，再在 CAD 文件中建立三维模型，导出 STL 格式的模型文件。

由 BIM 应用系统导出模型时，可只包含建筑外表面及周围地形信息，且导出的建筑模型应封闭好，以免 CFD 软件导入模型时发生错误。

（3）BIM 模型配合 CFD 计算室内通风。可分为两种方法计算：一是导出整栋建筑外墙及内墙信息，整栋建筑同时参与室内及室外的风场计算；二是按照室外风速场计算的例子，计算出建筑物表面风压，单独进行某层楼的室内通风计算。

由协同设计平台导出建筑外表面的模型文件，模型文件的导出可采取两种路径：直接导出 3DS 格式的模型文件；导出 CAD 格式的文件，再在 CAD 文件中建立三维模型，导出 STL 格式的模型文件。

（四）基于 BIM 的建筑热工和能耗模拟分析

1. 建筑热工和能耗模拟分析

建筑节能是一项复杂的工程，需要多方面的环节共同协作才能达到节能的目的，因此建筑节能要从设计建筑的设备系统、规划建筑方案等两个环节上综合考量，因为建筑材料、建筑系统设备、建筑造型三者之间的差异会形成许多种建筑方案，而建筑节能则要从众多方案中选出消耗能源最低的方案。特别是大型建筑的节能方案设计十分复杂，与建筑风格、建筑系统和建筑中机房的运作等因素息息相关。建筑模拟已经在建筑环境和能源领域取得了越来越广泛的应用，建筑能耗模拟分析与 BIM 有非常大的关联性，建筑能耗模拟需要 BIM 的信息，但又有别于 BIM 的信息。建筑能耗模拟模型与 BIM 模型的差异如下：

（1）建筑能耗模拟需要对 BIM 模型简化。在能耗模拟中，按照空气系统进行分区，每个分区的内部温度一致，而所有的墙体和窗口等围护结构的构件都被处理为没有厚度的表面，而在建筑设计当中的墙体是有厚度的，为了解决这个问题，避免重复建模，建筑能耗模拟软件希望从 BIM 信息中获得的构件是没有厚度的一组坐标。

除了对围护结构的简化外，由于实际的建筑和空调系统往往非常复杂，完全真实的表述不仅太过繁杂，而且也没有必要，必须做一些简化处理。比如热区的个数，往往受程序的限制，即使在程序的限制以内，也不能过多，以免速度过慢。

（2）补充建筑构件的热工特性参数。BIM 模型中含有建筑构件的很多信息，例如尺寸、材料等，但能耗模拟软件的热工性能参数往往没有，这就需要我们进行补充和完善。

（3）负荷时间表。要想得到建筑的冷/热负荷，必须知道建筑的使用情况，即对负荷的时间表进行设置，这在 BIM 模型中往往是没有的，必须在能耗模拟软件中单独进行设置。由于还要其他模拟要基于 BIM 信息进行计算（比如采光和 CFD 模拟），所以可以在 BIM 信息中增加负荷时间表，降低模拟软件的工作量。

2. 常用的建筑能耗模拟分析软件

用于建筑能耗模拟分析的软件有很多，美国能源部统计了全世界范围内用于建筑能效、可再生能源、建筑可持续等方面评价的软件工具，到目前为止共有 393 款。其中比较流行的主要有 Energy-10、HAP、TRACE、DOE-2、BLAST、Energy Plus、TRANSYS、ESPrDest 等。

目前国内外有许多软件工具也是以 Energy Plus 为计算内核开发了一些商用的计算软件，如 DesignBuilder、OpenStudio、Simergy 等。本书仅以 Simergy 为例，说明基于 BIM 的热工能耗模拟计算。

3. Simergy 基于 BIM 的能耗模拟

（1）导入模型。BIM 模型中包含了很多建筑信息，数据量非常大。对于能耗模拟计算，仅仅需要建筑的几何尺寸、窗洞口位置等基本信息，目前的 GBXML 文件格式就是包含这类信息的一种文件，所以直接从 BIM 建模软件中导出 GBXML 文件就可以了。

（2）房间功能及围护结构设置。由于模型传输的过程中有可能会出现数据的丢失，所以需要对模型进行校对以保证信息的完整。

一栋建筑中有很多不同功能要求的房间，必须分别设置采暖空调房间和非采暖空调房间，对于室内温度要求不一样的房间，也应该进行单独设置；同时，对于大型建筑，某些功能空间要求和室内环境有一样的使用时间，为了减少计算资源的占用，需要合并房间时也在该操作中进行。

（3）模拟基本参数设置。在设置空调系统之前，必须对模拟类型和模拟周期等进行设置。所有参数设置完成后，需要将以上设置内容保存为模板以供模拟运行时进行调用。

（4）空调系统设置。要保证计算能耗与实际结果的一致性，必须按照实际空调系统的设置情况对空调系统进行配置。具体的容量设置包括空调类型、冷气环路、冷凝水环路、冷却水环路等。

（五）基于 BIM 的声学模拟分析

1. 基于 BIM 的室内声学分析

人员密集的空间尤其是声学品质要求较高的厅堂，如音乐厅、剧场、体育馆、教室以及多功能厅等，在进行绿色建筑设计时，需要关注建筑的室内声学状况，因而有必要对这些厅堂进行室内声学模拟分析。

室内声学设计主要包括建筑声学设计和电声设计两部分。其中建筑声学是室内声学设计的基础，而电声设计只是补充部分。因此，在进行声学设计时，应着重进行建筑声学设计。常用的建筑声学设计软件有 Odeon、Raynoise 和 EASE。其中，Odeon 只用于室内音质分析，而 Raynoise 兼做室外噪声模拟分析，EASE 可做电声设计。

三种室内声学分析软件都是基于 CAD 输出平台，包括 Rhino、SketchUp 等建模软件都可以通过 CAD 输出 DXF、DWG 文件导入软件，或者是通过软件自带建模功能建模，但软件自带建模功能过于复杂，一般不予考虑。

从软件的操作便捷性来看，Odeon 软件操作更为简便；Raynoise 软件虽然对模型要求较为简单．不必是闭合模型，但导入模型后难以合并，不便操作；EASE 软件操作较为烦琐，且对模型要求较高，较为不便。从软件的使用功能来看，Odeon 软件对室内声学分析更具权威性，而且覆盖功能更加全面，包括厅堂音乐声、语音声的客观评价指标以及关于舞台声环境各项指标，涵盖室内音质分析，并可作室外噪声模拟；EASE 在室内音质模拟方面不具权威性，虽然开发的 Aura 插件包括一些基础的客观声环境指标，但覆盖范围有限，其优势在于进行电声系统模拟。

在实现 BIM 应用与室内声学模拟分析软件的对接过程中，应注意以下几点：

（1）在使用 Revit 软件建立信息化模型时，可忽略对室内表面材料参数的定义，导出模型只存储几何模型。

（2）Revit 建立的模型应以 DXF 形式导出，并在 AutoCAD 中读取。

（3）Revit 导出的三维模型中的门窗等构件都是以组件的形式在 CAD 中显示的，可先删去，再用 3Dface 命令重新定义门窗面。

（4）Revit 导出的三维模型中的墙体、屋顶以及楼板等都是有一定厚度的，导入 Odeon 等声学分析软件后进行材料参数设置时，只对表面定义吸声扩散系数。

2. 基于 BIM 的室外声学分析

在进行绿色建筑设计时，尤其关注室外环境中的环境噪声，一段进行环境噪声的模拟分析是使用 Cadna/A 软件。Cadna/A 软件可以进行以下模拟：工业噪声计算与评估、道路和铁路噪声计算与预测、机场噪声计算与预测、噪声图。基于 BIM 的室外噪声分析流程。

在进行道路交通噪声的预测分析时，输入信息包含各等级公路及高速公路等，用户可输入车速、车流量等值获得道路源强，也可直接输入类比的源强。普通铁路、高速铁路等铁路噪声，可输入列车类型、等级、车流量、车速等参数。经过预测计算后可输出结果表、计算的受声点的噪声级、声级的关系曲线图、水平噪声图、建筑物噪声图等。输出文件为噪声等值线图和彩色噪声分布图。

在实现 BIM 应用与室外环境噪声模拟分析软件对接过程中，应注意以下几点：

（1）使用 Revit 软件建模时，需将整个总平面信息以及相邻的建筑信息体现出来。

（2）导出模型时应选择导出 DXF 格式，并在 CAD 中读取。

（3）在 CAD 中简化模型时，应保存用地红线、道路、绿化与景观的位置。线勾勒三维模型平面（包括相邻建筑），并记录各单栋建筑的高度，最后保存成新的 DXF 文件导入模拟软件中。

（4）模拟时先根据导入的建筑模型的平面线和记录的高度在模拟软件中建模，赋予建筑定义。

（六）基于 BIM 的光学模拟分析

1. 建筑采光模拟软件选择

按照模拟对象及状态的不同，建筑采光模拟软件大致可分为静态和动态两大类。

静态采光模拟软件可以模拟某一时间点建筑采光的静态图像和光学数据。静态采光分析软件主要有 Radiance、Ecotect 等。

动态采光模拟软件与气象数据和天然光照度有关，其中气象数据是来源于项目建设所在地的年度数据，从而天然光的照度可以根据工作面计算出来，这样这个建设项目一整年消耗的人工照明数据也可以推算出来，这些数据都是设计节能方案的重要参考要素之一。动态采光模拟软件主要有 Addine、LightswitchWizard、Sport 和 Daysim，其中 Addine、LightswitchWizard、Sport 这三款软件在计算上不够精确，相对来说，这四款软件中 Daysim 的准确度是最高的。

2. BIM 模型与 Ecotect Analysis 软件的对接

BIM 模型与 Ecotect Analysis 软件之间的信息交换是不完全双向的，即 BIM 模型信息可以进入 Ecotect Analysis 软件中模拟分析，反之则只能誊抄数据或者通过 DXF 格式文件到 BIM 模型文件里作为参考。从 BIM 到 Ecotect Analysis 的数据交换主要通过 GBXML 或 DXF 两种文件格式进行。

（1）通过 GBXML 格式的信息交换。GBXML 这种文件的格式大有作用，模型的建立以空间为立足点，不仅可以对建筑的太阳辐射、声环境、热量环境、光照环境和消耗资源的数量以及周边环境对其的影响进行具体详细的分析，还能对可视性、遮挡阴影性能等方面进行分析。房间的围护结构，包含"屋顶""内墙和外墙""楼板和板""窗""门"以及"窗口"，都是以面的形式简化表达的，并没有厚度。BIM 模型通过 GBXML 格式与 Ecotect Analysis 间的数据交换时，必须对 BIM 模型进行一定的处理，主要是在 BIM 模型中创建"房间"构件。

（2）通过 DXF 格式的信息交换。DXF 格式的文件适用于光环境分析、阴影遮挡分析、可视度分析。DXF 文件是详细的 3D 模型，因为其建筑构件有厚度，同 GBXML 文件相比，分析的结果显示效果更好一些。但是对于较为复杂的模型来说，DXF 文件从 BIM 模型文件导出或者导入 Ecotect Analysis 的速度都会很慢，建议先对 BIM 模型进行简化。

## 第二节 BIM 项目在施工阶段的应用

### 一、BIM 技术应用清单

BIM 在施工项目管理中的应用主要分为五个阶段，分别为招投标阶段、深化设计阶段、建造准备阶段、建造阶段和竣工支付阶段。每个阶段的具体应用点见表 7-3。

表 7-3 BIM 应用清单

| 阶段 | 序号 | 应用点 |
|---|---|---|
| 招投标阶段 | 1 | 技术方案展示 |
| | 2 | 工程量计算及报价 |
| 深化设计阶段 | 1 | 管线综合深化设计 |
| | 2 | 土建结构深化设计 |
| | 3 | 钢结构深化设计 |
| | 4 | 幕墙深化设计 |
| 建造准备阶段 | 1 | 施工方案管理 |
| | 2 | 关键工艺展示 |
| | 3 | 施工过程模拟 |
| 建造阶段 | 1 | 预制加工管理 |
| | 2 | 进度管理 |
| | 3 | 安全管理 |
| | 4 | 质量管理 |
| | 5 | 成本管理 |
| | 6 | 物料管理 |
| | 7 | 绿色施工管理 |
| | 8 | 工程变更管理 |
| 竣工支付阶段 | 1 | 基于三维可视化的成果验收 |

### 二、BIM 技术在招投标阶段的应用

基于 BIM 技术的自动算量、可视化、参数化和仿真性等特点，可

对工程进行快速算量工作，且还可以对技术方案进行可视化三维动态展示。

BIM 技术在施工企业投标阶段的应用优势主要体现三方面：①更好地展示技术方案；②获得更好的结算利润；③提升竞标能力，提升中标率。

（一）技术方案展示

传统的施工单位在投标过程中技术方案的展示更多的是通过文字和二维图纸，或者少量三维模型等形式，可视化程度较低，不利于业主很好地了解施工单位的技术形式。尤其是在结构复杂、体量大、高度高和技术难度大的工程中，业主对技术标要求更加苛刻。基于 BIM 技术的 3D 功能可对技术标表现带来很大的提升，更好地展现技术方案。BIM 技术的应用，提升了企业解决技术问题的能力。

BIM 在技术方案展示中的应用主要体现在碰撞检查、虚拟施工、施工隐患排除和材料分区域统计等方面。

1. 碰撞检查

BIM 具有三维可视化的性能，这个性能特点对项目的顺利进行具有重要的推动作用，集中体现碰撞检查这一工作任务在项目施工前、施工进行中等各个阶段进行。如此一来，不仅提高了项目的建设速度，降低了建设方的投入成本，而且还能避免项目的各个阶段出现错误，起到了对项目进行优化和检查的作用。

2. 虚拟施工

将 BIM 具备的碰撞检查的特点、集合时间这一维度和三维可视化功能，可以对整个施工过程进行模拟，让建设方和施工方对整个项目的建设、施工交底，特别是让项目中的一些专家、不具备专业基础的领导对即将施工的项目十分熟悉。同时也能根据模拟过程中发现的重点和难点部分进行调整和优化，避免出现不必要的差错。

3. 排除施工隐患

在 BIM 模型中，会标明一些常见的危险系数较高的地方，比如电梯井、洞口和边缘等地带，在模型中会用安全栏将这些地方圈住，这样在实际的项目施工时便能对这些存在安全隐患的问题进行排查或者布置安全护栏，以保障项目施工的安全性。

4. 材料分区域统计

三维可视化只是 BIM 的性能之一，它还拥有一个强大的数据库，这个数据库可以将每个部件、每个区域、每个点的材料使用情况、材料的运输情况等维度数据综合到一起，形成 6D 的数据库，这样不仅能及时调配资源，实现资源的优化配置，还能提高项目施工中材料的运输效率。

（二）工程量计算及报价

随着信息技术的进步，越来越多的科学技术和信息化工具应用到项目的招投标中，打破了传统的招投标方式。以往的招投标需要人工对投标项目的工程量进行准确的计算，从而推算出一个精确合理的投标价格，但是这个过程需要花费很多时间和精力，容易与紧张有限的投标时间冲突。而且现在许多建筑项目越来越复杂，计算难度越来越大，人工已经难以迅速、精确地完成其中的计算任务。因此在招投标中使用信息化技术来代替人工计算是大势所趋。

投标方根据 BIM 模型快速获取正确的工程量信息，与招标文件的工程量清单比较，可以制定更好的投标策略。

**三、BIM 技术在深化设计阶段的应用**

"深化设计"是指在业主或设计顾问提供的条件图或原理图的基础上，结合施工现场实际情况，对图纸进行细化、补充和完善。深化设计是为了将设计师的设计理念、设计意图在施工过程中得到充分体现；是为了在满足甲方需求的前提下，使施工图更加符合现场实际情况，是施工单位的施工理念在设计阶段的延伸；是为了更好地为甲方服务，满足现场不断变化的需求，优化设计方案在现场实施的过程，是为了达到满足功能的前提下降低成本，为企业创造更多利润。

（一）管线综合深化设计

管线综合深化设计是指将施工图设计阶段完成的机电管线进一步综合排布，根据不同管线的不同性质、不同功能和不同施工要求、结合建筑装修的要求，进行统筹的管线位置排布。如何使各系统的使用功能效果达到最佳，整体排布更美观是工程管线综合深化设计的重点，也是难点。基于 BIM 的深化设计通过各专业工程师与设计公司的分工合作优化能够针对设计存在问题,迅速对接、核对、相互补位、提醒、反馈信息和整合到位,其深化设计流程为:制作专业精准模型—综合链接模型—碰撞检测分析和修改碰撞点—数据集成,最终完成内装的BIM 模型。

深化机电安装的设计比较复杂,包含了很多部分,比如要对综合布线的部分进行深化,还要对综合布管图进行深化,这些深化设计都可以在 BIM 模型的帮助下推动完成。而且 BIM 模型的应用不仅对设计方案进行优化设计,对暖、通风、电和水、空调系统等一些常用的电子设备和管道、布线之间进行合理操作,避免冲突和问题,节省空间,而且还对以往 CAD 用来叠图的方式进行了改变。在模型上,这些设计方案都简单明了,现场可以直接进行施工,极大地提高了施工速度。另外,一些结合工程应用需求自主开发的支吊架布置计算等软件,也能够大大提高深化设计工作的效率和质量。

下面以某工程为例具体介绍管线综合深化设计的关键流程和内容。

在该楼的设计中,引入 BIM 技术,建立三维信息化模型。模型中包含的大量建筑信息为建筑性能分析提供了便利的条件。比如 BIM 模型中所包含的围护结构传热信息可以直接用来模拟分析建筑的能耗,玻璃透光率等信息可以用来分析室内的自然采光,这样就大大提高了绿色分析的效率。同时,建筑性能分析的结果可以快速地反馈到模型的改进中,保证了性能分析结果在项目设计过程中的落实。

在综合服务大楼的规划设计上,首先根据室外风环境的模拟结果来合理选择建筑的朝向,避免建筑的主立面朝向冬季的主导风向,这样就有利于冬季的防风保温。且在大楼中央设置了一个通风采光中庭(图 7-5),以此来强化整个建筑的自然通风和自然采光。通过这个中庭,不仅各个房间自然采光大大改善,而且在室内热压和室外风压的共同作用下,整个建筑的自然通风能力大大提高,这样就有效地降低了整个建筑的采光能耗和空调能耗。

在建筑能耗的各个组成部分中,照明能耗所占的比重较大,为了降低照明能耗,自然采光的设计特别重要。在综合服务大楼的设计中,

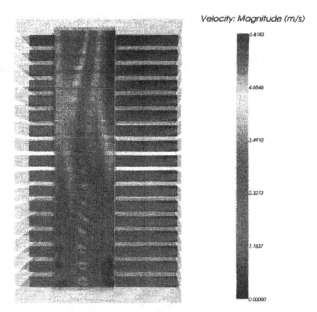

图 7 - 5　建筑中庭内的自然通风图

除了引入中庭强化自然采光外，还采用了多项其他技术。

为了验证设计效果，利用 BIM 模型分析大楼建成后室内的自然采光状况（图 7 - 6）。BIM 模型包含了建筑围护结构的种种信息，特别是玻璃透光率和内表面反射率等参数，对采光分析尤为重要。图 7 - 6 表示了首层室内自然采光的模拟结果，从图上看，约有 90% 左右的面积采光系数超过 2%，远远超过绿色建筑三星标准中 75% 的要求。首层以上各层由于建筑自遮挡减少，自然采光效果更优。

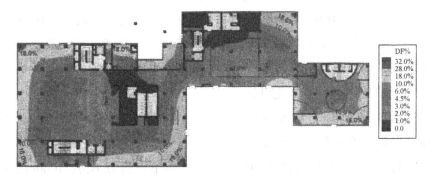

图 7 - 6　大楼首层室内自然采光模拟分析结果

由于节能设计涉及多个专业，各个节能措施之间相互影响，仅靠定性化分析很难综合优化节能方案，因此引入定量化分析工具，根据模拟结果来改进建筑及设备系统设计，达到方案的综合最优。将 BIM 模型直接输入到节能分析软件中，根据 BIM 模型中的信息来预测建筑全年的能耗，再根据能耗的大小调整建筑的各个参数，以实现最终的节能目标。建筑能耗分析用建筑模型如图 7-7 所示。

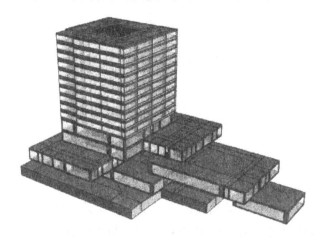

图 7-7　建筑能耗分析用建筑模型

1. 利用 BIM 技术进行管线碰撞，分析设计图纸存在的问题

以走廊区域为例，首先使用 CAD 画出走廊剖面图，再运用 BIM 技术对管廊管线进行三维建模，形成剖面图及三维模型。

存在以下几点问题：强电桥架与 400mm×200mm 新风管发生碰撞；1000mm×1000mm 新风管与土建梁发生碰撞；1000mm×1000mm 新风管与工艺排风风管发生碰撞；强电桥架施工后无法放电缆，无检修空间；水管支管与新风管、工艺排风管发生碰撞。

2. 管线综合平衡深化设计

通过分析暖通、给水排水、电气、消防及建筑自动化各专业的图纸，对机电各专业管线进行二次布局。

管线平衡二次深化设计变更部分如下：将新风管 1000mm×1000mm 变更为 1600mm×630mm，可以节省 370mm 吊顶空间；将送风管 800mm×320mm 及回风管 630mm×250mm 调整至房间内布局，不占用吊顶空间；重新调整各管线的标高次序，将强电桥架摆放在最低层，方便电缆施工及日后检修。

对二次深化设计综合平衡后的管线进行三维建模。从三维模型很容易得出，原设计图纸存在的问题已经全部解决。

3. 综合支吊架设计

管道一般分为竖向布置和水平布置。无论支架的形式是怎样的，支架都是用来承担管路系统的力，包括由支架所承担的管道及管内介质质量的地球引力引起的力、由支架所承担的管道热胀冷缩变形和受压后膨胀引起的力、由管道中介质压力产生的推力等。

（二）专业性深化设计

1. 土建结构深化设计

基于 BIM 模型对土建结构部分，包括土建结构与门窗等构件、预留洞口、预埋件位置及各复杂部位等施工图纸进行深化，对关键复杂的墙板进行拆分，解决钢筋绑扎、顺序问题，能够指导现场钢筋绑扎施工，减少在工程施工阶段可能存在的错误损失和返工的可能性。

2. 玻璃幕墙深化设计

玻璃幕墙深化设计主要是对于整幢建筑幕墙中的收口部位进行细化补充设计，优化设计和对局部不安全不合理的地方进行改正。

基于 BIM 技术、根据建筑设计的幕墙二维节点图，在结构模型以及幕墙表皮模型中创建不同节点的模型。然后根据碰撞检查、设计规范以及外观要求对节点进行优化调整，形成完善的节点模型。最后，根据节点进行大面积建模。通过最终深化完成的幕墙模型，生成加工图、施工图以及物料清单。加工厂将模型生成的加工图直接导入数控机床进行加工，构件尺寸与设计尺寸基本吻合，加工后根据物料清单对构件进行编号，构件运至现场后可直接对应编号进行安装。

**四、BIM 技术在建造准备阶段的应用**

BIM 技术在项目建造阶段的应用主要体现在虚拟施工的管理。虚拟施工的管理是指通过 BIM 技术结合施工方案、施工模拟和现场视频监测，进行基于 BIM 技术的虚拟施工，其施工本身不消耗施工资源，却可以根据可视化效果看到并了解施工的过程和结果，可以较大程度地降低返工成本和管理成本，降低风险，增强管理者对施工过程的控制能力。

虚拟施工管理在项目实施过程中带来的好处可以总结为以下三点：

（1）施工方法可视化。

（2）施工方法验证过程化。

（3）施工组织控制化。

（一）关键工艺展示

工程施工过程中，有一些关键工艺和部位的建造和安装会比较复杂，此前必须制定严谨的安装方案，这样才能节约时间，减少投入。过去传统的施工状态下，这类工艺和部位的安装无法提前进行预设，因为只有在现场实施过程中才能得知具体情况，如若出现任何偏差，很容易造成大规模的返工。而且按照传统的施工方式，建筑设计方案通常都是先由技术人员查阅领会后，再传达给具体的施工工人，由于工人的文化水平和专业技术水平有限，常常不能完全领会设计的所有意图和细节。但如果将 BIM 技术引进施工过程中，这些重点和难点部位的施工可以提前向技术人员和工人进行生动展示，方便他们理解和掌握施工方案以及设计意图，从而可以保证设计方案的完美实施。

（二）施工过程模拟

1. 土建主体结构施工模拟

在土建工程的施工过程中，可以按照经过优化的最佳施工方案，用项目管理的专用软件来编制施工进度，并且结合施工现场的 3D 模型，将时间的维度也引进到模型设计中，这时就可以实现对施工过程的 4D 模拟。通过这种模拟，可以更加合理地对工人进行安排，将设备材料进场的时间进行合理控制，对其他各个施工环节进行恰当安排，从而能够对施工进度、施工质量实现有效的监控。在建筑主体结构的施工过程中，可以利用 BIM 技术对施工方案进行模拟，以动画的方式展示施工的过程，并且根据甲方的意见，随时对施工方案进行调整和改进。

2. 钢结构部分施工模拟

针对钢结构部分，因其关键构件及部位安装相对复杂，采用 BIM

技术对其安装过程进行模拟，能够有效帮助指导施工，同土建主体结构施工模拟过程一致。

**五、BIM 技术在建造阶段的应用**

（一）预制加工管理

1. 构件加工详图

通过 BIM 模型对建筑构件的信息化表达，构件的加工图是可以直接在 BIM 模型上生成的，这样产生的图纸既可以反映传统工程设计图纸的内容，也可以清晰地反映建筑比较复杂的结构关系，并且还能把零散的传统图纸所表达的内容整合到同一个模型中来。通过这种直观的模型，可以更方便地与材料加工厂进行沟通和衔接。

BIM 模型可以完成构件加工、制作图纸的深化设计。还有一些用于深化设计的软件可供工程设计人员使用。这种设计软件可以对深化的设计方案进行真实的模拟展示，软件自带有特殊功能，可以对所有用于加工的详细图纸进行投影，也可以绘制成剖面，最后制作成图纸，设计图纸中所有相关的数据和尺寸，都可以通过投影直接得出。

2. 构件生产指导

BIM 的模型可以详尽而真实地呈现建筑的具体情况，将 BIM 技术引进到建筑材料的加工过程中，可以大大提高生产的质量和效率。这是因为：建模可以向工人直观表达材料设计的意图，帮助他们理解制作要求；通过 BIM 软件可以将生产过程设计成各种图表、图案、动画等，可以帮助工人提高准确率，确保产品的质量；BIM 的技术可以在材料生产的过程中自动生成磨具参数、下料参数等，从而使得生产效率明显提高。

3. 构件详细信息全过程查询

作为施工过程中的重要信息，检查和验收信息将被完整地保存在 BIM 模型中，相关单位可快捷地对任意构件进行信息查询和统计分析，在保证施工质量的同时，能使质量信息在运维期有据可循。某工程利用 BIM 模型查询构件详细信息。

（二）进度管理

工程建设项目的进度管理是指对工程项目各建设阶段的工作内容、

工作程序、持续时间和逻辑关系制订计划，将该计划付诸实施。在实施过程中经常检查实际进度是否按计划要求进行，对出现的偏差分析原因，采取补救措施或调整、修改原计划，直至工程竣工，交付使用。进度控制的最终目标是确保进度目标的实现。工程建设监理所进行的进度控制是指为使项目按计划要求的时间使用而开展的有关监督管理活动。

施工单位通常都会针对项目的进度制订详细的管理计划，但实际上在真实的项目管理过程中，无法按计划保证项目进度的情况经常发生，这时往往会对整个项目的进展以及企业的经济效益产生较大的影响。通过对事故进行调查，主要的原因有：建筑设计缺陷带来的进度管理问题、施工进度计划编制不合理造成的进度管理问题、现场人员的素质造成的进度管理问题、参与方沟通和衔接不畅导致进度管理问题和施工环境影响进度管理问题等。

BIM 在工程项目进度管理中的应用体现在项目进行过程中的方方面面，下面仅对其关键应用点进行具体介绍。

1. 施工进度计划编制

施工项目中进度计划和资源供应计划繁多，除了土建外，还有幕墙、机电、装饰、消防、暖通等分项进度、资源供应计划，为正确地安排各项进度和资源的配置，尽最大可能减少各分项工程间的相互影响，该工程采用 BIM 技术建立 4D 模型，结合模型进度计划设定初步施工进度计划，最后将初步进度计划与三维模型结合形成 4D 模型的进度、资源配置计划。施工进度计划编制的内容主要如下：

（1）依据模型，确定方案，排定计划，划分流水段。

（2）BIM 施工进度用季度卡来编制计划。

（3）将周和月结合在一起，假设后期需要任何时间段的计划，只需在这个计划中过滤一下就可自动生成。

2. BIM 施工进度 4D 模拟

目前常用的 4D - BIM 施工管理系统或施工进度模拟软件很多。利用此类管理系统或软件进行施工进度模拟大致分为以下五步：①将 BIM 模型进行材质赋予；②制订 Proiect 计划；③将 Project 文件与 BIM

模型链接；④制定构件运动路径，并与时间链接；⑤设置动画视点并输出施工模拟动画。其中运用 Navisworks 进行施工模拟技术路线。

通过 4D 施工进度模拟，能够完成以下内容：基于 BIM 施工组织，对工程重点和难点的部位进行分析，制定切实可行的对策；依据模型，确定方案，排定计划，划分流水段；BIM 施工进度编制用季度卡来编制计划；将周和月结合在一起，假设后期需要任何时间段的计划，只需在这个计划中过滤一下即可自动生成；做到对现场的施工进度进行每日管理。

某工程链接施工进度计划的 4D 施工进度模拟，在该 4D 施工进度模型中可以看出指定某一天某一刻的施工进度情况，并与施工现场进行对比，对施工进度进行调控。根据施工进度模拟动画可以指导现场工人明确其当天的施工任务。

3. 三维技术交底及安装指导

由于我国建筑工人的文化水平普遍较低，在一些复杂的大型建筑工程的施工过程中，这些工人往往无法准确理解施工要求和技术方案。为了解决这些问题，并且现在又有 BIM 技术的支持，所以应当改变过去通过纸质形式传达施工方案的做法，用高科技的方法制作三维建模，用一种直观的、立体的方法将施工中的重点、难点呈现出来，保证工程质量，提高施工效率。加快工程进度。三维技术交底即通过三维模型让工人直观地了解自己的工作范围及技术要求，主要方法有两种：一是虚拟施工和实际工程照片对比；二是将整个三维模型进行打印输出，用于指导现场的施工，方便现场的施工管理人员拿图纸进行施工指导和现场管理。

对钢结构而言，关键节点的安装质量至关重要。安装质量不合格，轻者将影响结构受力形式，重者将导致整个结构的破坏。三维 BIM 模型可以提供关键构件的空间关系及安装形式，方便技术交底与施工人员深入了解设计意图。

项目在 BIM 专项应用阶段，通过广联云建立了 BIM 信息共享平台，作为 BIM 团队数据管理、任务发布和图档信息管理的平台。项目采用私有云与公共云相结合的方式，各专业模型在云端集成，进行模型版本管理等，同时将施工过程来往的各类文件存储在云端，直接在云端进行流通，极大地提升了信息传输效率，加快管理进度。

（三）质量管理

《质量管理体系基础和术语》GB/T19000—2008 中对质量的定义为：一组固有特征满足要求的程度。质量的主体不但包括产品，而且包括过程、活动的工作质量，还包括质量管理体系运行的效果。工程项目质量管理是指在力求实现工程项目总目标的过程中，为满足项目的质量要求所开展的有关管理监督活动。

工程建设阶段，未能规范使用建筑材料，作业工人的专业技术水平达不到要求，对施工效果及质量无法准确预知，施工未能严格按照设计方案进行，各个专业工种相互影响等问题对工程质量管理造成一定的影响。

BIM 技术的引入不仅提供一种"可视化"的管理模式，亦能够充分发掘传统技术的潜在能量，使其更充分、更有效地为工程项目质量管理工作服务。传统的二维管控质量的方法是将各专业平面图叠加，结合局部剖面图，设计审核校对人员凭经验发现错误，难以全面。而三维参数化的质量控制，是利用三维模型，通过计算机自动实时检测管线碰撞，精确性高。

下面对 BIM 在工程项目质量管理中的关键应用点进行具体介绍。

1. 建模前期协同设计

在建模前期，需要建筑专业和结构专业的设计人员大致确定吊顶高度及结构梁高度；对于净高要求严格的区域，提前告知机电专业人员；各专业人员针对空间狭小、管线复杂的区域，协调出二维局部剖面图。建模前期协同设计的目的是，在建模前期就解决部分潜在的管线碰撞问题，对潜在质量问题提前预知。

2. 碰撞检测

传统二维图纸设计中，在结构、水暖、电力等各专业设计图纸汇总后，由总工程师人工发现和协调问题，这种状态就很难避免各种设计失误和设计冲突的存在，在施工过程中也会造成人力、物力、财力和时间方面的浪费。影响工程进度和施工质量，造成建筑企业经济利益的损失，影响企业在领域内的形象和信誉。而且由于在一个建设项目中，往往有多个承包单位，这些单位常常在施工过程中只顾自己承包范围内的工序，而对其他专业和建筑单位的工序以及建设内容不了解，也不去了解，所以在整个项目施工过程中，经常出现各种冲突和问题。由于返工的成本比较高，所以在补救时往往只能牺牲和放弃一些设计方面的细节，简化和改动设计方案，甚至是"带着小病作业"，来迁就已完成的工程部分。因为假如建设过程中管线布设出现了严重的问题，施工方将会付出上百万，甚至上千万元的代价来进行返工。

目前，BIM 技术在三维碰撞检查中的应用已经比较成熟，因为这种技术的应用，建筑设计过程变得直观、精确，并且可以提前发现设计中的一些冲突和失误。在对建筑中的供水、供电、供暖管线进行设计时，可以利用 BIM 技术提前检测设计中是否存在管线的冲突，实际上就是将传统建筑设计中列于最后的校对核实工作在设计初期就已展开，这种模式将会使设计方案的质量大大提升。这种碰撞检测是通过虚拟的碰撞软件来完成的，而软件的原理是 BIM 技术的可视化。施工设计人员在建造之前就可以对项目进行碰撞检查，通过检查可以提前做好预防工作，使得设计中尽可能少地出现冲突和缺陷，进一步对设计方案进行优化改进，避免因设计上的问题而造成整体工程的返工，防止造成时间和经济方面的浪费。而且这种生动、直观的建模，可以帮助技术人员和工人更方便地沟通施工方案和技术要求，保证工程的质量，提高施工的效率，同时，施工方还可以利用这些建模加强与业主的沟通。

碰撞检测可以分为专业间碰撞检测及管线综合的碰撞检测。专业间碰撞检测主要包括土建专业之间（如检查标高、剪力墙、柱等位置是否一致，梁与门是否冲突）、土建专业与机电专业之间（如检查设备管道与梁柱是否发生冲突）、机电各专业间（如检查管线末端与室内吊顶是否冲突）的软、硬碰撞点检查；管线综合的碰撞检测主要包括管道专业系统内部检查、暖通专业系统内部检查、电气专业系统内部检查，以及管道、暖通、电气、结构专业之间的碰撞检查等。另外，解决管线空间布局问题，如机房过道狭小等问题也是常见碰撞内容之一。

在对项目进行碰撞检测时，要遵循如下检测优先级顺序：①土建碰撞检测；②设备内部各专业碰撞检测；③结构与给水排水、暖、电专业碰撞检测等；④解决各管线之间交叉问题。其中，全专业碰撞检测的方法如下：将完成各专业的精确三维模型建立后，选定一个主文件，以该文件轴网坐标为基准，将其他专业模型链接到该主模型中，最终得到一个包括土建、管线、工艺设备等全专业的综合模型。该综合模型真正地为设计提供了模拟现场施工碰撞检查平台，在此完成仿真模式现场碰撞检查，并根据检测报告及修改意见对设计方案合理评估并做出设计优化决策，然后再次进行碰撞检测……如此循环，直至解决所有的硬碰撞、软碰撞为可接受的范围。

显而易见，面对常见碰撞内容复杂、种类较多，且碰撞点很多，甚至高达上万个，如何对碰撞点进行有效标识与识别？这就需要采用轻量化模型技术，把各专业三维模型数据以直观的模式存储于展示模型中。模型碰撞信息采用"碰撞点"和"标识签"进行有序标识，通过结构树形式的"标识签"可直接定位到碰撞位置，碰撞检测完毕后，在计算机上以该命名规则出具碰撞检查报告，方便快速读出碰撞点的具体位置与碰撞信息。例如 0014—PIP&HVAC – ZP&PF，表示该碰撞点是管道专业与暖通专业碰撞的第 14 个点，为管道专业的自动碰撞，碰撞检查后处理。

在读取并定位碰撞点后，为了更加快速地给出针对碰撞检测中出现的"软""硬"碰撞点的解决方案，我们可以将碰撞问题分为以下五类：

（1）重大问题，需要业主协调各方共同解决。

（2）由设计方解决的问题。

（3）由施工现场解决的问题。

（4）因未定因素（如设备）而遗留的问题。

（5）因需求变化而带来新的问题。

针对由设计方解决的问题，可以通过多次召集各专业骨干参加三维可视化协调会议的办法，把复杂的问题简单化，同时将责任明确到个人，从而顺利地完成管线综合设计、优化设计，得到业主的认可。针对其他问题，则可以通过三维模型截图、漫游文件等协助业主解决。另外，管线优化设计应遵循以下五项原则：

（1）在非管线穿梁、碰柱、穿吊顶等必要情况下，尽量不要改动。

（2）只需调整管线安装方向即可避免的碰撞，属于软碰撞，可以不修改，以减少设计人员的工作量。

（3）需满足建筑业主要求，对没有碰撞，但不满足净高要求的空间，也需要进行优化设计。

（4）管线优化设计时，应预留安装、检修空间。

（5）管线避让原则如下：有压管让无压管；小管线让大管线；施工简单管让施工复杂管；冷水管道避让热水管道；附件少的管道避让附件多的管道；临时管道避让永久管道。

3. 大体积混凝土测温

使用自动化监测管理软件进行大体积混凝土温度的监测，将测温数据无线传输自动汇总到分析平台，通过对各个测温点的分析，形成动态监测管理。

电子传感器按照测温点布置要求，自动将温度变化情况输出到计算机，形成温度变化曲线图，随时可以远程动态监测基础大体积混凝土的温度变化。根据温度变化情况，随时加强养护措施，确保大体积混凝土的施工质量，确保在工程基础筏板混凝土浇筑后不出现由于温度变化剧烈而引起温度裂缝。

4. 施工工序管理

工序质量控制就是对工序活动条件即工序活动投入的质量、工序活动效果的质量及分项工程质量的控制。在利用 BIM 技术进行工序质量控制时着重于以下四方面的工作：

（1）利用 BIM 技术能够更好地确定工序质量，控制工作计划。

（2）利用 BIM 技术主动控制工序活动条件的质量。

（3）能够及时检验工序活动效果。

（4）利用 BIM 技术设置工序质量控制点（工序管理点），实行重点控制。

5. 高集成化方便信息查询和搜集

BIM 技术是一个高度集成化的应用系统,它是一个可以在企业进行质量验收时随时查看模型、检查构成部件的大容量数据库,比如为了对工程项目进行隐患排查,以防事后失控,可以调用数据库,查询预埋件的位置。

(四) 安全管理

需要从人员、设备、工作环境的管控入手,从四个角度对项目施工现场经营安全管理,即组织实施的安全管理、建筑设施的安全管理、人员行为安全管理、工程技术安全管理。

传统安全控制难点与缺陷主要体现在以下四个方面:

(1) 建设项目施工现场环境复杂,安全隐患无处不在。

(2) 安全管理方式、管理方法与建筑业发展脱节。

(3) 微观安全管理方面研究尚浅。

(4) 施工作业工人的安全意识薄弱。

下面将对 BIM 技术在工程项目安全管理中的具体应用进行介绍。

1. 施工准备阶段安全控制

在施工准备阶段,利用 BIM 进行与实践相关的安全分析,能够降低施工安全事故发生的可能性。如 4D 模拟与管理、安全表现参数的计算,可以在施工准备阶段排除很多建筑安全风险;BIM 虚拟环境划分施工空间,排除安全隐患;基于 BIM 及相关信息技术的安全规划可以在施工前的虚拟环境中发现潜在的安全隐患并予以排除;采用 BIM 模型结合有限分析平台,进行力学计算,保障施工安全;通过模型发现施工过程重大危险源并实现水平洞口危险源自动识别。

2. 施工过程仿真模拟

仿真分析技术能够模拟建筑结构在施工过程中不同时段的力学性能和变形状态,为结构安全施工提供保障。能够通过对项目施工期间整体构成进行安全隐患排查,及时发现过程中隐匿的安全隐患,从而使安全管理措施得到健全完善,提高执行力,杜绝意外情况的发生。

3. 模型试验

对于结构体系复杂、施工难度大的结构，结构施工方案的合理性与施工技术的安全可靠性都需要验证，为此利用 BIM 技术建立试验模型，对施工方案进行动态展示，从而为试验提供模型基础信息。

4. 施工动态监测

在实际的项目实施过程中，起关键作用的是前沿监测技术的应用是否合理，决定着项目管理的信息化程度。为了及时了解结构的工作状态，发现结构未知的损伤，建立工程结构的三维可视化动态监测系统，就显得十分迫切。

通过信息采集系统得到的结构施工期间不同部位的监测值，根据施工工序判断每时段的安全等级，并在终端上实时显示现场的安全状态和存在的潜在威胁，给予管理者直观的指导。

5. 防坠落管理

坠落危险源包括尚未建造的楼梯井和天窗等，通过在 BIM 模型中的危险源存在部位建立坠落防护栏杆构件模型，研究人员能够清楚地识别多个坠落风险；且可以向承包商提供完整且详细的信息，包括安装或拆卸栏杆的地点和日期等。

6. 塔吊安全管理

在对项目施工进行模型实验中，通过用不同的色块来标注塔吊的回转半径和辐射范围，并开展碰撞实验形成塔吊回转半径范围内的具有非钢铁材料安装成分的安全分析汇报。在项目实施过程中定期召开的安全管理会议中进行以上汇报，可以降低因人员和塔吊协调配合不密切造成的安全事故。某工程建立在 BIM 的塔吊安全管理的基础上，说明了塔吊管理计划中钢桁架的布置，黄色块状表示塔吊的摆动臂在某个特定的时间可能达到的范围。

7. 灾害应急管理

随着建筑设计的日新月异，规范已经无法满足超高型、超大型或异形建筑空间的消防设计。利用 BIM 及相应灾害分析模拟软件，可以在灾害发生前，模拟灾害发生的过程，分析灾害发生的原因，制定避免灾害发生的措施，以及发生灾害后人员疏散、救援支持的应急预案，为发生意外时减少损失并赢得宝贵时间。BIM 能够模拟人员疏散时间、疏散距离、有毒气体扩散时间、建筑材料耐燃烧极限、消防作业面等，主要表现为：4D 模拟、3D 漫游和 3D 渲染能够标识各种危险，且 BIM 中生成的 3D 动画、渲染能够用来同工人沟通应急预案计划方案。应急预案包括五个子计划：施工人员的入口/出口、建筑设备和运送路线、临时设施和拖车位置、紧急车辆路线、恶劣天气的预防措施；利用 BIM 数字化模型进行物业沙盘模拟训练，训练保安人员对建筑的熟悉程度，再模拟灾害发生时，通过 BIM 数字模型指导大楼人员进行快速疏散；通过对事故现场人员感官的模拟，使疏散方案更合理；通过 BIM 模型判断监控摄像头布置是否合理，与 BIM 虚拟摄像头关联，可随意打开任意视角的摄像头，摆脱传统监控系统的弊端。

另外，当灾害发生后，BIM 模型可以提供救援人员紧急状况点的完整信息，配合温感探头和监控系统发现温度异常区，及时取得建筑物和设施的安全性信息，结合 BIM 技术和建筑物自动化系统，让 BIM 模型展现出建筑物内部存在安全事故的具体地址，规划出救急人员到达事故现场的最安全路线图，提高救援成功率，减少人员伤亡。

（五）成本管理

成本控制（Cost Control）的过程是运用系统工程的原理对企业在生产经营过程中发生的各种耗费进行计算、调节和监督的过程，也是一个发现薄弱环节，挖掘内部潜力，寻找一切可能降低成本途径的过程。建立在科学性组织管理基础上的成本管控，对于提高企业管理水平，健全管理机制，增强市场经济中企业综合竞争力具有重要作用。然而，工程成本控制一直是项目管理中的重点及难点，主要难点有：数据量大、牵涉部门和岗位众多、对应分解困难、消耗量和资金支付情况复杂等。

基于 BIM 技术，建立成本的 5D（3D 实体 + 时间 + 成本）关系数据库，以各 WBS 单位工程量人机料单价为主要数据进入成本 BIM 中，能够快速实行多维度（时间、空间、WBS）成本分析，从而对项目成本进行动态控制。

下面将对 BIM 技术在工程项目成本控制中的应用进行介绍。

1. 快速精确的成本核算

计算机在对模型的各个构成部件及时间和空间维度在内的全部几何物理信息的识别过程中，对构成部件的总量进行归纳总结。这种在 BIM 应用基础上进行的计算方式，减少了人工投入时间和人力成本，提高了计算准确率。科学研究显示，对工程量的计算占据了全部造价计算时间的 50% ~ 80%，但是基于 BIM 技术应用基础上的计算方式缩短了 90% 左右的时间，并且误差率小于 1%。

2. 预算工程量动态查询与统计

在基本信息模型的基础上增加工程预算信息，即形成了具有资源和成本信息的预算信息模型。预算信息模型包括建筑构件的清单项目类型、工程量清单，人力、材料、机械定额和费率等信息。通过此模型，系统能识别模型中的不同构件，并自动提取建筑构件的清单类型和工程量（如体积、质量、面积、长度等）等信息，自动计算建筑构件的资源用量及成本，用以指导实际材料物资的采购。

另外，从 BIM 预算模型中提取相应部位的理论工程量，从进度模型中提取现场实际的人工、材料、机械工程量。通过将模型工程量、实际消耗、合同工程量进行短周期三量对比分析，能够及时掌握项目进展，快速发现并解决问题，根据分析结果为施工企业制定精确的人、机、材计划，大大减少了资源、物流和仓储环节的浪费，掌握成本分布情况，进行动态成本管理。某工程通过三量对比分析进行动态成本控制。

3. 限额领料与进度款支付管理

限额领料制度一直很健全，但用于实际却难以实现，主要存在的问题有：材料采购计划数据无依据，采购计划由采购员决定，项目经理只能凭感觉签字；施工过程工期紧，领取材料数量无依据，用量上限无法控制；限额领料流程，事后再补单据。那么如何将材料的计划用量与实际用量进行分析对比？

BIM 的出现，为限额领料提供了技术、数据支撑。基于 BIM 软件，在管理多专业和多系统数据时，能够采用系统分类和构件类型等方式对整个项目数据方便管理，为视图显示和材料统计提供规则。例如，给水排水、电气、暖通专业可以根据设备的型号、外观及各种参数分别显示设备，方便计算材料用量。

传统模式下工程进度款申请和支付结算工作较为烦琐，基于 BIM 能够快速准确地统计出各类构件的数量，减少预算的工作量，且能形象、快速地完成工程量拆分和重新汇总，为工程进度款结算工作提供技术支持。

4. 以施工预算控制人力资源和物质资源的消耗

在进行施工开工以前，利用 BIM 软件建立模型，通过模型计算工程量，并按照企业定额或上级统一规定的施工预算，结合 BIM 模型，编制整个工程项目的施工预算，作为指导和管理施工的依据。对生产班组的任务安排，必须签收施工任务单和限额领料单，并向生产班组进行技术交底。要求生产班组根据实际完成的工程量和实耗人工、实耗材料做好原始记录，作为施工任务单和限额领料单结算的依据。任务完成后，根据回收的任务单和限额领料单进行结算，并按照结算内容支付报酬（包括奖金）；为了便于任务完成后进行施工任务单和限额领料单与施工预算的对比，要求在编制施工预算时对每一个分项工程工序名称进行编号，以便对号检索对比，分析节超。

（六）物料管理

传统材料管理存在核算不准确、材料申报审核不严格、变更签证手续办理不及时等问题，造成大量材料现场积压、占用大量资金、停工待料、工程成本上涨。

基于 BIM 的物料管理通过建立安装材料 BIM 模型数据库，使项目部各岗位人员及企业不同部门都可以进行数据的查询和分析，为项目部材料管理和决策提供数据支撑，具体表现如下：

1. 安装材料 BIM 模型数据库

项目部拿到机电安装各专业施工蓝图后，由 BIM 项目经理组织各专业机电 BIM 工程师进行三维建模，并将各专业模型组合到一起，形成安装材料 BIM 模型数据库，该数据库是以创建的 BIM 机电模型和全过程造价数据为基础，把原来分散在安装各专业手中的工程信息模型汇总到一起，形成一个汇总的项目级基础数据库。

2. 安装材料分类控制

材料的合理分类是材料管理的一项重要基础工作，安装材料 BIM 模型数据库的最大优势是包含材料的全部属性信息。在进行数据建模时，各专业建模人员对施工所使用的各种材料属性，按其需用量的大小、占用资金多少及重要程度进行"星级"分类，科学合理地控制。

3. 用料交底

用 BIM 三维图、CAD 图纸或者表格下料单等书面形式做好用料交底，防止班组"长料短用、整料零用"，做到物尽其用，减少浪费及边角料，把材料消耗降到最低限度。

4. 物资材料管理

安装材料的精细化管理一直是项目管理的难题，施工现场材料的浪费、积压等现象司空见惯，运用 BIM 模型，结合施工程序及工程形象进度周密安排材料采购计划，不仅能保证工期与施工的连续性，而且能用好用活流动资金、降低库存、减少材料二次搬运。

5. 材料变更清单

BIM 模型在动态维护工程中，可以及时地将变更图纸三维建模，将变更发生的材料、人工等费用准确、及时地计算出来，便于办理变更签证手续，保证工程变更签证的有效性。

（七）绿色施工管理

建筑的全生命周期应当包括前期的规划、设计，建筑原材料的获取，建筑材料的制造、运输和安装，建筑系统的建造、运行、维护以及最后的拆除等全过程。所以，要在建筑的全生命周期内实行绿色理念，不仅要在规划设计阶段应用 BIM 技术，还要在节地、节水、节材、节能及施工管理、运营维护管理五个方面深入应用 BIM，不断推进整体行业向绿色方向行进。

下面将介绍以绿色为目的、以 BIM 技术为手段的施工阶段节地、节水、节材、节能管理。

1. 节水与水资源利用

在施工过程中，水的用量是十分巨大的，混凝土的浇筑、搅拌、养护都要用到大量的水，机器的清洗也需要用水。 些施工单位因为没有对项目施工进行总体规划，用水量日益递增，造成水资源流失严重，形成水污染，将会受到法律的制裁。因此，施工单位必须采取节水设施。

BIM 技术主要应用到节水中为快速准确地计算土方量，对地面下沉和现场排水进行实验设计，还能够精确阐述建筑可以进行消防作业的面积，安装应用最划算的消防器材，对每个层次的排水地漏放置进行总体规划，对雨水等水资源进行收集存储和应用。

某工程施工阶段基于 BIM 技术对现场雨水收集系统进行模拟，根据 BIM 场地模型，合理设置排水沟，将场地分为 5 个区进行放坡硬化，避免场内积水，并最大化收集雨水，存于积水坑内，供洗车系统循环使用。

2. 节材与材料资源利用

（1）管线综合。在目前功能复杂、高大建筑物、高楼大厦等项目中往往存在着机电管网互相交叉混乱的局面，在对总体进行规划设计时比较容易造成管网的混乱甚至相互排斥、不严谨施工等毛病，而以前图纸的检查完全采用人工，对建筑的平面和剖面位置缺乏全面立体的认识。BIM 软件中的管网检测模块可以轻松地解决以上困扰，检测模块能够建立管网的三维立体模型，然后系统自动识别相撞的具体位置，从而大大降低了检查工作量。空间净高是与管线综合相关的一部分检测工作，基于 BIM 信息模型对建筑内不同功能区域的设计高度进行分析，查找不符合设计规划的缺失，将情况反馈给施工人员，以此提高工作效率，避免错、漏、碰、缺的出现，减少原材料的浪费。某工程管线综合模型，碰撞检查报告及碰撞点显示。

（2）复杂工程预加工预拼装。BIM 技术应用最广泛的是对复杂形体的设计规划和施工应用，能够对复杂的形体结构进行信息整合和排查，从而建立起项目的多维模型。通过计算机的辅助，工程设计人员能够对复杂的建筑形体进行合理拆分，然后在三维信息模型中开展深入分析，完成早期模型拼装，按网格化分别进行编号加以设计，随后再送到工厂开始加工形成模块，最后送回来进行拼装，完成模块设计。而且从数字模型中也可以获得建筑的曲面面积统计、经济形体的设计方式、对成本的管控等全面信息。

（3）基于物联网物资追溯管理。现代的建筑行业专业水平往往达到了高度标准化、信息化、自动化，而且建筑设备越来越复杂，所以大部分建筑和构成部件都是通过工厂加工形式，然后再输送回建筑现场完成模型的拼装。BIM的应用能够事前进行总体规划，预先掌握物料的使用量。

3. 节能与能源利用

以BIM技术推进绿色施工，节约能源，降低资源消耗和浪费，减少污染是建筑发展的方向和目的。节能在绿色环保方面具体有两种体现：一是帮助建筑形成资源的循环使用，包括水能循环、风能流动、自然光能的照射；二是科学地评估。BIM结合专业的建筑物系统分析软件避免了重复建立模型和采集系统参数。通过BIM可以验证建筑物是否按照特定的设计规定和可持续标准建造，通过这些分析模拟，最终确定、修改系统参数甚至系统改造计划，以提高整个建筑的性能。

（八）工程变更管理

几乎所有的工程项目都可能发生变更，甚至是频繁的变更，有些变更是有益的，而有些却是非必要和破坏性的。在实际施工过程中，应综合考虑实施或不实施变更给项目带来的风险，以及对项目进度、造价、质量方面等产生的影响来决定是否实施工程变更。工程变更应遵循以下四项原则：

（1）设计文件是安排建设项目和组织施工的主要依据，设计一经批准，不得随意变更，不得任意扩大变更范围。

（2）工程变更对改善功能、确保质量、降低造价、加快进度等方面要有显著效果。

（3）工程变更要有严格的程序，应申述变更设计理由、变更方案、与原设计的技术经济比较，报请审批，未经批准的不得按变更设计施工。

（4）工程变更的图纸，设计要求和深度等同原设计文件。

引起工程变更的因素及变更产生的时间是无法掌控的，但变更管理可以减少变更带来的工期和成本的增加。设计变更直接影响工程造价，施工过程中反复变更图纸导致工期和成本的增加，而变更管理不善导致进一步的变更，使得成本和工期目标处于失控状态。BIM 应用有望改变这一局面，通过在工程前期应制定一套完整、严密的基于 BIM 的变更流程，来把关所有因施工或设计变更而引起的经济变更。美国斯坦福大学整合设施工程中心（CIFE）根据对 32 个项目的统计分析总结了使用 BIM 技术后产生的效果，认为它可以消除 40% 预算外更改，即从根本上、源头上减少变更的发生。

## 六、BIM 技术在竣工交付阶段的应用

工程竣工结算作为建设项目工程造价的最终体现，是工程造价控制的最后环节，并直接关系到建设单位和施工企业的切身利益，因此竣工结算的审核工作尤为重要。但竣工结算作为一种事后控制，更多是对已有的竣工结算资料、已竣工验收工程实体等事实结果在价格上的客观体现。

目前在竣工阶段主要存在着以下问题：一是验收人员仅仅从质量方面进行验收，对使用功能方面的验收关注不够；二是验收过程中对整体项目的把控力度不大，譬如整体管线的排布是否满足设计、施工规范要求，是否美观，是否便于后期检修等，缺少直观的依据；三是竣工图纸难以反映现场的实际情况，给后期运维管理带来各种不可预见性，增加运营维护管理难度。

通过完整的、有数据支撑的、可视化竣工 BIM 模型与现场实际建成的建筑进行对比，可以较好地解决以上问题。BIM 技术在竣工阶段的具体应用如下：

（1）验收人员根据设计、施工阶段的模型，直观、可视化地掌握整个工程的情况，包括建筑、结构、水、暖、电等各专业的设计情况，既有利于对使用功能、整体质量进行把关，同时又可以对局部进行细致的检查验收。

（2）验收过程可以借助 BIM 模型对现场实际施工情况进行校核，譬如管线位置是否满足要求、是否有利于后期检修等。

（3）通过竣工模型的搭建，可以将建设项目的设计、经济、管理等信息融合到一个模型中，便于后期的运维管理单位使用，更好、更

快地检索到建设项目的各类信息，为运维管理提供有力保障。

### 七、工程实例——徐州奥体中心体育场

徐州奥体中心体育场集体育竞赛、大型集会、国际展览、文艺演出、演唱会、音乐会、演艺中心等功能于一体，是徐州市即将建设的奥体中心的 7 个单体建筑之一。奥体中心位于新城区汉源大道和峨眉山路交叉口，占地面积 591.6 亩，总建筑面积 20 万 $m^2$。奥体中心体育场是其中最大的单体建筑，可以容纳 3.5 万人观看比赛。体育场结构形式为超大规模复杂索承网格结构，平面外形接近圆形，结构尺寸约为 263m × 243m，中间有椭圆形大开口，开口尺寸约为 200m × 129m，如图 7 − 8 所示。

**图 7 − 8　徐州奥体中心体育场效果图**

徐州奥体中心体育场空间形体关系复杂、跨度大、悬挑长、体系受力复杂、预应力张拉难度大，在施工中存在以下难点和问题：由于施工过程是不可逆的，如何合理地安排施工和进度；安装工程多，如何控制安装质量；如何控制施工过程中结构应力状态和变形状态始终处于安全范围内等。这些都是传统的施工控制技术所难以解决的问题。为了满足预应力空间结构的施工需求，把 BIM 技术、仿真分析技术和监测技术结合起来，实现学科交叉，建立一套完整的全过程施工控制及监测技术，并运用到徐州奥体中心的施工项目管理中，可以保证结构施工的质量、进度及安全，如图 7 − 9 所示体育场钢结构剖析图。

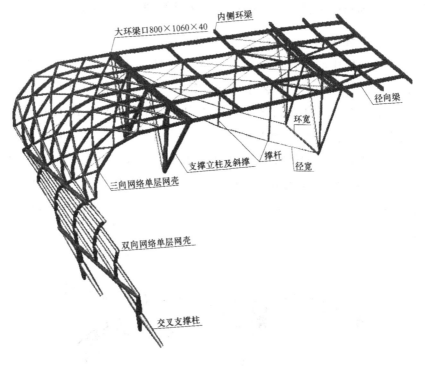

**图 7-9　体育场钢结构剖析图**

　　徐州奥体中心体育场施工难度大，施工前对现场机械等施工资源进行合理的布置尤为重要。利用 BIM 模型的可视性进行三维立体施工规划，可以更轻松、准确地进行施工布置策划，解决二维施工场地布置中难以避免的问题。如大跨度空间钢结构的构件往往长度较大，需要超长车辆运送钢结构构件，因而往往出现道路转弯半径不够的状况；由于预应力钢结构施工工艺复杂，施工现场需布置多个塔吊同时作业，因塔吊旋转半径不足而造成的施工碰撞也屡屡发生。

　　基于建立好的徐州奥体中心体育场整体结构 BIM 模型，对施工场地进行科学的三维立体规划，包括生活区、钢结构加工区、材料仓库、现场材料堆放场地、现场道路等的布置，可以直观地反映施工现场情况，减少施工用地，保证现场运输道路畅通，方便施工人员的管理，有效避免二次搬运及事故的发生。

　　徐州奥体中心体育场某施工过程场地布置模型图与实际场地对比如图 7-10 和图 7-11 所示。

图 7 - 10　BIM 模型施工场地布置图

图 7 - 11　实际施工现场场地

### 八、工程实例——盘锦体育场

（一）工程概况

盘锦体育场属于超大跨度空间张拉索膜结构工程，屋盖建筑平面呈椭圆环形，长轴方向最大尺寸约 270m，短轴方向最大尺寸约 238m，最大高度约 57m。屋盖主索系包括内环索和径向索，其中内环索 1 道，径向索包括吊索 144 道、脊索 72 道和谷索 72 道，膜面布置在环索和外围钢框架之间的环形区域，形成波浪起伏的曲面造型。超大跨度张拉索膜结构在国内外同类结构中是最大的。实拍图如图 7 - 12 所示。

图 7 - 12　盘锦体育场实拍图

（二）索膜结构找形

1. 索膜结构及其找形方法

索膜结构由于造型自由、美观、质轻、阻燃等特点而被广泛应用到各大工程中。索膜结构设计包括找形分析、剪裁分析和荷载分析。找形分析是指结构工程师运用计算软件对建筑的概念设计进行分析模拟，寻找是否存在合理膜曲面以及索膜形态的一个过程，这需要建筑师和结构师之间的紧密配合、协同工作。

找形分析的方法主要是依靠计算机模拟技术，采用动力密度法、动力松弛法和小模量几何非线性分析方法等。本节主要介绍张拉膜结构的找形分析，依照原有的设计方法，通过对参数化设计的探索，来对索膜结构找形方法进行研究，并通过 BIM 技术实现索膜结构设计的高度参数化和精确性。

2. 基于 BIM 参数化索膜找形优势

对于索结构设计，传统的方式是通过 Ansys 建模计算找形，然后在 CAD 中建模进行深化。后期深化建模需要很长时间，而且手动建模容易出错。所以，为了降低后期建模的困难程度及出错率，采用参数化辅助建模是具有十分明显的优势的。

不管是在 Ansys 中找形还是在 Rhino 中建模，使用"命令流 + 脚本"的方式，可以将每一步骤的操作记录在案，后期方案修改时，可以直接在文本中修改，省去在模型中修改的烦琐步骤，而且避免了手动建模的误操作；并且文本的方式比较直观，便于和其他工程师交流意见；同时无论在建模上，还是在计算上，通过写命令流和脚本，都有一劳永逸的特点，当遇到相同类型的项目时，可以直接调用文本修改参数，直接得到结果，相比原有方式，可明显提高工作效率。参数化分很多种。最原始的图板不具备参数化特性，属于零参数化工具；CAD 二维图纸只具备有限的参数化特性，属于低参数化工具；面向三维到 n 维的 BIM 技术具备适当的参数化特性，属于参数化工具；而通过计算机辅助设计（也称参数化辅助设计）具备高度的参数化特性。本节中用到的是运用高度参数化工具来辅助参数化工具，即通过参数化辅助 BIM 设计。

3. 技术方案

进行参数化辅助 BIM 建模的具体过程如下（图 7 - 13）：

（1）基于 Ansys 编制的 APDL 语言进行索膜找形分析，导出找形后的节点坐标及单元节点号。

（2）处理后的数据插入 RhinoScript 脚本中，在 Rhino 中直接生成参数化三维模型。

（3）导出到 Revit 中去进行结构深化设计。

（4）将设计模型导入 Ansys 进行节点分析。

（5）将 Ansys 分析结果导出到 Revit 中建模（在特殊情况下需要RhinoScript 辅助）。

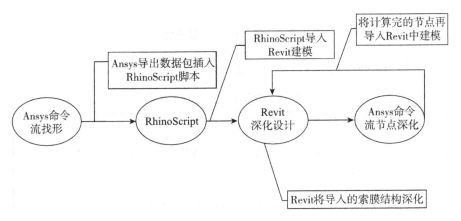

图 7 - 13　技术方案流程

4. 工程实践

（1）基于 Ansys 命令流的索膜找形，步骤见表 7 - 4。Ansys 索膜模型如图 7 - 14 所示。

表 7 - 4　基于 Ansys 命令流的索膜找形

| 步骤 | 内容 |
| --- | --- |
| 1 | 定义索膜物理参数 |
| 2 | 输入索膜找形前位置坐标 |
| 3 | 加预应力、加荷载 |
| 4 | 计算 |
| 5 | 输出找形后坐标 |

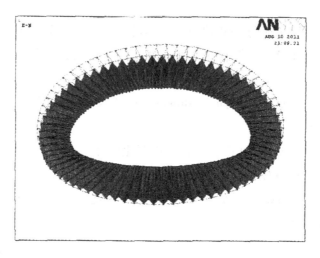

图 7 - 14　Ansys 索膜模型

（2）RhinoScript 进行找形后建模，步骤见表 7 - 5。

表 7 - 5　RhinoScript 找形后建模

| 步骤 | 内容 |
| --- | --- |
| 1 | 定义索形状控制点，根据精度需要，在脚本中定义相应数量的控制点，该项目选取首尾两点 |
| 2 | 输入找形后索形状控制点坐标，提取 Ansys 找形后 UpGeom 出来的若干个控制点数据包中的坐标值，以索为单位将索节点组合成若干数组 |
| 3 | 定义索半径并生成索，通过控制点生成相应曲线，给定一个半径生成索。当项目中存在多个索的时候，可以通过一个 For 循环语句来生成 |

（3）膜结构找形后建模及 BIM 模型的搭建。膜结构找形后建模，步骤见表 7 - 6。

将找完形的 Rhino 模型导入 Revit 进行 BIM 模型搭建，如图 7 - 15 和图 7 - 16 所示。在 Revit 中进行深化设计的节点可以 .SAT 格式导出到 Ansys 里面进行二次分析，再通过 RhinoScript 脚本进行参数化建模，最后导入 Revit 出节点详图。

表 7－6　建模步骤

| 步骤 | 内容 |
|---|---|
| 1 | 定义膜形状控制点，定义控制点 P( )，定义一个三维数组 arrPoints( )用来表示膜单元，j( )、k( )、l( )分别表示膜单元三角面的节点序号，i 为循环变量 |
| 2 | 输入找形后膜结构形状控制点坐标。将找形后的膜单元划分成若干个三角面，提取坐标值和单元节点号，插入 RhinoScript 中 |
| 3 | 生成膜通过一个 For…To 循环语句，生成所有三角面，即生成所建膜结构 |

图 7－15　索膜结构 BIM 模型

图 7－16　索节点 BIM 模型

本工程采用 Ansys 命令流方式建立计算模型，通过 RhinoScript 脚本将三维模型数据包在 Rhino 中生成三维模型，再导入 Revit 搭建 BIM 模型。通过这个流程，合理高效地将空间结构数据打通，将 BIM 模型与计算用途紧紧联系到一起，节省了建模的时间，同时为后期碰撞检测、施工模拟等提供了便利条件。

（三）参数化建模

1. 技术优势

参数化是 BIM 的一大优势，而将参数化发挥到极致的参数化辅助工具更是使设计锦上添花。高度参数化的模型不仅便于前期方案的比选，容易地修改方案，及时地更新模型，而且能在一定程度上实现优化设计。

2. 技术方案

进行参数化辅助 BIM 节点深化设计的具体过程如下：

（1）在 Rhino 中，通过 Grasshopper 可视化编程插件进行节点逻辑设计，并将节点赋予高度的参数化。

（2）Bake 后导出 . sat 格式到 Ansys 中，通过 Ansys 编制的 APDL 语言进行节点受力分析。

（3）通过 Grasshopper 不断调整参数，并结合 Ansys 实现对节点的优化控制。

（4）将经过计算、优化后的节点在 Revit 中建立族库。

（5）在找形后的 BIM 模型基础上，添加节点族，完成 BIM 模型的搭建。

3. 工程实践

本节以马鞍形索网结构的环索、脊索和谷索的索夹为例展开研究，索夹形状如图 7－17 所示。

（1）环索索夹建模。在 Grasshopper 中对环索索夹进行逻辑建模，参变其中重要设计参数和空间坐标及其空间角度（图 7－17～图 7－19），这样就可以通过既定的空间坐标尺寸来批量生成索夹。本工程中用到的变量有索夹长度、索面 1 边长、索面 2 边长、索夹定位坐标、平面 1 旋转角度和平面 2 旋转角度等。

图 7－17　盘锦体育场索夹 Revit 族模型

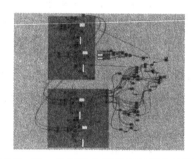

图 7－18　盘锦体育场环索逻辑电池图

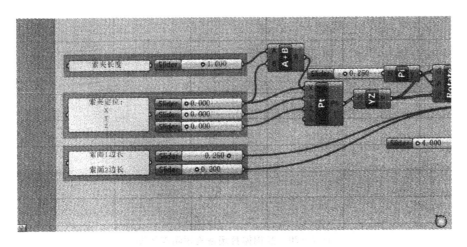

**图 7 - 19　盘锦体育场环索逻辑控制参数**

该索夹由于具有高度参数化，可以通过拖动相应拖杆改变设计参数，便于后期 CAE 的优化：通过拖动"索夹长度"来动态改变索夹长度；通过拖动控制索夹三维坐标的拉杆来动态改变索夹空间位置；拖动控制索夹截面尺寸的拉杆改变设计形状。

（2）谷索及脊索建模。由于谷索和脊索形状相似，可以通过参变的方式转换得到，所以只需在 Grasshopper 中对其进行一次逻辑建模，参变其中重要设计参数和空间坐标及其空间角度，这样就可以通过既定的空间坐标尺寸来批量生成脊索；并通过转化一部分参数而生成谷索（图 7 - 20 和图 7 - 21）。本工程中用到的变量有长度 1、长度 2、倒角、折线定位 1、折线定位 2、圆周半径、厚度等。

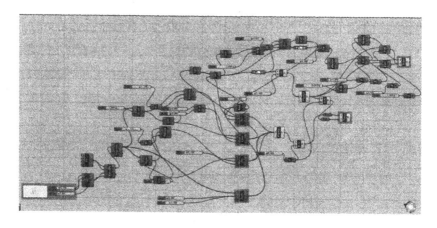

图 7-20　盘锦体育场谷索逻辑电池图

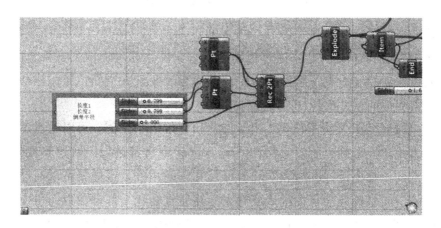

图 7-21　盘锦体育场谷索逻辑控制参数

## 九、工程实例——多哈大桥

（一）工程概述及模型搭建

1. 工程概况

卡塔尔东部高速项目在高架部分的箱梁内采用后张有粘结预应力技术。预应力工程量大，分布范围广。同时预应力单个孔道内钢绞线数量多，且多数为 4 跨、5 跨连续箱梁，总长度超过 150m 的占总箱梁数的近 60%。由于采用全预应力度设计，故预应力施工质量是整个工程控制的重点，也是现场施工、业主最为严格要求的施工技术内容。项目部需合理安排各个工序穿插作业，严格遵守施工技术交底，细致控制施工质量。同时预应力施工相关性、连续性强，前面工种的施工质量对后续施工有很大的影响，故需要确保每个施工作业按照相关的标准，严格检查，确保整个预应力施工的顺利进行。

2. 工程实施难点

该工程位于卡塔尔，投入的人力、物力、财力和技术装备数量巨大，而且工期很紧，如何在短时间内保质保量地完成施工是需要解决的重要问题。构件的运输、安装，人员和施工机械的安排，材料的入场、检验和出场，都是施工管理所面临的重大问题。由于该工程体型巨大、结构复杂、构件多，加剧了这一问题，因此在实际施工管理过程中，如何协调各个部门、工序、路线，以达到施工现场管理的最优化，也变得更加复杂。

该工程存在大量复杂节点，需要使用多种复杂的施工工艺，如波纹管临时安装施工工艺、穿筋施工工艺等，如果用传统的方法指导工人进行施工，很容易由于理解不当造成施工错误、返工等问题，必然会耽误工期。因此，如何能够正确、迅速地指导工人进行施工，是一个亟待解决的问题。

为解决该工程的各施工难点，利用 BIM 技术，对该项目进行模型的建立以及场地的模拟，以方便施工单位进行施工，并且对复杂的施工工艺进行动态施工模拟，使施工人员能够直观、清楚地了解施工工艺的过程，确保正确地进行施工，提高效率，同时开发专项施工管理平台，进行交付。

3. BIM 模型的搭建

利用 Revit 软件，根据二维图纸，对该项目进行建模。通过建立该桥梁的 BIM 模型，各构件尺寸、位置关系、表现材质都能在模型中直接反映出来，方便施工。Revit 建立的模型如图 7 - 22 所示。

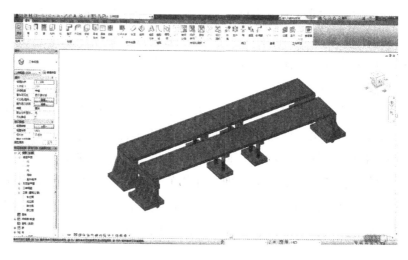

图 7 - 22　多哈桥 BIM 模型

（二）基于 BIM 技术的施工工艺的模拟

1. 施工前作业施工工艺模拟

主要包括基于 BIM 技术预应力箱梁两端柱子、预应力箱梁底部支撑脚手架搭设、预应力箱梁底模和两侧模板安装模拟。施工前模拟如图 7 - 23 所示。

图 7 - 23　施工前模拟

2. 预应力安装施工工艺模拟

基于 BIM 技术的波纹管临时安装施工工艺模拟：

（1）在腹板内安装临时支撑，临时支撑（每隔 2m 设置一个）和腹板相应高度的腰筋连接固定。

（2）将波纹管（4m 一段）从端部穿入腹板，并安放在临时支撑上，用钢丝临时绑扎固定。

（3）将波纹管用接头连接，并临时安装热缩带。最后用胶带（黄色表示）将接头临时绑扎。

（4）在波纹管相应高点，最低点位置处使用热熔机在波纹管上打孔，并安装气孔接头。波纹板安装施工工艺模拟如图 7 - 24 所示。

**图 7 - 24　波纹板安装施工工艺模拟**

3. 穿筋施工工艺模拟

（1）在箱梁端部搭设预应力穿筋操作平台。

（2）将穿束机和预应力穿筋架体用吊车放在操作平台上，并用吊车将成盘的钢绞线调至预应力穿筋架体里（用吊装带进行起吊）。

（3）将钢绞线从架体里拉出并引入穿束机，用穿束机将单根钢绞线传至波纹管口时在钢绞线端部安装导帽。

（4）继续运转穿束机，将预应力筋穿入临时支撑的波纹管内。

（5）当另一段预应力筋穿出波纹管一定长度后，停止穿筋施工，确定两端外露长度后，用砂轮锯将穿筋端的预应力筋切断。

（6）根据步骤（1）～（5）继续穿筋，完成 37 根钢绞线的穿筋施工。穿筋施工工艺模拟如图 7 - 24 所示。

4. 落位施工工艺模拟

（1）落位前根据预应力波纹管的矢高，安装定位支撑钢筋（500 mm 间距）。

（2）将临时支撑上波纹管的临时绑扎钢丝剪开。

（3）在桥中间跨的临时支撑波纹管处用吊装带缠绕，准备起吊（4 个吊点）。

（4）用两台吊车通过吊装带将临时支撑架上的波纹管吊起，脱离支撑即可。

图 7 – 25　穿筋施工工艺模拟

（5）将临时支撑拆除。

（6）利用吊车缓慢将波纹管落位至相应的定位钢筋上。

（7）解除波纹管处的吊装带，完成中间跨波纹管的落位施工。

（8）根据步骤（2）～（6）将两端的预应力波纹管落位至相应矢高的定位钢筋上。落位施工工艺模拟如图 7 – 26 所示。

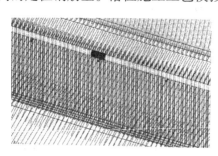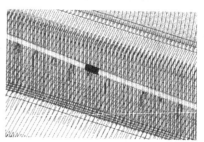

图 7 – 26　落位施工工艺模拟

（2）拆除波纹管连接处的临时胶带，用喷枪将热缩带加热缩紧，安装波纹管接头。

（3）安装预应力张拉端处喇叭口（此处螺旋筋临时和喇叭口固定）：由于采用落位的施工方法，预应力外露出波纹管，故喇叭口用吊车吊起，将喇叭口从钢绞线端倒穿入喇叭口（张拉端为 3 个组装式，即 3 个喇叭口用端部模板即齿板组合一起）。

（4）喇叭口就位后，将喇叭口和波纹管用接头连接，并用热缩枪将专用热缩管加热处理密实。

（5）安装出气管配件，将出气管和热熔处的接头拧紧，并伸出梁顶面。安装施工工艺模拟如图 7-27 所示。

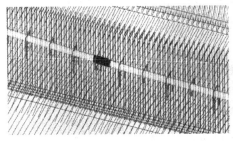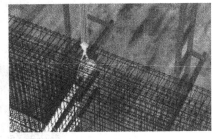

图 7-27 安装施工工艺模拟

传统的施工只能单纯地通过语言进行指导，工人在接受时必然会出现不同程度的问题，延长施工的工期，而利用 BIM 技术进行施工工艺的模拟，既方便了对施工人员的指导，同时也使工人在了解施工工艺时更加直观，不容易出错，大大地提高了指导施工的效率，缩短施工工期。

（三）基于 BIM 技术的专项施工管理平台开发

由于利用 BIM 进行施工管理的工作量较大，在向业主进行交付的时候比较麻烦，而且业主在进行检查使用时也会有很多的不便，所以基于 BIM 和 BENTLY 平台，二次开发多哈大桥预应力专项施工管理平台，将该项目的多项内容整合到一起，以方便业主指导施工。该管理平台主要包括工程概况、资源配置、预应力系统、深化设计、施工方法、质量控制、进度控制、安全控制和成本控制九个模块，平台界面如图 7-28 所示。

1. 工程概况模块

工程概况模块主要包括工程介绍、桥体预览、导游视角、视图显示和模型测量五个方面，工程介绍主要是介绍该工程的大致情况，如位置、结构形式、投资额等；桥体预览是在窗口处对大桥的模型进行观察，可以从各个角度详细地反映出桥体的全貌；导游视角是以第三人视角在桥上或桥下进行可操控的漫游，更加细致、直观地观察桥体结构；视图显示中包含桥体的平面、立面、剖面图纸；模型测量可以在模型中对任意两点进行距离的测量。管理平台中施工概况如图 7-29

图 7 - 28　平台界面

所示。

　　该模块是整个管理平台中最为基础的模块，是进行项目管理的根本。在工程概况模块中，可以简单快速地对整个项目的相关信息进行预览，使相关人员迅速了解该工程，方便后期的工程管理。

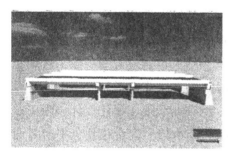

图 7 - 29　施工概况

　　2. 资源配置模块

　　资源配置包括组织机构、人员、机具、材料和结构构件五个方面。组织机构中以表格形式体现工程组织，并可查看其中人员具体职责；在人员方面中可以查看工程所涉及的所有人员信息，包括姓名、人员数量、职务等，方便工程管理；机具部分是对施工中所有机具进行开发；施工中所有材料，在材料部分进行管理，在平台中能够快捷地查询工程中的材料状况；结构构件能够对工程中所涉及的结构构件进行拆分显示，点击构件能够查询构件的细部节点详图

（图 7 - 30）。

通过对资源配置模块的浏览，工作人员能够对该项目各个方面的情况进行了解，方便在后期的施工管理中对各种资源进行合理地调配，使工程更为科学地进行下去。

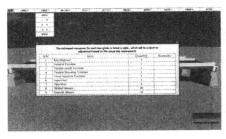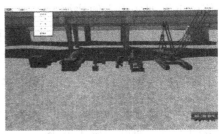

（a）资源配置模块施工人员信息显示　　　（b）资源配置模块施工机具显示

**图 7 - 30　资源配置模块施工人员及机具的显示**

3. 预应力系统模块

预应力系统包括后张拉系统、材料及储存、工程序列及详细方法。后张拉系统详细描述后张拉工艺的内容，方便施工方进行查看；材料及储存主要对工程材料的管理进行详细地说明；工程序列对工程的施工顺序进行说明；详细方法对预应力施工的方法进行详细地描述，并可以随时调出相关工艺的详图。

熟悉预应力系统模块后，可以随时对施工方法与施工顺序进行查看，更好地了解施工方案，方便指导工作人员进行施工。

4. 深化设计模块

深化设计主要包括工程图纸、计算以及深化详图三个方面。工程图纸中包括该工程的所有图纸，可以随时进行调取查看，方便查找；在计算菜单中，可以提取出相关联的 Excel 表格，直观地显示出计算的数据；深化详图可以查看深化后的详图，与施工图进行对比，能够对细部的节点进行直观地开发。

5. 施工动画模块

在施工动画模块中，将之前制作好的各施工工艺展示进行链接，可以直接在平台中进行查看，了解复杂工艺的施工过程，指导施工。同时，还可以在平台构筑的三维场景中进行全方位的 3D 浏览，以了解建筑各个复杂的施工过程，透彻了解施工工艺。

在管理平台中，还有质量控制、进度控制、安全控制、环境控制及成本控制五个模块，在这五个模块中，可以随时对施工的各个方面进行管理，及时发现各种问题，提早和施工人员进行沟通，进行修正，使施工管理变得方便快捷。

管理平台的开发，一方面能够更好地完成交付，方便业主的管理，可以在平台中直接对各种信息进行查看阅览，不需要在多种交付内容中进行一一搜索；另一方面，能够方便对施工阶段进行各个方面的管理控制，使施工人员能够高质量，高水准地完成该项目的施工，大大节约了施工时间与施工成本。

（四）结论

BIM 技术在多哈大桥施工管理中的应用，实现了桥梁工程中的信息化管理，大大提高了施工效率，节约了时间与成本，对桥梁工程的施工管理具有重要意义。

对于桥梁工程的施工管理，BIM 技术的应用具有以下几点优势：

（1）工作人员能够直观地观察桥梁结构以及细部节点，及时发现问题并解决，避免了在施工过程中出现麻烦。

（2）根据模拟的施工工艺进行施工，简单易懂，提高工作效率，节约时间成本。

（3）建立资料库，二次开发施工管理平台，便于管理工作成果，方便管理。

## 第三节　BIM 项目在运维管理中的应用

### 一、运维与设施管理简介

（一）运维与设施管理的定义

建筑运维管理近年来在国内又被称为 FM（Facility Management，设施管理）。根据 IFMA（International Facility Management Association，国际设施管理协会）对其的最新定义，FM 是运用多学科专业，集成人、场地、流程和技术来确保楼宇良好运行的活动。人们通常理解的建筑运维管理，就是物业管理。但是现代的建筑运维管理（FM）与物业管理有着本质的区别，其中最重要的区别在于：面向的对象不同。物业管理面向建筑设施，而现代建筑运维管理面向的则是企业的管理有机体。

FM 最早兴起于 20 世纪 80 年代初，是项目生命周期中时间跨度最大的一个阶段。在建筑物平均长达 50~70 年的运营周期内，可能发生建筑物本身的改扩建、正常或应急维护，人员安排，室内环境及能耗控制等多个功能。因此，FM 也是建筑生命周期内职能交叉最多的一个阶段。

在我国，FM 行业的兴起较晚。伴随着 20 世纪 90 年代大量的外资企事业组织进入我国，FM 需求的产生和迅速增加最早催生了我国的FM 行业。到目前，我国本土的许多组织在认识到专业化高水平的 FM服务所能带来的收益后，也越来越多地建立了系统的 FM 管理制度。

（二）运维与设施管理的内容

运维与设施管理的内容主要可分为空间管理、资产管理、维护管理、公共安全管理和能耗管理等方面。

1. 空间管理

空间管理主要是满足组织在空间方面的各种分析及管理需求，更好地响应组织内各部门对于空间分配的请求及高效处理日常相关事务，计算空间相关成本，执行成本分摊等内部核算，增强企业各部门控制非经营性成本的意识，提高企业收益。

空间管理主要包括空间分配、空间规划、租赁管理和统计分析。

2. 资产管理

资产管理是运用信息化技术增强资产监管力度，降低资产的闲置浪费，减少和避免资产流失，使业主资产管理上更加全面规范，从整体上提高业主资产管理水平。

资产管理主要包括日常管理、资产盘点、折旧管理、报表管理，其中日常管理又包括卡片管理、转移使用和停用退出。

3. 维护管理

建立设施设备基本信息库与台账，定义设施设备保养周期等属性信息，建立设施设备维护计划；对设施设备运行状态进行巡检管理并生成运行记录、故障记录等信息，根据生成的保养计划自动提示到期需保养的设施设备；对出现故障的设备从维修申请，到派工、维修、完工验收等实现过程化管理。维护管理主要包括维护计划、巡检管理和保修管理。

4. 公共安全管理

公共安全管理具有应对火灾、非法侵入、自然灾害、重大安全事故和公共卫生事故等危害人们生命财产安全的各种突发事件，建立起应急及长效的技术防范保障体系，包括火灾自动报警系统、安全技术防范系统和应急联动系统。

公共安全管理主要包括火灾报警、安全防范和应急联动。

5. 能耗管理

能耗管理是指对能源消费过程的计划、组织、控制和监督等一系列工作。能耗管理主要由数据采集、处理和报警管理等功能组成。

（三）运维与设施管理的特点

1. 多职能性

传统的 FM 往往被理解为物业管理。而随着管理水平和企业信息化的进程，设施管理逐渐演变成综合性、多职能的管理工作。其服务范围既包括对建筑物理环境的管理、维护，也包括对建筑使用者的管理和服务，甚至包括对建筑内资产的管理和监测。现今的 FM 职能可能跨越组织内多个部门，而不同的部门因为职能、权限等原因，在传统的企业信息管理系统中，往往存在诸多的信息孤岛，造成 FM 这样的综合性管理工作的程序过于复杂、处理审批时间过长，导致决策延误、工作低效，造成不必要的损失。

2. 服务性

FM 管理的多个职能归根到底都是为了给所管理建筑的使用者、所有者提供满意的服务。这样满意的服务对建筑所有者来说包括建筑的可持续运营寿命长、回报率高；对建筑使用者来说包括舒适安全的使用环境、即时的维修、维护等需求的响应，以及其他建筑使用者为提高其组织运行效率可能需要的增值服务。正因如此，传统的 FM 行业中存在系统、完备的服务评价指数，如客户满意程度（CRM）指数等，用于评价 FM 管理的服务水平。

### 3. 专业性

无论是机电设备、设施的运营、维护，结构的健康监控，建筑环境的监测和管理都需要 FM 人员具有一定水平的专业知识。这样的专业知识有助于 FM 人员对所管理建筑的未来需求有一定的预见性，并能更有效地定义这些需求，并获得各方面专业技术人才的高效服务。

### 4. 可持续性

建筑及其使用者的日常活动是全球范围内能耗最大的产业。无论是组织自持的不动产性质的建筑，还是由专业 FM 机构运营管理的建筑，其能耗管理都是关系到组织经济利益和社会环境可持续性发展的重大课题。而当紧急情况发生时，如水管破裂或大规模自然灾害侵袭时，FM 人员有责任为建筑内各组织日常商务运营受损最小化提供服务。这也是 FM 管理在可持续性方面的多重职责。

## 二、BIM 技术在运维与设施管理中的应用

### （一）空间管理

BIM 技术之所以能有效地提高空间利用率，是在于其运用自身的可视化功能追踪到目标部门的位置，将建筑信息与空间信息相结合，并对其实施监控，提供详细的空间占有情况和建筑对标等空间信息。BIM 技术在运维空间模型的工作空间中的可视化规划管理功能和其能精确地计算出当工作空间变化时，关于建筑空间的一系列相关数据，同时 BIM 技术能快速更新三维空间模型，这三大优势大大地满足了建筑使用者的实际需求。

### 1. 空间可视化管理体系

投资者想要提高空间的投资回报率，抓住机遇和避免风险投资，通过 BIM 的空间可视化管理功能，整合分析投资空间的整体动态，推断出不动产财产的规律性变化和其未来趋势，以此来进行投资规划。

### 2. 垂直交通管理

BIM 运维平台弥补了 3D 电梯模型管理形式，在电梯的实际使用情况方面进行改进，对物业管理人员来说，清晰准确的人行动线、客

流量以及电梯的能量消耗值的数据分析更有利于对电梯进行合理化的调整和维修。

3. 车库管理

目前的车库管理系统基本都是以计数系统为主，只显示空车位的数量，对空车位的位置却没法显示。在停车过程中，车主随机寻到车位，当然在找寻车位的过程中就会浪费车主不必要的时间和能源，还容易堵塞车道，影响其他车辆的行驶，无线射频识别技术的自动定位卡就能很好地解决这一问题，在车主需要停车时，只需要在大屏幕上查询空余车位即可，这样车主就不需要盲目地去寻找车位，当然它还有一项非常适合方向识别比较差的车主的导航功能，在取车时就可以在大屏幕上查询到爱车所在的位置，既省时又省力。

4. 办公管理

基于 BIM 可视化的空间管理体系，可对办公部门、人员和空间实现系统性、信息化的管理。

（二）维护管理

1. 设备信息查询

利用 BIM 技术的管理系统可以实现搜索设备、查阅设备以及定位设备。我们可以了解到设备来源及其寿命等各种详细信息，而这些只需要点击模型中的设备图案就完全可以实现；设备的使用周期也可以通过此管理系统得到管理，例如，设备寿命将要到期，系统就会及时发出警示并且更换配件，这就避免了事故的发生；在虚拟建筑中，我们也可以准确定位到每个设备，这仅需要在管理界面中对设备名称进行搜索，也可以阐述相关字段就能获得；此外，如果领导或者管理人员需要对建筑设备进行实时浏览，简单地通过四维 BIM 模型就可以实现。

另外，在系统的维护页面中，用户可以通过设备名称或编号等关键字进行搜索并且可以根据需要打印搜索的结果，或导出 Excel 列表。

2. 设备运行和控制

在 BIM 模型上，可以直观地了解到每个设备能否正常运行，模型中显示绿色，就代表在正常运行，如果显示红色，说明有故障出现；而且，所有设备之前所有运行过的数据在 BIM 模型中都可以被查到；

BIM 模型也可以直接控制设备，可以轻松地打开或关闭某一区域的照明系统。

3. 设备报修流程

正如我们所熟知，建筑都是需要进行多种设施管理的，在所涵盖的方方面面中，最基础的就是维修。在报修时，基本的流程都是在线申请，完成之后需要用户填写一张报修单，然后要通过工程经理的审核与批准，这样之后才能得到维修；完成全部维修工作之后，必须及时地在 BIM 模型中反馈所有信息，之后会有专业人员进行仔细精确的检查，他们会严格地判定该维修工作是否准确完成，在该维修信息被严格确认之后，还需要做的是在 BIM 模型数据库中完整录入并保存该信息。这样之后，BIM 模型中就包含了各构件完整、准确的维修记录，有必要时，可以被相关人员查看来获取所需信息，人们也可以找到自己曾发起过的维修记录。

4. 计划性维护

计划性维护可以做到的是让每个用户根据不同的时间节点，如年、月还有周来进行确定，当设备的维护计划到了预先设定好的时间节点，系统自身就会提示用户需要开启维护流程，使设备得到维护。

（三）公共安全管理

1. 火灾消防管理

在消防事件管理中，基于 BIM 技术的管理系统可以通过喷淋感应器感应信息，如果发生着火事故，在商业广场的信息模型界面中，就会自动进行火警警报，对着火的三维位置和房间立即进行定位显示，并且控制中心可以及时查询相应的周围情况和设备情况，为及时疏散和处理提供信息。

2. 隐蔽工程管理

我们可以通过运维来管理复杂的地下管网，其中包括污水管、网线，还有电线以及相关的管井，这正是得益于 BIM 技术，此外，也能直观地了解其相对位置。为了管网能便于维修，设备及定位能更方便地被更换，在改建的过程中需要避开管网当前所在的位置，二次装修时也是一样的。至于所有的电子信息，可以由相关的工作人员共享，发生改变的时候，可以进行更新，因为只有这样才能使其完整性及准确性得到更好的保障。在室内，需要管理一些隐蔽工程时，也可以应用同样的办法。需要做的是将所有信息保存为电子形式，这些信息可以被相关的内部人员一起分享，如果有变化，可以进行纠正，总之必须保证信息是全面而且准确的，从而大大降低安全隐患。

### 三、BIM 与绿色运维

人类的建设行为及其成果——在全球范围中，资源、能源总量以及垃圾总量的 40% 都是被处于生命周期中的建筑物所消耗的。人与自然要和谐共处，生态环境以及人为环境应避免被破坏，全球资源应实现可循环利用，要保证室内环境使人感觉舒服，这些都是绿色建筑一贯的坚持和要求。"绿色建筑"的"绿色"，不同于以往的立体绿化、屋顶花园，它强调的是建筑本身不会危害环境，可以最优化利用生态资源，更不会破坏生态环境的基本平衡。绿色建筑也可被称作可持续发展建筑或回归大自然建筑，因强调生态，所以也可称作生态建筑或者节能环保建筑。此外，对绿色建筑有确定可参照的评价体系，共包括六类指标，三星代表最高级，二星一星依次降低。

作为建筑生命周期中最长的一个阶段，绿色建筑在运维阶段可通过环保技术、节能技术、自动化控制技术等一系列先进的理念和方法来解决节能、环保，以及使用、居住环境的舒适度问题，使建筑物与自然环境共同构成和谐的有机系统。

《绿色建筑评价标准》中专门设立了"运营管理"章节。其中运营管理部分的评价主要涉及物业管理（节能、节水与节材管理）、绿化管理、垃圾管理、智能化系统管理等方面。

### 四、BIM 项目在运维管理中的应用案例——上海市国家级产业园云立方项目

（一）项目介绍

案例项目是由某上海市国家级产业园区开发建设，园区的核心业务是以园区产业为载体进行开发经营、企业服务一体化和产业投资。把对接国家战略、发展高新技术产业、繁荣区域经济、发展企业服务本身作为主要任务目标，把"加快科技化发展步伐，打造国际化园

区"作为主线，积极推进上海市科技园区的建筑发展，努力使园区成为一个国际化视野、科技化产业、园林化生态、服务一体化，同时在国际有一定影响力的高科技服务业园区。该项目名称为云立方，于2015 年开发建设完毕，总体建筑面积达 80253.99m²，地上建筑面积61934.90m²，地下总建筑面积 17274.30m²，另有部分特种设备用房面积。本项目一共三栋楼，两栋软件研发楼 A 楼与 C 楼，一栋数据机房B 楼，一座地下车库（图 7-31）。

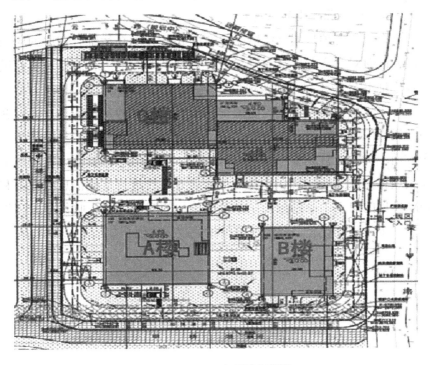

**图 7-31　云立方项目鸟瞰图**

其中楼宇面积分布情况为 A 楼面积为 29597.14m²，地上共 16 层，建筑高度 69.9m，主要以分层客户租赁为主，单层面积为 1949.80m²左右；C 楼为数据机房，面积为 21001.84m²，标准层为 3748.60m²，地上共 6 层，建筑高度 39m；B 楼为独栋办公写字楼，面积为11335.92m²，标准层为 1288.30m²，地上共 9 层，建筑高度 44.3m；地下室为 2 层，建筑高度 3.9m，建筑面积 17323m²。

通过一段时间的招商引资工作，已经入驻企业客户已经达到 65%

以上，其中 C 楼作为数据中心，引进了国内知名上市云计算服务企业——科众恒盛，主要为国内外的知名企业提供数据存储服务器的租赁服务；B 楼作为独栋办公大楼，引进了纳斯达克上市的知名电商企业——宝尊电商，主要提供先进的电商服务平台和支持；另外，A 楼也陆续按照云计算服务产业导向，引进了浪潮电子、大数据交易中心、海尔数码等国内知名的一流企业。在企业陆续入驻之后，对日常的运维管理服务提出了更新和更高的要求。

（二）运维管理中的应用

结合云立方项目的具体情况，进行 BIM 技术在运维管理中的应用实践，同时对于实践后，为云立方项目带来的影响进行总结，从而进一步论证 BIM 技术对于建筑项目运维管理带来的提升与帮助。

首先，根据对项目情况的调查，分析了相关的项目需求。通过客户的调查问卷和对于业主方相关方面的访谈，对于整体需求确认为三个方面：降低运营成本、提升维修效率、加强信息化管理。在确认了相关项目需求之后，第一步要对于云立方项目进行基础信息的采集和 BIM 模型的建立。通过与云立方设计单位的交流沟通，收集相关图纸信息，了解现场设施设备情况进行相关数据建模，如图 7-32 所示。

**图 7-32　云立方机电模型**

我们通过设计方提供的相关数据和图纸进行对照，并将相关信息与现场进行匹配，在模型中建立相关的共享数据和相关参数。将这些数据进行有机地整合，以达到共享的作用，提升整个项目的信息化管理水平，如图 7 - 33 所示。

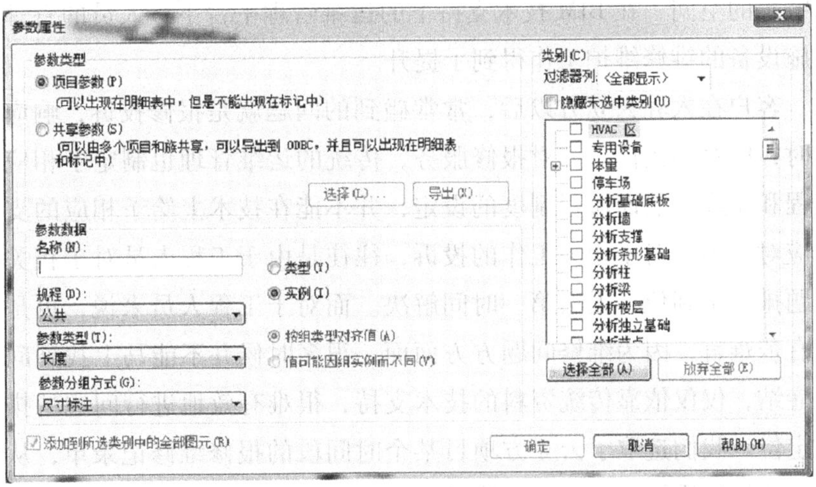

图 7-33 信息共享参数

随着建模和信息的收集完成，将相关信息导入运维管理平台，从而通过管理平台实现 BIM 技术在运维管理中的信息化支持，进行智能化信息化的管理（图 7 - 34）。

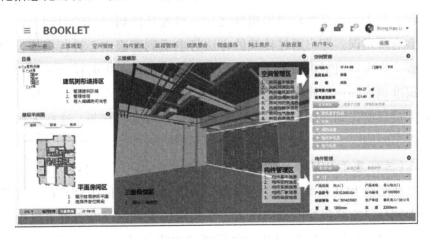

图 7-34 建筑项目运维管理平台

通过对 BIM 技术的特点进行应用，成功实现了 BIM 技术下的运维管理操作可能。在智能化、信息化的运维管理平台下，保证了云立方项目数据的完整和随时可查，并且将相关信息更加直观地呈现给管理人员。拥有了 BIM 技术支持的云立方运维管理平台，赋予了每个信息以特定的空间。在 BIM 技术支持下的运维管理平台下，人员的管理和设施设备的维修维护工作得到了提升。

客户在入驻云立方以后，常常碰到的问题就是报修投诉，响应不及时，应对不到位。针对报修服务，传统的运维管理也制定了相应的流程和制度，然而流程制度的设定，并不能在技术上给予相应的支持和应对，客户对于相关工作的投诉，往往是由于工程人员对于相关的问题排查不到位，无法第一时间解决。而对于工程人员来说，更是常常有苦难言，因为维修问题方方面面，很多时候并不能马上找到问题的症结，仅仅依靠传统资料的技术支持，很难有效地进行问题的排查和定位。我们选取了云立方项目某个时间段的报修维修记录单，从中观察传统运维模式下的维修情况。我们选取了云立方项目 2017 年 5 月的相关维修汇总表数据，从数据中我们可以看到，整个月内共发生报修 60 起，其中 10% 的报修由于无法查明故障原因，并未及时地完成维修。而另外一些的维修工作，也不同程度上有时间的滞后性。针对这些维修的问题，我们与负责维修工作的相关人员进行了沟通。相关工作人员表示，在客户提出报修之后，首先是接到报修的时间上，经常会有所延误。客户通过传统的方法打电话到客服中心进行报修，而客服中心再通过对讲系统联系工程人员。可往往很多时候，客户并不能很准确地描述报修的具体内容和原因，客服人员在转述的时候，工程人员只能先到现场了解情况，再根据具体情况做判断，这在无形中耽误了时间。

（三）基于 BIM 项目运营及维护

在结合 BIM 技术之后，客户首先可以通过相应的报修软件，直观地看到自己所要报修的相应位置。在选定位置后，可以通过手机拍照的方式对现场情况进行取证，之后通过智能化系统上传至管理中心。管理中心将结合 BIM 技术所提供的相应模型位置，参考反映情况第一时间对问题进行判断，并找到最有可能发生的故障源头。通过 BIM 技术，能够将相关的项目信息建模完整呈现在工程人员面前，一方面在日常工作中不断熟悉，另一方面在发现问题的时候，可以第一时间找到问题的原因。同时，我们甚至能够通过 BIM 技术，给相关的工程维修问题设置预警，对于某些位置的设施设备，将参数和运行情况结合 BIM 技术，一旦发生问题，不用客户进行报修，工程人员将第一时间了解到问题的情况，将工作做在前面，大大提升维修效率和客户满意度。同时，工程人员在对设施设备进行巡视的时候，不再只是单纯的走过场签字而已。每台设备上都将制作一个二维码，用手机只要扫一下二维码，就可以通过 BIM 技术的后台系统，通过手机了解到现在设施设备运行的情况，并与正常运行的参考值进行比对，从而更加深入和真实地了解运维情况，从而对相应的运行情况作出判断。而这些日常的数据，又会通过系统保存在后台中，随时调取相关的数据用于指导和支持后期运维计划的制定。

（四）基于 BIM 技术的运维管理质量提升

云立方项目运行也已经有近两年的时间，在运行的过程中，从运维管理角度已经总结出了相关的主要问题。降低运行成本，增加智能化信息管理，提升运维管理效率等几个方面，是云立方项目最为迫切需要解决的问题。而在面对相关的问题时，BIM 技术的应用，通过上述研究和分析，从可行性和必要性上来看，都是最为适合云立方项目的。在建筑项目运维管理中的应用可行性与必要性进行了分析。首先，我们针对项目情况进行了调研与访谈，从外部和内部相结合的角度，对项目运维管理中存在的主要问题进行了总结。并且运用 SWOT 分析法，对 BIM 技术在项目运维管理中的应用，进行了全方位的分析。然后，结合相关的运维管理问题，对 BIM 技术应用的系统结构进行分析和设计，对整体的构件思路和系统框架进行了梳理。最后，根据调研和分析，进行了 BIM 技术在运维管理平台的应用，并且在运维管理相关方面带来提升和帮助，从而得出相关的 BIM 技术在项目运维管理中的应用是可行的且必要的。

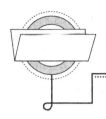

# 参考文献

［1］刘占省，赵雪锋.BIM 技术与施工项目管理［M］.北京：中国电力出版社，2015.

［2］赵雪锋，李炎锋，王慧琛.建筑工程专业 BIM 技术人才培养模式研究［J］.上海：中国电力教育，2014（04）：62－64＋71.

［3］何关培.建立企业级 BIM 生产力需要哪些 BIM 专业应用人才［J］.土木建筑工程信息技术，2012（07）：15－18.

［4］赵雪锋，姚爱军，刘东明，宋强.BIM 技术在中国建筑基础工程中的应用［J］.施工技术，2015（09）：164－168.

［5］丁士昭.建设工程信息化导论［M］.北京：中国建筑工业出版社.2015.

［6］张春霞.BIM 技术在我国建筑行业的应用现状及发展障碍研究［J］.建筑经济，2011（2）：3－8.

［7］贺灵童.BIM 在全球的应用现状［J］.工程质量，2013（5）：142－196.

［8］刘占省.由 500m 口径射电望远镜（FAST）项目看建筑企业 BIM 应用［J］.建筑技术开发，2015（02）：89－93.

［9］胡玉银.第十讲超高层建筑结构施工控制［J］.建筑施工，2017（08）：170－174.

［10］陈花军.BIM 在我国建筑行业的应用现状及发展对策研究［J］.科技信息，2013（2）：101－105.

［11］祝连波，田云峰.我国建筑业 BIM 研究文献综述［J］.建筑设计管理，2014（20）：62.

［12］庞红，向往.BIM 在中国建筑设计的发展现状［J］.建筑与文化，2015（8）：2－18.

［13］柳建华.BIM 在国内应用的现状和未来发展趋势［J］.安

徽建筑，2016（11）：127 – 130.

［14］龚彦兮．浅析 BIM 在我国的应用现状及发展阻碍［J］．中国市场，2013（5）：92 – 98.

［15］何清华，钱丽丽，段运峰，李永奎．BIM 在国内外应用的现状及障碍研究［J］．工程管理学报，2012（5）：44 – 45.

［16］赵源煜．中国建筑业 BIM 发展的阻碍因素及对策方案研究［J］．清华大学，2012（4）：69 – 71.

［17］周文波等．BIM 技术在预制装配式住宅中的应用研究［J］．施工技术，2012（3）：257 – 263.

［18］杨德磊．国外 BIM 应用现状综述［J］．北京：土木建筑工程信息技术，2013（02）：13 – 16.

［19］何关培．BIM 总论［M］．北京：中国建筑工业出版社，2011.

［20］何关培，李刚．那个叫 BIM 的东西究竟是什么［M］．北京：中国建筑工业出版社，2011.

［21］孔嵩．建筑信息模型 BIM 研究［J］．建筑电气，2013（16）：29 – 31.

［22］刘占省．推动项目全生命周期管理［J］．中国建设信息化，2015（6）：813 – 818.

［23］刘占省，赵明，徐瑞龙．BIM 技术建筑设计、项目施工及管理中的应用［J］．建筑技术开发，2013（3）：71 – 77.

［24］刘占省，李占仓，徐瑞龙．BIM 技术在大型公用建筑结构施工及管理中的应用［J］．施工技术，2012（6）：91 – 99.

［25］刘占省，王泽强，张桐睿等．BIM 技术全寿命周期一体化应用研究［J］．施工技术，2013（2）：39 – 49.

［26］徐迪．基于 Revit 的建筑结构辅助建模系统开发［J］．成都：土木建筑工程信息技，2012（12）：110 – 115.

［27］杨佳．运用 BIM 软件完成绿色建筑设计［J］．北京：工程质量，2013（6）：71 – 75.

［28］张建平，韩冰，李久林等．建筑施工现场的 4D 可视化管理

［J］．上海：施工技术，2006（5）：104 – 112.

［29］陈彦，戴红军，刘晶等．建筑信息模型（BIM）在工程项目管理信息系统中的框架研究［J］．上海：施工技术，2008（2）：42 – 49.

［30］曾旭东，谭洁．基于参数化智能技术的建筑信息模型［J］．重庆：重庆大学学报，2006（04）：94 – 98.

［31］丁荣贵．项目管理：项目思维与管理关键［M］．北京：机械工业出版社，2004.

［32］邵韦平．数字化背景下建筑设计发展的新机遇——关于参数化设计和 BIM 技术的思考与实践［J］．上海：建筑设计管理，2011（6）：34.

［33］杨远丰，莫颖媚．多种 BIM 软件在建筑设计中的综合应用［J］．浙江：南方建筑，2014（2）：4 – 8.

［34］丁荣贵．项目管理，工程项目全面造价管理［M］．天津：南开大学出版社，2000.

［35］何波．BIM 软件与 BIM 应用环境和方法研究［J］．土木建筑工程信息技术，2013（12）：22 – 38.

［36］吴伟华．谈 BIM 软件在项目全寿命周期中的应用及展望［J］．科技创新与应用，2013（8）：12 – 18.

［37］朱辉．画法几何及工程制图［M］．上海：上海科学技术出版社，2012.

［38］刘占省，马锦姝，陈默．BIM 技术在北京市政务服务中心工程中的研究与应用［J］．城市住宅，2014（3）：6 – 17.